U0238953

中国海洋大学教材建设基金资助

渔业资源生物学

YUYE ZIYUAN SHENGWUXUE

—— 任一平 主编 ——

中国农业出版社

北京

内 容 简 介

　　本书共分为九章，主要对渔业资源的生物学基础及其研究方法进行了系统阐述。内容包括鱼类种群及其研究方法，鱼类的分布与洄游，鱼类的生命周期与早期生活史，年龄、生长及其研究方法，鱼类的性成熟、繁殖力及其研究方法，鱼类的摄食生态及其研究方法，渔业生物群落，海洋渔业资源与渔场概况。可作为海洋资源与环境、海洋渔业科学与技术等有关本科专业的教材。

编 者 名 单

主　　编　任一平

副 主 编　叶振江

参编人员　薛　莹　张　弛　徐宾铎
　　　　　　张崇良　王　晶　牟秀霞

序

　　近几十年来，我国的海洋渔业经历了从传统渔业到现代渔业的巨大转变。但伴随着渔业生产力的迅速提高，曾经富饶的渔业资源却朝着衰退乃至枯竭的方向发展。

　　曾几何时！烟威渔场鲐旺发时（20世纪50年代初），密集的鱼群染红了海面、映红了天际，岸上堆积如山的渔获，腥臭了港城。渤海中国明对虾高峰时（20世纪60年代），秋汛开捕的前几天，网获200～300箱的对虾并不少见，几天后集结的虾群也多在几十箱左右，与拖网兼捕（损害）的1万多吨经济幼鱼，已够渔船的消耗成本。马面鲀高产时期（20世纪70年代），每年春季都有上海、宁波、福建、青岛四大渔业公司上百条船集结在东海钓鱼岛渔场生产作业。中心渔场的渔船，白天一望无际，夜晚更是灯火辉煌的不夜天。

　　俱往矣！如今的烟威渔场鲐不仅难以形成鱼汛，围网渔业没有了，连流网渔获的鲐也是以个数计；如今的渤海对虾主要是靠大规模放流方维持着千百吨级的产量；如今的马面鲀在山东近海等地建网、底拖网时少有渔获，活鱼则多用网箱养殖。往昔驰名中外的海州湾渔场盛产的真鲷、短鳍红娘鱼等重要经济鱼类，如今均成稀有鱼种、几尽绝迹，代之以尖海龙、方氏云鳚等小型低质鱼类，曾经的"腥肥"种类成为绝对优势种。

　　是何原因导致我国的海洋渔业出现如此危机？笔者认为，虽有环境因素，但主要还是知识与管理的缺失。因为时至今日，我们对大量渔获对象的种群动态、种间关系、生命史特征以及补充特性等基础生物学知之甚少，甚至一无所知。即使曾经进行过大量研究的鱼种，也由于一段时期的间断而难以接续，致使难以为渔业决策提供基础资料，为渔业管理提供可靠的生物学依据。

　　国家和人民需要渔业，渔业生产也要可持续发展。它绝对需要的是知识，其中最重要的就是本学科——"渔业资源生物学"的基础知识。从专业课程的设置而言,渔业资源生物学又是渔业资源及相关专业的核心课程。其实早先"渔业资源生物学"并不是一门独立的学科,而是"水产资源学"或曰"渔业生物学"构成的一部分(相川弘秋,1941;久保伊泮男、吉原友吉,1957;王贻观,1962;Gushing o. h.,1968)。随着渔业管理的需要、数理模型的发展,资源管理部分逐渐分立出一门"鱼类种群数量变动解析学"(W. E. Ricker,1975;J. A. Gulland,1983)。我国也于20世纪90年代前后,伴随渔业产业的高速发展和渔业管理的需求,以及渔业资源专业教学的迫切要求,将原来的"水产资源学"分立为两门课程。

《渔业资源生物学》(1997年版)就是在上述背景下应运而生,在笔者水平有限和资源严重不足的情况下着手编写的。因此,作为全国统编的教材还有许多不足之处,只是解决了当时的有无问题而已。一晃20多年过去了,《渔业资源生物学》应该与时俱进,及时加以修改和增补,以适应教学与产业发展的需求,但因种种原因未能如愿!

现幸有任一平教授在多方努力下,组织了中国海洋大学多位学有专长的中青年教师分头进行编写,经系统整合而成。本教材与原教材(1997年版)相比,有较多更新,引进了新概念,内容也做了较大的增补。笔者认为,本教材的出版无疑对提升我国"渔业资源生物学"的理论水平和教学水平皆会起到促进作用。当然也仍然由于资料不足,特别是系统资料的缺失,导致本教材中仍有一些不尽如人意之处,请读者、同仁见谅,并望多提宝贵意见!

陈大刚 谨识

于中国海洋大学 青岛

2019年8月

前言

联合国粮食及农业组织（FAO）在其最新发布的《2018年世界渔业和水产养殖状况——实现可持续发展目标》报告中，重点阐述了渔业在实现联合国《2030年可持续发展议程》和可持续发展目标方面所发挥的重要作用。报告指出，渔业对于实现FAO设立的让世界免于饥饿和营养不良的目标至关重要；在促进世界经济增长和扶贫济困等方面，渔业的贡献也与日俱增。然而，渔业的发展也面临着巨大挑战，其中包括需要减少对某些鱼种的捕捞，以确保其可持续发展；需要研究并减少诸如过度捕捞、水体环境污染和气候变化对渔业的影响等。为应对上述挑战，FAO提出可持续渔业发展目标，号召国际社会进一步落实《负责任渔业行为守则》，规范渔业捕捞，终止过度捕捞、非法捕捞和破坏性捕捞，并采取科学的管理措施以恢复渔业资源。渔业资源生物学作为渔业科学与生物科学交叉领域上形成的一门专业基础课，其主要内容包括：鱼类的种群、洄游分布、生命周期与早期生活史、年龄与生长、性成熟与繁殖力、摄食生态、渔业生物群落及渔场概况等渔业资源生物学领域的基础知识；我国海洋渔业资源的种类组成、洄游规律、分布区域，以及渔业主要经济种类的生物学特性和资源状况等。

1997年，中国海洋大学陈大刚教授主编并出版了《渔业资源生物学》一书。随着渔业科学与技术的进步和发展，以及不同学科之间的深度交叉与融合，渔业资源生物学的研究内容和方法也在不断地丰富、创新与发展。为了满足学科发展和专业学习需求，我们对1997年版《渔业资源生物学》的相关内容和结构进行了补充、更新和完善，力求把国内外渔业资源生物学领域最新的理论、方法和内容补充其中，以适应新形势下专业学习和学科发展的需求。

本书共分为9章。第一章为绪论，主要介绍渔业资源生物学的含义与研究内容，明确渔业资源生物学在资源保护与利用中的重要地位，厘清渔业资源生物学与其他学科的关系，阐述渔业资源生物学的发展历程以及当前的发展状况。第二章至第七章，是本书的重点章节，全面概括并系统阐述了渔业资源生物学的基础知识，包括从渔业生物的种群概念到群体的洄游分布研究；从鱼类的生命周期与早期生活史到鱼类年龄、生长，再到繁殖与补充群体的研究；鱼类的摄食生态研究。第八章，立足于渔业生物群落，介绍群落概念与主要研究内容，并以黄渤海为例阐述鱼类群落结构及其变化。世界海洋渔业资源与渔场处于不断的更新变动中，第九章结合更新至 2018 年的《FAO 渔业和水产养殖统计年鉴》以及中国的渔业统计数据，介绍世界渔区以及中国渔区的渔业发展概况。

　　本书由中国海洋大学水产学院任一平教授统稿和审定。参加本书编写工作的还有叶振江、薛莹、张弛、徐宾铎、张崇良、王晶和牟秀霞。本书编写过程中得到了陈大刚教授的指导和大力支持，在此表示衷心的感谢。书中引用了国内外有关学者的研究成果或图、表等资料，在此表示诚挚的谢意！

　　本书主要得到了中国海洋大学中央高校基本科研业务费专项（201562030，201022001，201612004）、国家自然科学基金项目（31772852）等项目的资助和支持，在此也表示感谢。

　　由于编者知识水平有限，书中难免存在错误和不当之处，敬请广大读者批评指正。

编　者

2019 年 11 月

目 录

第一章 绪 论

第一节 渔业资源生物学的含义与研究内容

渔业生物学作为渔业生产与生物科学的交叉学科，是渔业发展与生物科学进步的产物。在其历史沿革中，曾使用过诸多名称，如 fishery research（渔业研究，Russell，1932）、study of fish populations（鱼类种群研究，Dymond，1948）、dynamics of exploited fish populations（开发的鱼类种群数量变动，Beverton 等，1957）、fishery biology（渔业生物学，Cushing，1968）、fishery ecology（渔业生态学，Pitcher 等，1982）、fish stock assessment（鱼类资源评估，Gulland，1983）以及水产资源学（相川广秋，1941；久保、吉原，1957）等。但因种种原因，至今仍无统一公认的含义，对它所下的定义也正像 Gulland（1983）指出的那样"……还没有清楚的定义，这些定义可能与资源评估专家一样多"。但这些定义都基本雷同，如久保、吉原（1957）定义："水产资源学、渔业生物学、水产资源生物学包括维持、培殖水产动、植物资源的科学知识体系，是渔业科学的一个重要领域，包括与生物学和数理有关的两个方面内容，主要研究单一或多鱼种资源的种群、结构、洄游分布、年龄生长、死亡、繁殖以及资源数量变动的原因和机制，资源量估计，最适渔获量的确定和资源管理、增殖方法等。"Cushing（1968）在他《渔业生物学》（Fisheries Biology）专著中采用了"种群动态的研究"（a study in population dynamics）作为副标题，比较明确地定义了渔业生物学包括种群的自然生活史（繁殖、摄食、生长和洄游）和种群数量变动（死亡率、补充率、资源评估和管理）研究这两个领域。他认为，"渔业生物学是从鱼类资源及资源动态的观点描述各种渔业。"由此不难看出，所谓渔业生物学或水产资源等术语，都是一个内容十分广泛的含义，实际上也与 Ricker（1977）使用的"渔业科学"（fishery science）含义十分近似。

而渔业资源生物学，实际上是为了适应专业课程设置的需求，既避免课程内容过于庞杂，又避免与后继课程间的较多重复，故提出这一专业术语，并定义如下：渔业资源生物学以鱼类种群为中心，属应用生态学范畴，研究渔业生物的生命周期中各个阶段的年龄组成、生长特性、性成熟、繁殖习性及早期发育特征、饵料食性以及洄游分布规律等种群生活史特征，即限定于狭义的"渔业生物学"内涵。而把 Cushing 有关鱼类种群数量变动研究部分列入"渔业资源评估学"，独立形成另一门专业课。同时又根据当今渔业生产已从过去单种群转向多种类乃至群落生产的现实，故适当增加群落生态学、分区渔业资源等内容。总之，"渔业资源生物学"是服务于渔业生产，适应专业需求而设立的"狭义"渔业生物学。

第二节 渔业资源生物学的重要性

在面临人口剧增、食物短缺、资源匮乏、环境污染以及社会发展问题的当今世界里，生物学将在排除困扰、摆脱危机等方面发挥越来越重大的作用，从而成为当今自然科学中最活跃的研究领域，这已成为自然科学工作者的共识。渔业资源生物学作为生物科学的一个分支，已经并将继续在为人类提供优质蛋白方面发挥重要作用。联合国粮食及农业组织（FAO）在渔业委员会第 30 届会议上发布的《2012 年世界渔业和水产养殖状况》报告中指出，全球每年产出 1.28 亿 t 鱼类和其他水产品供人类消费，平均每人每年达 18.4 kg，渔业和水产养殖为全球粮食安全和食物保障作出了重要贡献，为 43 亿人提供了大约 15％的动物蛋白摄入量，是 5 500 万人的主要收入来源。由此足见渔业及其鱼类蛋白在当今和未来人类社会中占有多么重要的地位。

然而，渔业自身亦面临着许多困难与问题，这些问题已经并将严重地制约渔业的发展和鱼类蛋白的提供。诸如在当今强大的捕捞压力下，传统鱼类资源日趋衰退，如何保护、增殖和合理利用渔业资源，达到供人类持续利用的目的呢？地球尚存的新鱼种和新捕捞对象的数量与分布及其开发的前景如何呢？哪些是可供增养殖的鱼种？它们的生物学特性及其增养殖途径与方法又是怎样的呢？环境污染对渔业生物有何影响及如何评价呢？上述问题和难点，乍看起来似乎是水产资源学、鱼类行为与渔场学甚至是环境科学的任务，但它们的共同基础却都是渔业资源生物学，即有关渔业生物的种群及其生命史特征，这些正是本课程研究的内容与任务。因此，努力学好渔业资源生物学，了解和掌握渔业生物学规律，以便为渔业的持续发展提供可靠的科学依据，从这个角度上怎样评价渔业资源生物学的重要性也不为过。

第三节　渔业资源生物学与其他学科的关系

渔业资源生物学为渔业科学与生物科学交叉领域上形成的一门专业基础课。许多相关学科都与渔业资源生物学有着十分密切的关系，主要有：

一、鱼类学

众所周知，鱼类学是动物学的一个分支，是研究鱼形动物和鱼类的形态、分类、生理、生态以及遗传进化的科学。由于鱼类是渔业的主要对象，因此鱼类学是渔业资源生物学的基础。

二、海洋学与湖沼学

此二学科是研究海洋与内陆水域的水文、化学及其他无机和有机环境因子的变化与相互作用规律的科学。故其从渔业水域环境角度配合鱼类学共为本课程的基础学科。

三、生态学

本学科是以研究生物与环境相互关系为主要内容的科学。由于渔业资源生物学自身就是应用生态学的一个分支，因此当今生态学的基本理论与方法，已成为本课程的基本内容与核心，并引导着学科前进的方向。

四、渔业资源评估学

前已述及，本学科是由渔业生物学中的鱼类资源动态部分独立而成。它是以研究渔业生物的死亡、补充、数量动态和资源管理为核心的科学，是资源生物学的发展、服务对象和本专业的后继课程。

五、环境生物学

环境生物学是近年伴随环境质量下降并危及生物种质资源和人类自身情况下兴起的一门环境与生物学"联姻"的科学。它从生物学、生态学角度出发，侧重研究保护生物学（conservation biology）、生物学多样性（biodiversity）和大海洋生态系（large marine ecosystem，LME）等为维持生物多样性和持续利用生物资源从而关系到人类文明和幸福未来的重大命题。

保护生物多样性，是当今环境生物学领域中令人瞩目的重大命题，于1992年世界环保大会上通过的《里约热内卢准则》中，十分重视生物多样性保护，并将其列为《21世纪议程》中的一个重要议题，成为21世纪各国政府行动的共同纲领。目前，在我国农业农村部已实施生物多样性保护行动计划。

大海洋生态系（LME），是1990年10月由美国国家海洋和大气管理局（NOAA）、国际自然和自然资源保护联盟（IUCN）、国际地中海科学考察委员会（ICSCEM）等国际和区域性组织联合发起，在摩纳哥举行的"大海洋生态系概念及其在区域性资源管理中的应用"国际会议中提出来的。该研究是在经典海洋生态学和海洋渔业开发研究的基础上发展起来的。"大海洋生态系"的概念主要取决于海洋学和生物学的边界，条件是：①具有独特的生物分布、海洋环境条件和生产力；②适合特定生物种群的繁衍、生长和索食；③受到共同因素的影响，如污染、人类捕捞和海洋环境条件的变化等；④面积大约为20万km^2（后者只是一个参考值）。该研究不仅可以为合理开发利用和保护海洋生物资源提供科学依据，并且对解决在专属经济区条件下海洋生物资源的跨国管理问题也有重要意义。因此，该研究已受到国际社会的普遍关注。

此外，尚有生理学、生化遗传学、行为学、增殖资源学等学科也都与本课程有着密切的关系，共同引导并促进着渔业资源生物学的发展。

第四节　渔业资源生物学的过去、现状与未来

虽然人类在公元前就有对一些水生动植物形态和生活习性的记载，但渔业资源生物学的历史仅可追溯到1566年。由于显微镜的问世，Robert Hooke用它观察鱼类鳞片的结构，并在此后很长的时间里，鱼类鳞片鉴别一直是本学科萌芽时期研究的中心命题。1685年，Leeuven Hook根据鳞片轮痕来鉴定年龄。直到1898年，Hoff Bauex才依据鲤鱼鳞片轮纹提出新的鉴定方法，方使鱼类年龄的理论得以确认。到20世纪初，人们用鳞片上年轮间距与鱼体生长的关系来鉴别年龄、测算生长，这便是所谓"年龄与生长学"的基本内容。在这之后，Knut Dahl对大西洋鲑、Charles Gilbert对太平洋鲑、Johan Hjort等对鲱、T. S. Thomson对鳕的年龄生长都做过分析和报道。与此同时，年龄鉴定的理论与方法也扩大到脊椎骨、鳍条骨、鳍棘、鳃盖骨、耳石等鱼体坚硬部位，并证明它们同样可以用来鉴定温带鱼类的年龄。

近年来，该理论的最重要发展，可能是逐日跟踪耳石生长轮即"日轮"的方法，从轮环分布可以分析鱼类早期发育过程的周日与季节生长的规律。

在上述基础上发展为种群年龄结构、生长特性、性成熟年龄与补充等的研究，且随着实验生态学的进步，人们从研究自然种群的生长转为研究环境因子对生长变异的影响，诸如饵料丰歉、物理与化学因子的作用等的研究。

20 世纪 30 年代以后，"保护运动"（conservation movement）的开展，生理学、生物能量学以及环境科学等的交叉渗透，促进了渔业资源生物学的发展。特别是近十几年来，营养生理、摄食生态学的进步，将使鱼类饵料研究摆脱烦琐的饵料种类定性和定量分析，取得飞速发展。其中，"最适饵料"与"小生境选择"则是富有潜力的两个分支。前者扩展了生物能量学的内涵，对解决能量在摄食过程及整个生命代谢中的关系取得了新认识；后者主要以种间竞争或种内不同个体间的相互关系为基础，它将帮助人们解决鱼类现存空间的分布形式及生存潜力，该领域研究的前景是非常广阔的。

在繁殖方面，种群动力学是阐述群体与其补充量的理论，主要侧重于补充量密度制约理论以及该补充密度制约对由不同年龄组成的种群世代丰度的影响。这一理论本身虽不难理解，但遗憾的是该理论至今仍在探索之中，其主要原因是在"鱼类种群反馈与环境逆变"的会议上，有位专家的结论是："以前我们认为非生物因子对种群年变化的影响占 50%，但现在我认为它已达到 90%。"这表明了我们过去对环境作用的认识是何等的不足。

同样，我们对鱼类繁殖力的研究方法也存在问题，现在仍多沿用 21 世纪初源于北欧一些国家的方法，即在一个生殖季节中测定某些经济鱼种生殖群体的繁殖力。尽管这在过去一段历史时期中对帮助人们了解鱼类个体繁殖力是有一定意义的，然而人们对古典繁殖力测定所花费的时间和精力并未如愿以偿。因为鱼类的产卵量大小（特别是浮性鱼卵或暖水性分批产卵鱼种），未给补充量估算提供多少可靠的信息。鱼类繁殖力与下一世代个体存活量中间之所以产生这样大的"差错"，究其原因主要在于密度独立的非生物因子如温度及水文状况等。此外，我们对卵子发育的认识也不甚深入，这里的卵子发育是指卵黄积累、染色体减数分裂、蛋白质合成以及激素调节等。所有迹象表明，卵巢发育期受外界及内部的影响比生命史中任何其他阶段都敏感。从某种意义上说，补充量的发生并不起始于幼体阶段而是始于卵巢中卵的发育期。

总之，鱼类繁殖的研究，过去基于传统的繁殖力测定，现在则偏重于鱼类繁殖过程的研究，它的未来将会产生更趋完善的理论。它要求我们必须涉猎更广泛的学科，同时需要内分泌、生物化学以及遗传学家的共同努力，方可克服鱼类繁殖这一难关。

鱼类资源生物学的研究，将随着进化生物学的发展而不断深化，它要求我们要了解遗传过程是如何发生的，要解决该过程如何应答于环境的变化，生理学研究在这一方向上将成为未来渔业资源生物学的重点之一。此外，如果我们试图进一步深化和完善渔业资源生物学，除了遗传学之外，尚需特别注重行为生态学的进展。因为它们将作为生物科学中的前沿，引导着渔业资源生物学的发展。

第五节　中国渔业资源生物学研究概况

我国的渔业资源生物学研究，在 1949 年以前除了王贻观教授等少数学者开展了真鲷（*Pagrosomus major*）年龄观察等研究外，朱元鼎、伍献文、王以康等许多学者则主要从事鱼类形态与分类的研究工作，至于渔业资源生物学的大规模调查则处于空白状态。

　　新中国成立以后，随着渔业生产的发展，1953 年我国首次系统地开展了烟威鲐渔场的综合调查。之后，在渤海、黄海、东海、南海诸海相继进行了不同规模的渔业资源调查，主要经济种类如大黄鱼（*Psuedosciaena crocea*）、小黄鱼（*Larmichthys polyactis*）、带鱼（*Trichiurus haumela*）、蓝点马鲛（*Scomberomorus niphonius*）、鲐（*Pneumatophorus japonicus*）、太平洋鲱（*Clupea pallasi*）、绿鳍马面鲀（*Navodon modestus*）、远东拟沙丁鱼（*Sardinops melanosticta*）、鳀（*Engraulis japonicus*）、中国对虾（*Penaeus orientalis*）、海蜇（*Rhopilema esculenta*）、曼氏无针乌贼（*Sepiella maindroni*）等种群的生物学特性、洄游分布、数量动态、渔业预报、渔场形成条件和资源管理等方面的调查研究，促进了渔业生产的发展。其中主要有：

　　1957—1958 年中国和苏联合作对东海、黄海底层鱼类越冬场的分布状况、集群规律和栖息条件进行了试捕调查。这是我国首次在东海、黄海开展的国际合作调查，它明确指出了小黄鱼和比目鱼类资源正面临着过度捕捞的危险。

　　1959—1961 年结合全国海洋普查，在渤海、黄海和东海近海进行了鱼类资源大面积试捕调查和黄河口渔业综合调查，取得了系统的水文、水化学、浮游生物、底栖生物和鱼类资源的数量分布与生物学资料，并在此基础上绘制了渤海、黄海、东海各种经济鱼类的渔捞海图。对黄海、渤海经济鱼虾类的主要产卵场、黄河口及其附近海域的生态环境、鱼卵、仔鱼和游泳生物的数量分布的全面调查，对保护和合理利用我国近海资源具有十分重要的意义。

　　1964—1965 年南海海洋水产研究所开展了"南海北部（海南岛以东）底拖网鱼类资源调查"。这是我国首次对南海水域进行系统的渔业资源生物学调查。这次调查取得了丰富的资料，对南海水域的渔业生产和管理有十分重要的意义。

　　1973—1976 年进行的北自济州岛外海、南至钓鱼岛附近水域的东海大陆架调查，获得了东海外海水文、生物、底形、鱼虾类资源、渔场变动等大量资料，开发了东海南部的绿鳍马面鲀资源，为 20 世纪 70 年代我国灯光围网渔业和马面鲀渔业的发展提供了重要依据。

　　1975—1978 年开展了闽南-台湾浅滩渔场调查。这是台湾海峡水域的综合渔业资源调查，第一次揭示了该地区渔场海洋学特征与一些经济种类的渔业生物学特性，对区域渔业开发和保护提供了重要科学依据。

　　1979—1982 年我国先后在南海北部和东海大陆架外缘的陆坡水域，分别用"南锋 704"号、"东方"号进行了深海大面积试捕调查，查明了我国南海和东海陆坡水域的水深、底形、渔场环境、底层鱼虾类的种类组成、数量分布、群聚结构和可供开发的捕捞对象等。

　　1980—1986 年在渤海、黄海、东海、南海诸海及全国内陆水域，进行了全国规模的渔业资源调查和区划研究。它涉及海洋和内陆水域的水生生物资源、增养殖、捕捞、加工、经济、渔业机械等领域。依据调查和研究资料陆续出版了《全国渔业资源调查和区划丛书》（共 14 分册）。这一丛书不仅总结了新中国成立 40 年来我国渔业生产、科研两条战线上两代人的劳动成果，且为进一步发展我国渔业生产和科研、持续利用水生生物资源提供了战略决策。

　　1984—1988 年用"北斗"号资源调查船进行的东海、黄海鳀资源调查，是借助先进的声学资源评估系统完成的。这是用任何传统方法都无可比拟的快速手段，能精确地估算出鳀资源的蕴藏量，从而使我国的渔业资源调查技术提高到了世界先进水平。

　　1990 年开始的"全国海岛综合调查"和 1992 年开始的"渤海渔业生态学基础调查"，

皆以渔业资源生物学为主要内容。上述调查研究的成果，进一步推动了我国近海渔业的科学管理与增养殖业的发展。

进入 21 世纪以来，随着我国经济、社会的发展，国家对水生生物资源的调查研究越来越重视，2004 年国家启动了"908 专项"：我国近海海洋综合调查与评价。尤其在加强海洋生态文明建设的今天，国家更是把保护海洋生态环境提高到前所未有的高度，先后启动了"我国近海渔业资源调查"及"我国近海产卵场调查"等项目。这将为我国近海渔业资源的养护与可持续利用提供科学依据。

在研究层次上，也从开始的渔村调访、群众生产经验的总结，大规模单种群的渔业生物学的调查研究，到近些年转变为多种群和群落生态系的研究；服务于渔业生产的目标也从生产开发转向以增殖、养护和合理利用为重点。

当前，我们面临着因捕捞过度和环境污染而导致的近海渔业资源衰退，急需拯救和保护人类这块最大、也是最后一个生物资源宝库。因此，我们必须首先摸清我国海洋渔业资源的种类组成、洄游规律、分布区域，以及主要经济种类生物学特性和资源量、可捕量，为进一步科学制定海洋渔业资源总量控制目标和措施提供决策依据。同时，应加大人才培养力度，全力以赴培养和造就一批又一批具有现代科学新概念体系、熟悉国际科研动态、愿意献身于祖国水产事业的青年渔业资源工作者，以满足我国对渔业资源领域的人才需求！

思考题

1. 试述渔业资源生物学的含义及其研究内容。
2. 简述渔业资源生物学的性质及其与其他学科的关系。
3. 回顾渔业资源生物学的研究简史，并指出学科发展的方向。

第二章 鱼类种群及其研究方法

第一节 种群的基本概念

一、种群的含义

众所周知，动物在自然界中的分布并不是均匀的，而是在一些分散地域中生活。这种在一定环境空间内、同种生物个体的集群便逐渐形成了种群（population）。种群一词源于拉丁字"populus"，含有人、人民、人口的意思。对其确切公允的定义至今尚不甚统一，仅托马斯·帕克（1949）在《动物生态学原理》一书中列出四个定义：①一个国家、一部分或一个区域中全部的居民（社会学）；②集体居住在一个区域内的生物（生物学）；③一群局限在时间和空间内的生物个体（生物学）；④全部的生物，从其中抽出一些样品来测量（统计学）。近些年来仍有许多学者给 population 下定义，主要有：

恩斯特·迈尔（1970）指出："在现代分类学和群体遗传学的影响下，一个正在生物学中散布的用法，把种群一词限制在局部的群体，一个规定地区内具有可能交配的个体群，一个局部繁殖群体由所有个体组成的一个基因库。这样一个个体群可以叫它为一个种群，其中任何两个个体有相等机会交配并繁衍后代，当然它们是性成熟、异性的，而且对性选择是相似的。"

尤金·P·奥德姆（1971）认为："种群系指一群在同一地区、同一物种的集合体，或者其他能交换遗传信息的个体集合体。它具有许多特征，其中最好用统计函数表示，是集体特有而不是其中个体的特性。这些特征是密度、出生率、死亡率、年龄组成、生物潜能、分布和生长型等。种群又具遗传特征，特别与生态有关的，即适应性、生殖适应和持续性如长期遗留后代的能力。"

登泼斯特（1975）概括为："一个种群是一群同物种的个体，在一定时间和空间尺度上可以清晰地与其他同物种的群体分开……所有物种都是分布不均的，其所形成的种群，或多或少是被不能生存的地域所分开的。动物种群总是很少形成截然分立的单位，因为群中个体仍可以从一个种群到另一个种群。假定这种活动很少或者可以测定。一个种群可以当作一个单位，其特征如出生率、死亡率、年龄组成、遗传特质、密度和分布等是可以确定的。"

威尔逊（1975）则认定："种群指一群生物属于同一物种，在同一时间和居住在同一局限的地区。这个单位有着遗传上的稳定性。在有性生殖的生物中，种群是一群被地理上局限的个体，在自然情况下，能彼此自由交配、繁殖。"

埃姆尔（1976）提出："一个种群是由一群遗传相似而具一定时间和空间结构的个体所组成的。"

索思沃思和赫希（1979）则指出："种群是一群同物种的生物个体、生活区域接近而形成一个杂交繁殖的单位。"

我国学者方宗熙（1975）在《生物的进化》中也提到物种、种群和群落，并给种群下了一个简单的定义："种群是由同一物种的若干个体组成的，种群是生活在同一地点、属于同一物种的一群个体，个体跟种群的关系，好比树木跟森林的关系那样。"

遗传学上，认为种群是地理上分离的一组组群体，有时称族。它可定义为同一物种内遗传上有区别的群体。它的划分对认识地理群体在遗传上有某种程度的分化很有意义，因为它是对局部条件的适应和演变的结果。有时人们也可以用单个性状来鉴别种群或种族，如花纹、血型等。但种群是有一定区分的基因库的群体，其群间差异则涉及整个基因库。因此必定涉及许多基因座位上的等位基因频率。即一个基因座位或一个性状的差异可作为整个遗传分化的标志，但这不是种群间差别的唯一依据。例如，当基因座位呈多态时，其双亲及其后代可能在这基因座位上就有差别。

综上所述，所谓种群，实际上是指生活在有限空间内、有较多一致特征的同一种类生物个体的集合；换句话说，种群是一个在种的分布区内，有一群或若干群体中的个体，其形态特征相似，生理、生态特征相同，特别是具有共同的繁殖习性，即相同遗传属性——同一基因库的种内个体群。因此，一个自然种群，一般都具有如下主要特征：

1. 空间特征

种群都有一定的分布范围，在该范围内有适宜的种群生存条件。其分布中心通常条件最适宜，而边缘地区则波动较大。

2. 数量特征

种群的数量随时间而变动，有自己固有的数量变化规律。

3. 遗传特征

种群有一定的遗传性，即一定的基因组成，同属于一个基因库（gene pool）。

由此不难看出，种群是一个相比较而区别、相鉴别而存在的物种实体。也正由于它是物种的真实存在，所以在分类学上它是种下分类的阶元。不仅因为种群有自己固有的结构特征和数量动态特点，从而也成为生态学和资源学上研究的基本单元。更由于种群都有自己的遗传属性，所以它又是种群遗传学（population genetics）研究的基本单位。仅此已足见种群研究的重要性了。

二、亚种群与群体的含义

在鱼类生态学和渔业资源学研究中，与种群同时沿用的专有术语，尚有"亚种群"和"群体"。尽管这些名词已广泛应用，但其含义也与"种群"相似，至今仍有混淆不清的地方。简述如下：

1. 亚种群

亚种群（subpopulation）又称种下群，自 Clark 和 Marr（1955）使用该词之后，国内外许多学者对群体和亚种群的概念及其研究十分重视。1980 年"群体概念国际专题讨论会"上重点阐明了群体概念及其鉴别方法：地方种群的遗传离散性取决于基因流动、突变、自然选择和遗传漂移的相互作用，由于基因流动受到地理、生态、行为和遗传的限制，鱼种或多或少地分化为地方种群，然后再分为亚种群或种下群。

我国学者徐恭昭（1983）亦对种下群做如下解释："任何一种鱼，在物种分布区内并非均匀分布着，而是形成几个多少隔离并具有相对独立的群体，这种群体是鱼类生存和活动的单位，也是我们渔业上开发利用鱼类资源的单位，它在鱼类生态学和水产资源学中被称为种下群。种下群内部可以充分杂交，从而与邻近地区（或空间）的种下群在形态、生态特性上彼此存在一定差异。各个种下群具有其独立的洄游系统，并在一定的水域中进行产卵、索饵、越冬。各种下群间或者在地理上彼此形成生殖隔离，或者在同一地理区域内由于生殖季节的不同而形成生殖隔离。"如仅从上面对该含义的描述，通常仍难以看出种群与亚种群的实质分界，故最终的判断往往求助于统计学分析，方可得出明晰结论。

2. 群体

群体（stock）是在渔业生物学中普遍使用的一个概念或术语。但对群体的定义说法不一，有代表性的定义如下：

Gulland（1969）认为：能够满足一个渔业管理模式的那部分鱼，可定义为一个群。Gulland（1975）也认为：群体就是一些学者所说的亚种群。其于1980年和1983年还从渔业生产和科学研究需要出发，认为划分单位群体往往带有主观性，主要是为了便于分析或政策的制定，并随其目的的不同而变化。

Larkin（1972）认为：共有同一基因库的群体，有理由把它考虑为可以管理的独立系统。强调鱼类群体是渔业生产与管理的单位。

Ricker（1975）认为：群体是种群之下的一个研究单位。

Ihssen（1977）认为：从遗传角度，群体具有空间和时间的完整性，是可以随机交配的种内个体群。

日本学者川崎（1982）认为：以固有的个体数量变动形式为标准，通过对生活史的全面分析探讨来确定鱼类群体。

张其永和蔡泽平（1983）认为：由随机交配的个体群组成，具有时间或空间的生殖隔离，在遗传离散性上保持着个体群的形态、生理和生态性状的相对稳定，也可作为渔业资源管理的基本单元。

综上所述，诸多学者对群体的定义并不完全一致，多数学者倾向于群体与亚种群是等同的概念，不过群体更强调渔业生产与渔业资源管理需求，而由此定义的一个渔业资源研究与管理单位，是在渔业资源评估、管理问题研究和实践中形成的。因此，鱼类群体是由可充分随机交配的个体群所组成，具有时间或空间的生殖隔离及独立的洄游系统，在遗传离散性上保持着个体群的生态、形态、生理性状的相对稳定，是渔业资源评估和管理的基本单元（图2-1）。

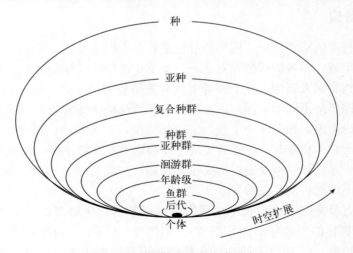

图 2-1 与群体相关的生态学定义

（引自 Cadrin 等，2012）

三、种群研究的重要意义

种群是物种存在、生物遗传、进化、种间关系的基本单元，是生物群落和生态系的基本结构单元，同时也是资源开发利用的具体对象。因此，研究种群生态不仅在理论上有十分重要的意义，而且与生产实践也有非常紧密的联系。例如，每一个种群都处在某种生物群落的一定生态位中，同时，每个种群又有自己固有的代谢、繁殖、生长、死亡等特征。所以，对种群的研究有助于阐明物种之间相互关系及生态系统的能量转化和物质循环。从演化的观点来看，种群是物种的一个基因库，物种形成或新种诞生以及物种多样性的发展，都是物种基因库内的基因流受到某种隔离机制的破坏时发生的。因此，种群对研究演化机制和过程以及物种形成等有很大帮助。在群体生态学研究中，数量变动规律是其中心内容。从种群生态学的观点来研究生物资源的合理利用与保护，可以认为是现代生态学最重要的命题之一。在人类生产实践中，破坏生物资源的事例不胜枚举，它最终将危及人类自身。所以，为了人类可持续利用资源，应用种群数量变动理论来指导渔业资源的开发，具有重要的现实意义。

第二节　种群结构

每个自然种群中的个体都有自己的空间分布类型，如均匀分布、随机分布或斑块分布（又称成群分布）类型等，而成体鱼类则多属于成群分布类型。同时，不同种群的密度大小也各不相同。这里所谓密度，系指单位面积或单位体积内有机体的数量、生物量、有机质干重或所含的能量大小。当然，同一个种群若用不同的密度表示法，其结果可能差别相当悬殊。如浮游生物的种群密度，以个体数表示时，密度值通常相当高，而应用生物量表示时，则往往很低。

然而就资源生物学而言，描述种群基本结构的主要特征变量通常由年龄结构、个体大小（长度、重量）、性比和性成熟组成。故而可以说，上述四个变量是描述种群结构的主要内容。

一、年龄结构

年龄构成是种群的重要特征，因为种群包括各个不同年龄的个体。年龄结构是指各年龄级个体的百分比组成，即各龄级的相对比率，又称年龄级比或年龄分布。种群的出生率和死亡率对其年龄结构有很大影响。一个种群中具有繁殖能力的个体，往往仅限于某些年龄级，死亡率的高低也因年龄不同而不同。因此，通过年龄结构特征的分析，可以预测一个种群变化的动向。从理论上说，种群在一个较恒定的环境里，迁入及迁出保持平衡或甚至不存在，且当其出生率与死亡率相等时，各年龄级的个体数则基本保持不变。建立这种稳定年龄结构概念的重要性在于，它可以帮助我们解决很多问题，把变量变为常数。尽管在自然条件下，这种稳定通常是不可能长期存在的。

鱼类种群具有极高的潜在生长率，我们得以经常看到优势年龄组出现。例如，1945—1951年白鲑捕捞群体的年龄分布（图2-2）。由图2-2可见，白鲑的年龄分布在各年有很大变化，某些年龄组（如1944年出生的年龄组）可延续多年成为优势年龄组。同时，我们也可看到，紧跟在一个高存活率年龄组后面，往往可能有延续多年的低存活率年龄组，而前述这个高存活率的年龄组将持续多年成为该渔业的重要捕捞对象。鱼类生态学家现在正试图找出决定这种特殊优势年龄组产生的内外因素。

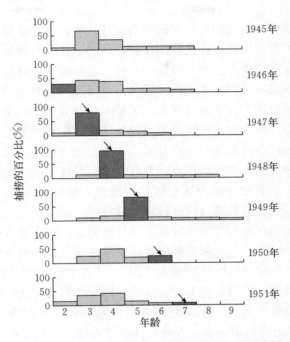

图 2-2　1945—1951 年白鲑捕捞群体的年龄组成图

(引自陈大刚，1997)

种群的年龄组成既取决于种的遗传特性，又取决于其具体的环境条件，即表现为种群对环境的适应属性。渔业生物的年龄组成还常常与不同年龄个体被捕食的程度有关。例如，小型个体易被食害，在这种情况下，种群幼龄个体和高龄个体的差别则特别显著。此外，海洋经济鱼类种群的年龄组成在很大程度上还取决于捕捞利用状况。捕捞作业的结果，通常是使高龄个体的相对数量降低和高龄组过早消亡。不过在消除捕捞压力之后，种群的年龄组成仍可望逐渐趋于恢复原来的状态。

二、个体大小

个体大小是种群资源质量的重要特征。通常在一定时间内，渔业生物的个体长度与重量均随年龄的增长而增大，形成每个种群固有的长度组成和重量组成特征。但这种特征在一定程度上又是可塑的，它随地域、种群密度以及营养条件变化而变化。例如，同是中国近海的带鱼，黄海、渤海种群的体长与体重组成却比东海种群略大。这与种群年龄组成、寿命、生长速率等因素有关。另外，群体长度、重量组成还与群体密度及饵料的丰盛度有关。例如，同是香鱼，其洄游性群体通常比陆封群体的个体大，这里除了环境因子外，主要还是取决于饵料保障程度。

此外，由于长度和重量组成的资料要比年龄组成资料容易获取，并可迅速给出百分比组成或直方图形等供分析使用，因而成为渔业生物学中广泛收集和使用的一项基本资料，特别是对于一些年龄鉴定困难又费时的种类来说，意义更为重要。此时，它不仅可以用来表示种群结构的质量和数量的一般特征，同时还可用来概算年龄和死亡特性。

三、性比

种群是由不同性别个体组成的。如果按性别统计其雌、雄个体数及其相对比率，即为性比。种群性比组成是种群结构特点和变化的反映，这种变化的自身是种群自然调节的一种方式。例如，鱼类种群在生活条件（主要指营养条件）良好时期，将增加雌性个体的比例，以增强种群的繁殖力；反之，雄性增加，群体繁殖力下降（但也有报道，在饵料保障条件恶化的情况下，有些鱼类采取优先保证雌鱼成熟的策略，以保证种族的延续）。这也是种群对环境条件变化的一种适应。鱼类性比通常是通过改变代谢过程来调节的，可以用下式表达：食物保障程度变化→物质代谢过程改变→内分泌作用的改变→性别形成。

另外，某些鱼类种群的个体性别在不同发育年龄实行性转换。例如，黑鲷初次性成熟的低龄鱼，全部是雄性，随着发育进程逐步转化为雌鱼，高龄鱼以雌性占优势；石斑鱼则相反，低龄鱼皆为雌性，到高龄鱼通过性逆转才变成雄性。所以，这类鱼种的性比随年龄组成不同而异。还有一些鱼类在非繁殖期实行雌、雄分群栖息，如半滑舌鳎等，也导致性比组成随季节和地域不同而异，但这些也都是种群对环境条件变化的一种适应属性。

总的来说，海洋鱼类种群的性比组成多数为1∶1左右。当然，鱼类的性比还与鱼体生长、年龄、季节以及其他外界因子有关，包括受捕捞的影响而变化，如比目鱼类通常低龄鱼雄性占优势，高龄鱼以雌鱼为主。东海北部带鱼生殖群体的肛长在220 mm以下者雄鱼居多，肛长在220 mm以上则雌鱼居多。大黄鱼的雌雄比甚至达到2∶1的比例关系。

四、性成熟

鱼体生长到一定阶段，性腺方开始发育，以达性成熟。不同种群个体的性成熟年龄和持续时间略有不同，即使是同一种群个体的性成熟时间也因生长好坏与分布水域不同而略有差别。同时，性成熟还是生物作为调节种群数量的一种重要适应属性，它可依种群数量减少或增长而提早性成熟或推迟性成熟年龄。因此，性成熟组成也成为种群结构的一个重要内容，反映着外界环境和捕捞压力对种群的影响。例如，近年来许多经济鱼类资源因过度捕捞而普遍出现鱼体提早性成熟的现象，就是很好的例证。另外，对于群体的性成熟组成，我们通常用补充部分和剩余部分（所谓"补充部分"，是指产卵群体中初次达到性成熟个体所占的比例，"剩余部分"则指重复性成熟个体所占比例）的组成来表示。因此，掌握和积累补充部分及剩余部分的组成资料，不仅可及时了解种群结构的变化，而且对研究和分析种群数量动态也有着十分重要的意义。

第三节 种群的研究方法

一、种群鉴别的采样原则与要求

鉴定种群是一项复杂细致的基础研究，特别是采样和测定工作，要有代表性和统一性。另外，在分析资料时应当采取慎重的态度，既不可忽视形态学方法，又不能机械地依靠它。尽可能采用多种鉴别方法，相互比较和综合分析，以免因主观片面的判断而导致错误的结论。因此，在取样和资料分析中应注意以下事项：

第一，由于渔业资源种群的生殖特性，以及种群概念所强调的生殖隔离的重要性，因此从产卵场取样是最理想的。取样必须是在不同产卵场按同样的标准分组取样，特别是组成样品要对生殖期开始到结束的整个过程进行收集。

第二，样品新鲜、完整，选择合适的保存方式，以满足不同方法的需求；采样的数量同样依方法不同而各有要求。

第三，取样必须要考虑网具的选择性和渔获量的变动等因素。在进行形态特征中的体型特征测定时，样品须取同一体长范围内的鱼进行，并须特别注意年龄和性别的差异。同时，也应充分考虑因生活条件的改变产生的变异。对分节特征进行分析时，应注意它是否与环境条件有密切联系。因此，用同质的资料（如同一年份和同一捕捞方法等）做比较更为可靠。

第四，生态学指标作为分析依据时，须充分考虑它们世代和生活条件可能产生的变动。

第五，对统计学的分析要采取慎重的态度，在判断时要充分考虑到生物学的意义。

第六，确定种群时应对各种指标进行综合分析，避免个别指标所产生的片面性和偶然性。

二、形态学方法

（一）传统形态学方法

传统形态学方法又称生物测定学方法，属于传统鉴别方法。众所周知，分类学上是根据对个体的形态特征及其相应性状的检索进行物种鉴别的。这里所谓"特征"，既包括生物个体"质"的描述，如鱼类体型；也包括"量"的计测，如分节和量度的特征参数。物种在形态和遗传学上的稳定性，导致种间在质和量特征上的间断或显著差异，所以种的鉴别通常只要对少数个体的检索即可确定。而种群因是种内的个体群，所以在其特征和性状上往往呈现不同程度的连续与性状变异。这就要求通过群体的大规模计量，并借助统计运算的结果，方可判明。具体方法如下：

1. 分节特征方面

主要是计数测定鱼体解剖前后的各项可计测特征，并进行统计分析。一般计数测定的鱼体分节项目有脊椎骨数（躯椎数＋尾椎骨数）、鳞片（侧线鳞、侧线上鳞、侧线下鳞和棱鳞数）、各鳍鳍条和鳍棘数、幽门垂数、鳃耙（鱼体左侧第一鳃弧的外鳃耙数）、鳃盖条、鳔支管等。对于不同鱼种测定项目，只有鲱型鱼类有棱鳞，石首鱼类才有鳔支管，部分种类没有幽门垂。因此，对上述结构付缺的鱼类，有关项目则空缺。

2. 量度特征方面

又称体型特征，主要是测量鱼体各有关部位的长度和高度，计算它们之间的比值，主要项目有全长与体长、头长与体长、体高与体长、吻长与头长、眼径与头长、尾柄高与尾柄长之比等。此外，还可根据具体鱼种的体型特征，另行测量上颌长、眼径、头长、眼间隔、背鳍基长、肛长等，并分别计算各项比例。

现以蓝点马鲛为例，略做简单介绍：

蓝点马鲛分布于我国的黄海、渤海和东海，此研究样品采自黄渤海代表产卵场（海州湾、石岛、乳山、烟威、莱州湾）。样品于流刺网渔获中随机取样，测定标本均为性成熟的2龄个体。

分节特征测定有躯椎数、尾椎骨数、第一背鳍鳍棘数、第二背鳍鳍条数、左右鳃耙数等。

量度特征测定有头长、吻长、眼间距、眼径、叉长和尾柄长等（表2-1）。

表2-1 蓝点马鲛分节与量度特征

（引自韦晟等，1988）

形态性状	黄海南部 $M\pm m$	S_{n-1}	黄海中部 $M\pm m$	S_{n-1}	黄海北部 $M\pm m$	S_{n-1}	渤 海 $M\pm m$	S_{n-1}
躯椎数	22.1±0.031 2	0.32	21.54±0.086 9	1.26	21.80±0.033 5	0.41	21.50±0.065 0	0.65
尾椎骨数	25.8±0.061 5	0.63	26.64±0.219 5	1.16	26.93±0.057 2	0.70	26.50±0.052 0	0.52
总脊椎骨数	47.9±0.072 2	0.74	48.18±0.070 4	1.02	48.73±0.057 2	0.70	47.93±0.062 0	0.62
第一背鳍鳍棘数	20.0±0.000 0	0.00	19.39±0.034 5	0.50	19.72±0.044 1	0.54	19.63±0.050 0	0.50
第二背鳍鳍条数	15.3±0.006 64	0.07	15.04±0.013 1	0.19	15.24±0.053 9	0.66	15.04±0.046 0	0.46
左鳃耙数	12.7±0.092 7	0.95	12.79±0.071 1	1.03	12.6±0.066 9	0.82	12.38±0.071 0	0.71
右鳃耙数	12.2±0.089 8	0.92	12.64±0.053 8	0.78	12.40±0.053 1	0.65	12.63±0.077 0	0.77
总鳃耙数	24.9±0.085 9	0.88	25.43±0.111 8	1.62	25.00±0.099 6	1.22	25.00±0.132 0	1.32
臀鳍鳍条数	15.4±0.105 4	1.08	15.18±0.058 0	0.55	15.28±0.049 8	0.61	15.29±0.081 0	0.81
背小鳍数	7.9±0.722 2	0.74	8.39±0.039 3	0.57	8.12±0.043 3	0.53	8.00±0.059 0	0.59
臀小鳍数	7.6±0.068 3	0.70	8.11±0.022 1	0.32	7.96±0.016 3	0.20	7.96±0.062 0	0.62
体长/尾柄长	2.14±0.003 9	0.04	2.07±0.007 6	0.11	2.46±0.040 8	0.37	2.50±0.037 0	0.37
体长/头长	5.24±0.016 6	0.17	5.16±0.011 7	0.17	5.21±0.005 7	0.07	5.24±0.012 0	0.12
头长/吻长	2.73±0.022 4	0.23	2.11±0.024 2	0.35	2.39±0.036 7	0.45	2.79±0.063 0	0.63
头长/眼径	6.44±0.061 5	0.63	5.94±0.020 7	0.30	6.38±0.059 6	0.73	5.80±0.038 0	0.38
头长/眼间距	3.13±0.019 5	0.20	2.96±0.018 6	0.27	2.90±0.016 3	0.20	2.81±0.012 0	0.12
样品数	105		210		150		100	

黄海南部、中部、北部以及渤海各群体间，各项分节性状与可量性状的差异系数均小于1.28。因此，可认为上述群体未达到亚种差异水平（表2-2、表2-3）。

表2-2 蓝点马鲛量度特征差异系数

（引自韦晟等，1988）

形态性状	群 体 1-2	1-3	1-4	2-3	2-4	3-4
体长/尾柄长	0.513 5	0.594 8	0.883 5	0.646 4	0.904 3	0.047 1
体长/头长	0.221 9	0.109 9	0.011 5	0.201 3	0.245 2	0.119 3
头长/吻长	1.060 6	0.502 6	0.068 7	0.345 0	0.691 6	0.372 5
头长/眼径	0.542 7	0.044 5	0.634 4	0.428 3	0.201 3	0.519 9
头长/眼间距	0.359 8	0.580 2	0.985 1	0.129 4	0.376 1	0.274 6

注：1. 黄海南部；2. 黄海中部；3. 黄海北部；4. 渤海。如1-2表示黄海南部与黄海中部对比的差异系数。

表 2-3 蓝点马鲛可数特征差异系数

(引自韦晟等，1988)

形态性状	群 体					
	1-2	1-3	1-4	2-3	2-4	3-4
躯椎数	0.357 7	0.410 8	0.620 7	0.157 7	0.018 7	0.281 8
尾椎骨数	0.469 8	0.848 2	0.608 0	0.155 7	0.085 0	0.354 4
总脊椎骨数	0.158 5	0.578 1	0.021 1	0.321 8	0.152 8	0.609 9
第一背鳍鳍棘数	1.220 8	0.517 0	0.758 3	0.314 9	0.234 0	0.991 7
第二背鳍鳍条数	0.305 9	0.044 8	0.226 8	0.239 7	0.009 1	0.175 9
左鳃耙数	0.043 3	0.056 7	0.195 8	0.100 5	0.235 8	0.147 3
右鳃耙数	0.260 7	0.127 8	0.251 7	0.170 4	0.011 5	0.159 0
总鳃耙数	0.211 8	0.047 6	0.045 6	0.150 7	0.145 8	0.000 0
臀鳍鳍条数	0.136 4	0.077 1	0.057 6	0.087 3	0.083 5	0.008 2
背小鳍数	0.377 8	0.174 1	0.075 3	0.249 7	0.339 6	0.107 6
臀小鳍数	0.500 1	0.400 4	0.270 8	0.285 7	0.158 5	0.002 0

注：1. 黄海南部；2. 黄海中部；3. 黄海北部；4. 渤海。如1-2表示黄海南部与黄海中部对比的差异系数。

黄海南部与中部间的差异系数 M 值$>t_{0.01}$ 的有一项可数性状，即第一背鳍鳍棘数；黄海南部与北部间 M 值$>t_{0.01}$ 的有两项可数性状，即躯椎数与第一背鳍鳍棘数；黄海中部与北部间无可数性状 M 值$>t_{0.01}$；同样，黄海中部与渤海间可数性状也没有 M 值$>t_{0.01}$；但黄海北部与渤海间总脊椎骨数 M 值$>t_{0.01}$。

可数性状中有5项呈显著性差异，即尾椎骨数、总脊椎骨数、第一背鳍鳍棘数、背小鳍数与臀小鳍数。综合此5项性状，通过判别公式求出其各自的综合 F 值（表2-4）。查 F 分布表，若 $F>F_{0.05}$ （或 $F_{0.01}$），则认为两海域间蓝点马鲛存在显著差异，可能为不同群体（表2-5）。

表 2-4 蓝点马鲛可数特征差异显著性

(引自韦晟等，1988)

形态性状	群 体					
	1-2	1-3	1-4	2-3	2-4	3-4
躯椎数	2.567 7	1.994 7	3.180 6	1.161 4	0.119 8	1.440 6
尾椎骨数	2.344 8	3.957 5	2.650 8	0.982 3	0.571 2	1.911 0
总脊椎骨数	0.684 3	2.588 1	0.092 4	1.942 7	0.926 9	3.290 1
第一背鳍鳍棘数	10.809 1	4.087 1	5.755 0	2.256 0	1.664 1	0.642 3
第二背鳍鳍条数	0.738 7	0.172 5	0.768 2	1.414 7	0.055 3	1.224 1
左鳃耙数	0.166 3	0.206 0	0.685 5	0.735 4	1.718 4	1.032 0
右鳃耙数	0.896 7	0.428 6	0.921 0	1.244 7	0.082 0	1.101 7
总鳃耙数	1.061 1	0.215 3	0.216 1	1.103 3	1.055 5	0.000 0
臀鳍鳍条数	0.387 0	0.221 0	0.201 7	0.623 7	0.559 9	0.056 5
背小鳍数	1.245 7	0.586 9	0.270 5	1.813 2	0.240 2	0.748 2
臀小鳍数	1.361 4	1.027 1	1.017 2	2.090 2	1.004 0	0.012 3

注：1. 黄海南部；2. 黄海中部；3. 黄海北部；4. 渤海。如1-2表示黄海南部与黄海中部对比的差异系数。

表 2-5　判别函数计算结果

（引自韦晟等，1988）

海域	F	$F_{0.05}$	$F_{0.01}$	尾脊椎骨数	总脊椎骨数	第一背鳍鳍棘数	背小鳍数	臀小鳍数
1-2	7.370 8	2.24	3.08	0.122 4	0.000 0	0.877 6	0.000 0	0.000 0
1-3	2.954 9	2.24	3.08	0.958 6	0.042 0	0.000 0	0.000 0	0.000 0
1-4	2.727 9	2.26	3.11	0.945 1	0.054 9	0.000 0	0.000 0	0.000 0
2-3	2.139 5	2.24	3.08	0.000 0	0.000 0	0.000 0	0.000 0	0.000 0
2-4	1.989 1	2.24	3.08	0.000 0	1.000 0	0.000 0	0.000 0	0.000 0
3-4	0.000 0	2.26	3.11	0.000 0	1.000 0	0.000 0	0.000 0	0.000 0

注：1. 黄海南部；2. 黄海中部；3. 黄海北部；4. 渤海。如 1-2 表示黄海南部与黄海中部对比的差异系数。

综合特征后的 4 个海域互相比较，黄海南部与中部的 $F>F_{0.01}$，黄海南部与北部的 $F_{0.05}<F<F_{0.01}$，黄海南部与渤海的 $F_{0.05}<F<F_{0.01}$，而黄海中部、北部与渤海间的相互比较均为 $F<F_{0.05}$，没有统计学上的意义。

综上所述，韦晟等（1988）认为，黄海南部、中部、北部以及渤海各海域间蓝点马鲛关系密切，均属于同一种群。其中，黄海南部的蓝点马鲛可视作同一种群中的不同群体。

（二）框架分析法

可量性状有一定的局限性。例如，统计结果不能呈现性状变异图形；数据包含性状信息较少，多集中在鱼体的头部、尾部和轴向，不能充分利用鱼体性状提供的有用信息，并且在划分同一物种的不同地理群体上无能为力；同源性和重复性比较难实现等。针对以上缺陷，Straus 和 Bookstein（1982）又提出了框架分析法。框架分析法利用个体的 8～12 个解剖学同源地标点，纵横交错联结成线，比较一些关键的框架长度，能够充分利用鱼体性状上的稳定差异。这些差异可能影响群体的某些重要参数特征，如增长率、死亡率和繁殖率等。并且许多学者研究发现，相较于传统形态学研究方法，框架分析法对同一物种的种内群体分析更有优势。

地标点在选取时要遵循一定的原则：Ⅰ 型地标点，主要是指不同组织间的交叉点，如骨骼与肌肉的连接点、鱼体和鱼鳍间的连接点；Ⅱ 型地标点，指组织间的凹陷或凸出点，如骨头的突起、耳石的缺口或其他组织中位置凸出且可以明确辨析的点；Ⅲ 型地标点，指组织间的最值点，如最长点、最宽点等（图 2-3）。

在地标点选取时，总会因为样本的大小、位置、方向而产生误差。如果不进行处理，会对后续分析产生影响，因此需要用叠印法去除干扰。最小二乘法准则是目前应用最广泛的叠印法。该方法通过对

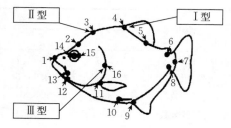

图 2-3　三种类型地标点示意图

（引自陈新军等，2013）

注：数字为地标点。

样本间进行平移、旋转来达到叠印效果。然后，通过薄板样条分析（thin plate spline），利用变形和反卷的方式，使多个样本的坐标值相互对应，绘制变形网格来分析形态差异。该方法将扭曲能量矩阵（bending energy matrix）引入到几何分析中，通过局部扭曲（partical warp）、相对扭曲（relative warp）等多种统计方法来进行差异比较。这种方法将能量矩阵、主成分分析和特征值分析等统计学方法引入其中，目前已在鱼类种类与种群鉴定中得到了广泛应用。

以蓝点马鲛为例，介绍如下：

本研究所用样品采集自中国沿海8个主要蓝点马鲛产卵场（图2-4），采样时间为2014年5月中旬，样品共544尾，采集方式为商业渔船捕捞，所用网具为流刺网（网目尺寸为90～100 mm）。随机挑选个体完整且体表没有明显损伤的个体置于独立的保温箱中冷冻保存，并带回实验室解冻分析，测量其叉长（FL，±1 mm），记录其性别。此外，本研究只对性成熟的个体（$FL>376$ cm）进行观测分析。

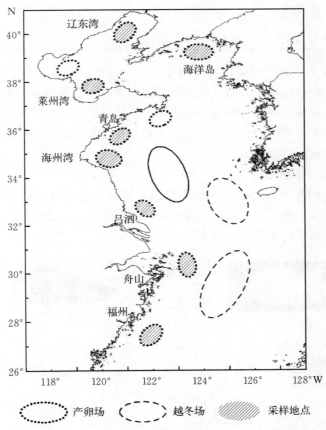

图2-4　2014年5月中旬中国沿海蓝点马鲛产卵群体的采样位置示意图

本研究选取产卵期个体进行框架数据的测量，采用尼康D80相机采集蓝点马鲛个体左侧面照片（鳍条展开）用于后期的数据测量。共选取8个解剖学同源坐标点（X-Y）构建鱼体的框架系统，得到16个能较好地反映鱼体形态特征的长度指标（彩图1，例如，L_{1to2}表示定位点1和2之间的距离，其他类推）。采用 tpsUtil v1.58、tpsDig2 v2.17 和 Paleontological Statistics（PAST）软件测量包含眼径在内的共计17个形态学长度指标用于之后的统计学分析，数据测量精确到0.1 mm。

交叉验证成功率为56.4%。判别成功率最高的属福州群体，为80.4%；最低的为吕泗群体，仅为 22.0%，与其他 7 个群体均有较大程度的混合。其中，舟山群体和福州群体虽都属东海海域，而且地理位置较为接近，但两个群体的个体未有混淆现象（表 2-6）。

表 2-6　中国沿海蓝点马鲛产卵群体判别分析结果

区域	辽东湾	海洋岛	莱州湾	青岛	海州湾	吕泗	舟山	福州	合计
辽东湾	55.9	5.1	18.6	0.0	6.8	8.5	5.1	0.0	100.0
海洋岛	9.7	56.5	8.1	4.8	1.6	1.6	0.0	17.7	100.0
莱州湾	11.4	8.9	46.8	6.3	8.9	6.3	7.6	3.8	100.0
青岛	1.6	1.6	6.3	60.4	12.7	7.9	0.0	9.5	100.0
海州湾	6.3	2.5	11.4	5.1	54.4	3.8	7.6	8.9	100.0
吕泗	14.6	9.8	12.2	17.1	12.2	14.6	4.9	14.6	100.0
舟山	3.6	1.8	13.0	0.0	13.0	5.6	63.0	0.0	100.0
福州	0.0	11.3	2.1	3.1	4.1	2.1	0.0	77.3	100.0

本研究中 8 个蓝点马鲛产卵群体仍可划分为 3 个群系，即东海南部群系，包括福州群体；黄海中部群系，包括舟山、吕泗、海州湾和青岛群体；黄海北部和渤海群系，包括海洋岛、莱州湾和辽东湾群体。判别分析散点图表明，3 个群系彼此之间相互独立（彩图 2）。结合蓝点马鲛整个生活史特征，可将蓝点马鲛群系视为 3 个亚种群，共同构成中国沿海蓝点马鲛群体的复合种群结构。

（三）外形轮廓分析法

该法通常是将有同源的（homologous）组织结构或者边缘具有同源性的组织，取其边缘曲线一定数量的样点，进行数字化后，发现该样点符合一定的数学函数。该法是使形态变量用数学方法来比较曲线的差异的一种方法（图 2-5）。

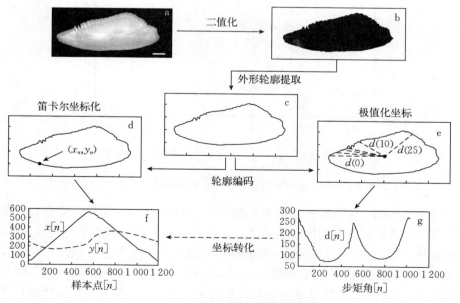

图 2-5　外形轮廓分析法步骤

（引自陈新军等，2013）

18 世纪的法国数学家 Joseph Fourier 认为，任何周期函数都可以用无穷级的三角函数来表示，据此创立了傅立叶分析法。基本思路就是，通过傅立叶变换（fourier transform）的方式，将曲线分解为由正弦和余弦组成的线性函数，从而得出外形轮廓结构傅立叶波谱（fourier spectrum），将轮廓分解成傅立叶谐值，通过这些谐值可以比较图形之间的差异。

通过对耳石结构的细化研究后发现，耳石的边缘并不是光滑曲线，而是存在着数量不等的小突起，称之为奇异点（singularity）。在传统的径向测量法中，这些奇异点并不明显。因此，对测量结果的影响并不大。但傅立叶分析主要是对外形的整体轮廓线进行表达，而对不同的奇异点的定位和区分能力有限。近几年出现的一些信号处理技术则能有效地解决这一问题，其中以小波转换（wavelet transform）和曲率尺度空间（curvature scale space）为代表。分析图像时，两种方法对曲线轮廓的描述均不会随着图像的尺寸变化、旋转或转换而发生改变，具有很好的稳定性。

以蓝点马鲛耳石形态为例，介绍如下（Zhang 等，2016）：

本研究所用样品采集自中国沿海 8 个主要蓝点马鲛产卵场（图 2-4），采样时间为 2014年 5 月中旬（表 2-7），采集方式为商业渔船捕捞，所用网具为流刺网（网目尺寸为 90～100 mm）。随机挑选个体完整且体表没有明显损伤的个体置于独立的保温箱中冷冻保存，并带回实验室解冻分析，测量其叉长（FL，± 1 mm），记录其性别。此外，本研究只对性成熟的个体（$FL > 376$ cm）进行观测分析。

表 2-7 蓝点马鲛产卵群体样品信息
（引自 Zhang 等，2016）

海域	采样站位	叉长（mm）	耳石数（ind）
东海	福州	376～490	92
	舟山	426～603	37
黄海	吕泗	378～523	55
	海州湾	422～500	79
	青岛	385～478	68
	海洋岛	405～520	77
渤海	莱州湾	415～560	67
	辽东湾	435～564	69

使用尼康 smz100 体式显微镜获取耳石图像，耳石置于黑色背景下且用反射光照射以增加清晰度。为减小操作误差，耳石统一以内侧面朝上放置，耳石基叶平指向左。使用 Image-Pro Plus（version 6.0）对耳石图像进行分析，得到耳石的测量尺寸：面积、长度、宽度、周长和矩形趋近率。

除测量上述形态学参数外，使用 SHAPE（ver. 1.3）进行椭圆傅立叶变换对耳石图像进行分析，结果显示为 20 个椭圆傅立叶谐波，并对得到的傅立叶谐值进行主成分分析。

为了使群体间生长差异的影响最小化（与叉长相关），协方差分析（ANCOVA）被运用去测试其对耳石形态变量和傅立叶谐值主成分的影响；叉长被用作协变量，产卵场被视为固定因素。产卵场/体长的交互作用显著的变量将会从随后的分析里剔除，其余变量用各自共同斜率按下述公式进行校正：

$$\overline{O_{ij}} = O_{ij} + b \times (FL_{ij} - \overline{FL_j})$$

式中，$\overline{O_{ij}}$ 代表群体 j 中第 i 条鱼的耳石标准测量值；O_{ij} 代表群体 j 中第 i 条鱼的耳石原始测量值；b 代表公共斜率；FL_{ij} 代表群体 j 中第 i 条鱼的叉长；$\overline{FL_j}$ 代表群体 j 的平均叉长。

筛选出的变量经由随机森林分析，比较所有的变量组合，以选出最优的变量组合即交叉检验后的成功率最高。

分类成功率为 16.6%～63.1%，主要的误分类都发生在邻近的产卵群体间（表 2-8）。依据分类结果，可将 8 个产卵场归为 3 个亚种群，即：南部亚种群（福州）、中部亚种群（舟山、吕泗、海州湾、青岛）、北部亚种群（海洋岛、莱州湾、辽东湾）。以此进行随机森林分类，总体成功率提升为 64.5%，可明显观察到聚类为 3 个方向（图 2-6）。

表 2-8　随机森林分类成功率

（引自 Zhang 等，2016）

海域	福州	舟山	吕泗	海州湾	青岛	海洋岛	莱州湾	辽东湾
福州	**63.1**	1.1	7.8	5.8	9.1	4.3	4.1	4.7
舟山	0	**42.6**	19.4	4.0	0	6.8	11.5	15.7
吕泗	6.7	9.7	**16.6**	27.6	17.5	8.9	9.4	3.6
海州湾	6.1	6.8	14.6	**30.0**	15.0	9.9	8.8	8.8
青岛	11.0	4.2	10.7	16.9	**33.7**	14.3	6.0	3.2
海洋岛	6.1	4.4	6.9	11.9	6.1	**24.8**	17.2	22.6
莱州湾	5.5	6.8	8.8	11.5	3.4	16.7	**30.8**	16.5
辽东湾	2.0	11.0	9.0	7.9	4.0	26.1	18.9	**21.1**

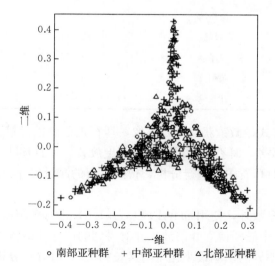

○ 南部亚种群　＋ 中部亚种群　△ 北部亚种群

图 2-6　基于三个亚种群的多维定标图

（引自 Zhang 等，2016）

三、生态学方法

在海洋中，鱼类种群的离散性是一种动态特征，是由于生态和遗传过程的相互作用而产生的。鱼类生态离散性产生于时间和空间的不均匀性。因此，种群鉴定就可利用它们在生态方面的差异及各自具有的特点来进行。鱼类种群变动理论认为，鱼类种群就是靠这种时间和空间的隔离来达到食物保障，从而增加种群数量。因此，生态学方法是鉴定种群的重要方法之一。

生态学方法就是研究和比较不同生态条件下种群的生活史及其参数，主要指标有：①生殖指标，如生殖时期、怀卵量、繁殖力、排卵量等。②生长指标，如长度和重量、生长速度、丰满度等。例如，刘效舜等（1966）以同一年龄组的生长率变化作为小黄鱼种群划分的重要依据。③年龄指标，如寿命、年龄组成、性成熟年龄等。例如，罗秉征（1981）根据耳石与体长相对生长的地理变异，划分中国近海的带鱼种群。④洄游分布，即以种群的洄游路线差异作为种群划分的依据。例如，邓景耀等（1983）利用标识放流方法研究黄渤海对虾的洄游分布，进而确认了渤海及黄海中北部的对虾同属一个种群。⑤摄食指标，如摄食种类、摄食频率等。⑥种群数量变动的节律。⑦寄生虫，如寄生物的种类等。⑧微量元素，硬组织中的微量元素种类及其组成，已成为鱼类种群研究的主要材料之一，特别是一些河口性种类。通常用于鉴定种群的指标如下。

（一）洄游分布

最直接的方法就是标识放流法。同时通过系统地资源渔场调查，判断种群各种洄游的时间、路线和越冬场、产卵场、索饵场的分布范围，调查幼鱼与成鱼洄游分布的差别。例如，林景祺（1985）根据大量系统渔业资源调查资料，研究带鱼对海洋环境条件自然调节适应性问题，将自南而北分布的带鱼分为 3 个种群。日本学者根据太平洋（30°～40°N）鰤标识放流的重捕结果及鰤洄游范围，以 33°N 以北的潮岬为界，将鰤分为北部和南部两个不同的种群。

（二）生长、生殖习性和年龄组成的比较

不同的种群或群体，由于生活环境的不同，生长状况也产生差异，这样就可以依据它们的生长差异来鉴定不同的种群。徐恭昭等（1962；1984）对中国沿海大黄鱼 3 个地理种群、8 个生殖群体的体长和纯体重的相对增长量，以及纯体重与体长的回归参数做了比较，结果发现，各个种下群之间不论是纯体重还是体长的相对增长量均存在差异，它们的纯体重与体长的回归参数也存在或大或小的差异。

生殖习性的比较内容主要包括各群体的成熟年龄、产卵时间、怀卵量和卵径大小等。例如，大黄鱼的开始性成熟年龄和大量性成熟年龄从南至北变大；对于同一种族的大黄鱼的不同群体，其产卵时间也存在不同程度的差异，如有的是春季产卵，有的是秋季产卵。

除了上述的几个生态习性用于鉴定种群之外，还可以根据研究种类的感官生理机能对外界条件反应的差别，以及研究种类活动的外界环境状况，如产卵场面积、深度等的差别，作为鉴定单位群体的有用参考资料。

以大西洋鳕为例说明生活史参数在种群结构研究中的作用（Begg 等，1999）：

东北渔业科学中心（NEFSC）1967—1997 年春季和秋季对大西洋鳕进行了分层随机底拖网取样（春季调查始于 1968 年）。测量长度，目测确定性别和成熟期。样品包含了性腺发

育的 6 个阶段，收集每个样本的鳞片或耳石进行年龄测定。

大西洋鳕的生活史参数来源于当前美国对群体评估单位的调查数据。被考虑的评估单位是乔治浅滩和缅因湾的大西洋鳕（图 2-7）。

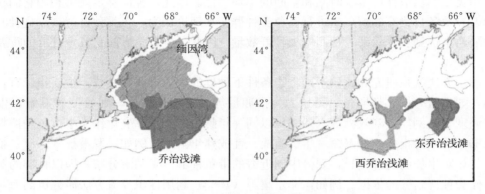

图 2-7　大西洋鳕管理单元以及乔治浅滩可能存在的两个群体分布示意图

(引自 Begg 等，1999)

大西洋鳕的分布图源于 1967—1976 年、1977—1988 年和 1989—1997 年间进行的调查数据，以确定可能指示群体复杂性的种群聚集区域，以及评估分布随时间的变化。分别对春季（3 月、4 月和 5 月）（推定产卵时间）和秋季（9 月、10 月和 11 月）分布数据进行了分析，以研究产卵后分散的模式。同样，从海洋资源监测、评估和预测（MARMAP），获得了 1977—1988 年春季卵和仔稚鱼的分布数据，以评估卵和仔稚鱼阶段的空间分离，以及检查产卵场和育幼场之间潜在的连通性。鳕的卵和仔稚鱼分布也分别包括 2 月和 6 月。由于一些年份样本量不足，因此对于所有的群体，用 1970—1997 年间的 5 年同比估计生长、死亡率和成熟度参数，而不是用年同比估计。

von Bertalanffy 生长曲线生长参数（L_∞，K，t_0）的估计，$L_\infty(1-\mathrm{e}^{-K(t-t_0)})$，使用 Marquardt 非线性迭代最小二乘法回归分析（SAS，1990）确定。

大西洋鳕在美国海域的分布支持分离乔治浅滩和缅因湾群体，与美国目前用于管理的群体定义相对应（加拿大对鳕和黑鳕均采用独立的东乔治海岸群体定义）。鳕在春季调查期间（推定产卵时间）广泛分布。即便如此，在乔治浅滩和缅因湾的更为集中也是明显的。这两个群体在秋季调查中更加清晰。这些调查显示，乔治浅滩和缅因湾之间的鳕有一些连续性。1989—1997 年，鳕的分布格局表明相对丰度有所下降。自 20 世纪 60 年代以来，其分布存在轻微的收缩，主要是在秋季，暗示了东部和西部乔治浅滩鳕的分离。与春季调查相比，秋季比较明显，因为夏季随着海岸水温升高，鱼类向海岸北部更深的水域移动（图 2-8）。

大西洋鳕卵和仔稚鱼阶段的分布与成鱼和幼鱼的分布不一样（图 2-9）。鳕卵的分布遵循鳕在春季的总体分布；广泛分布但主要在乔治浅滩和缅因湾。仔稚鱼分布显示乔治浅滩群体或多或少存在连续分布但进入中部大西洋湾丰度马上降低。在缅因湾几乎没有仔稚鱼。卵和仔稚鱼分布并不表示东部和西部的乔治浅滩之间的划分。

大西洋鳕不同群体的生长率（K）是不一样的。大体上，来自乔治浅滩鳕的 K 比缅因湾鳕的 K 更大，除了 1995—1997 年期间两个群体雄性鳕估计出相似的 K。东部和西部的乔治浅滩鳕也观察到 K 的差异。通常，东乔治浅滩鳕的 K 比西乔治浅滩鳕的 K 更大，只有

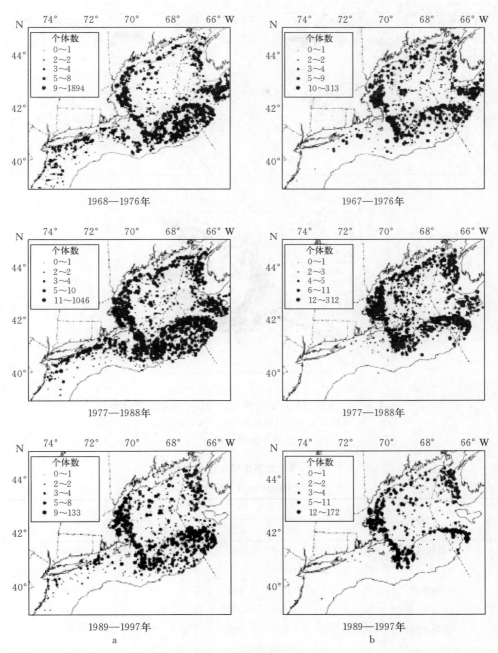

图 2-8 大西洋鳕密度分布图

a. 春季 b. 秋季

（引自 Begg 等，1999）

1970—1974 年观察到了相反的模式。此外，在 1990—1997 年期间，也观察到来自东部和西部乔治海岸的雄性鳕有相近的 K。虽然 K 在整个调查期间发生变化，而且每个群体的年龄范围随着时间的推移而缩小，但群体之间 K 的差异仍然存在（表 2-9）。

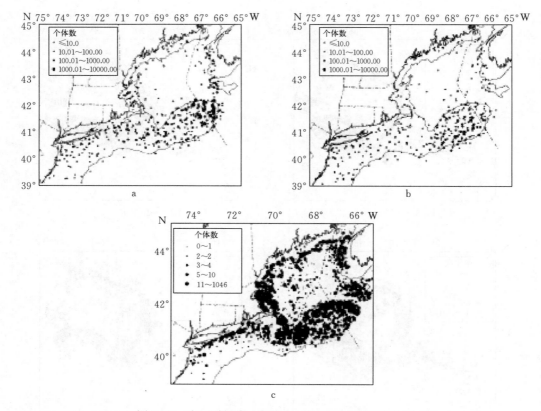

图 2-9　大西洋鳕卵、仔稚鱼、幼鱼、成鱼密度分布

a. 鱼卵分布　　b. 仔稚鱼分布　　c. 成鱼与幼鱼分布

（引自 Begg 等，1999）

表 2-9　大西洋鳕生活史参数

（引自 Begg 等，1999）

年份	群体	性别	生活史参数								
			N^a	L_∞	K	A_{max}	L_{max}	Z^c	N^b	A_{50}	L_{50}
1970—1974	乔治浅滩	F	1 599	122.3	0.194	17	148	0.473	833	3.0	53.4
		M	1 437	106.9	0.245	16	128		767	2.9	51.2
	缅因湾	F	700	130.0	0.158	17	132	0.271	300	4.1	55.2
		M	570	119.6	0.168	14	122		216	4.3	54.7
	东乔治浅滩	F	632	132.1	0.166	17	148	0.489	378	3.0	53.1
		M	576	106.6	0.246	16	128		346	2.9	50.5
	西乔治浅滩	F	317	123.2	0.195	14	129	0.338	110	2.8	51.1
		M	233	108.0	0.268	14	125		66	2.9	51.1
1975—1979	乔治浅滩	F	1 844	129.7	0.18	15	126	0.551	826	2.6	48.1
		M	1 702	113.7	0.214	14	126		745	2.6	48.8
	缅因湾	F	1 111	2 017.2	0.072	17	146	0.452	420	3.6	46
		M	926	226.5	0.059	15	133		324	3.9	49.4

（续）

年份	群体	性别	生活史参数								
			N^a	L_∞	K	A_{max}	L_{max}	Z^c	N^b	A_{50}	L_{50}
1980—1984	东乔治浅滩	F	770	128.4	0.186	15	126	0.450	257	2.4	45.4
		M	708	105.2	0.255	9	108		241	2.6	48.6
	西乔治浅滩	F	441	139.3	0.159	15	124	0.430	147	3.3	53.4
		M	348	136.9	0.154	14	126		103	3.3	54.4
	乔治浅滩	F	1 517	125.9	0.197	15	132	0.464	829	2.5	47.8
		M	1 377	111.8	0.237	18	119		730	2.8	51.5
	缅因湾	F	753	153.2	0.126	15	135	0.481	387	2.8	43.5
		M	653	134.4	0.153	16	128		340	2.9	46.2
1985—1989	东乔治浅滩	F	651	124.7	0.199	11	123	0.434	328	3.0	51.8
		M	560	115.0	0.218	18	119		276	3.0	53.3
	西乔治浅滩	F	284	149.4	0.142	12	132	0.371	112	2.4	45.5
		M	257	130.0	0.176	11	118		88	2.8	52.7
	乔治浅滩	F	1 221	134.8	0.170	12	136	0.525	800	2.0	38.9
		M	1 232	118.0	0.208	12	128		831	2.1	40.3
	缅因湾	F	792	170.0	0.112	15	136	0.689	316	2.2	30.4
		M	705	203.7	0.086	9	121		300	2.3	33.4
1990—1994	东乔治浅滩	F	578	146.3	0.142	12	136	0.468	314	2.0	39.0
		M	572	117.2	0.201	12	122		322	2.3	42.4
	西乔治浅滩	F	210	204.3	0.094	8	114	0.533	124	2.2	44.7
		M	167	142.4	0.149	12	128		95	2.5	43.7
	乔治浅滩	F	959	116.1	0.228	11	119	0.582	531	2.3	42.9
		M	906	106.6	0.244	11	129		515	2.4	44.7
	缅因湾	F	633	258.3	0.058	8	108	0.533	296	3.0	39.7
		M	548	150.6	0.104	10	111		275	3.8	48.2
1995—1997	东乔治浅滩	F	386	111.0	0.232	9	112	0.491	233	2.6	46.6
		M	355	105.2	0.229	11	107		236	2.7	45.8
	西乔治浅滩	F	235	144.0	0.168	11	119	0.551	75	2.6	46.6
		M	229	138.4	0.172	10	129		74	2.4	43.6
	乔治浅滩	F	525	113.0	0.215	8	108	0.420	227	2.2	39.3
		M	569	104.8	0.237	9	111		269	2.2	39.5
	缅因湾	F	293	147.9	0.111	7	99	0.543	159	2.5	34.2
		M	259	100.2	0.206	8	95		157	2.7	37.2
	东乔治浅滩	F	196	103.1	0.241	8	108	0.392	114	2.4	41.0
		M	225	107.0	0.202	9	111		123	2.0	40.5
	西乔治浅滩	F	205	269.2	0.036	7	108	0.469	46	—	37.2
		M	215	136.8	0.160	8	105		62	2.1	29.4

注：F. 雌性；M. 雄性；N^a. 用于生长分析的样品数；L_∞. 极限体长；K. 生长率；A_{max}. 最大年龄；L_{max}. 最大体长；Z^c. 死亡率；N^b. 用于成熟度分析的样品数；A_{50}. 50%性成熟年龄；L_{50}. 50%性成熟体长。

以鲱为例说明早期生活史在种群研究中的应用（Brophy 等，2002）：

用中层拖网渔船收集来自凯尔特海和爱尔兰海的 0 龄鲱稚鱼样品，爱尔兰海域的样品采集于 1999 年和 2000 年 9 月，凯尔特海域的样品采集于 2000 年 9 月（图 2-10）。

样品采集后置于 -20 ℃环境下冷冻。将样品带回实验室后解冻并测量全长。取出矢耳石，放在小的圆形模具中（直径 5 mm），用环氧树脂将其包埋，并用 2 000 目和 4 000 目碳化硅纸在凸面上抛光直到原基暴露。仔鱼的耳石增量宽度为第一个可见增量到沿最长轴的 200 μm 的长度。对于同一耳石宽度增量重复测量的变异系数（$n=32$）为 7.2%。

用 1999 年（50 尾）、2000 年（61 尾）收集到的 0 龄稚鱼的二次抽样样品的耳石增量计数来估计样品的孵化日期。用于年龄鉴定的耳石用环氧树脂包埋在 5 mm 的模具中，沿其凹边打磨，直到耳石边际轮纹暴露出来。使用较大的模具（直径 10 mm）二次包埋耳石，并打磨其凸侧，打磨至靠近核心的时候尽可能保持清晰的边际增

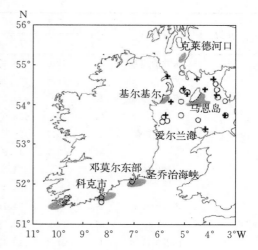

+ 1999 年采集样品　○ 2000 年采集样品

图 2-10　0 龄鲱个体采集时间、站位信息图
(引自 Brophy 等，2002)
注：灰色区域为产卵场。

量。同一耳石的重复（$n=30$）增量计数表明这种估测是准确的，平均变异系数为 2.9%。

索饵场对稚鱼的生长也有相关研究。将索饵场划分为 3 个：凯尔特海、爱尔兰海西部（4.5°W 西）、爱尔兰海东部（4.5°W 东）。

如果稚鱼在它们的仔鱼阶段来自不同的产卵场，那么由于环境的变化就会导致其仔鱼耳石发育历史痕迹的不一。使用测量耳石增加宽度的方法确定稚鱼在仔鱼阶段耳石增长的变化，并比较了不同索饵场稚鱼的生长发育。

来自凯尔特海和爱尔兰海的 0 龄鲱稚鱼在仔鱼阶段耳石增量宽度表现出两种明显的差别。第一种是"快速增长型"（图 2-11a），增量宽度从核心部分稳定增长。第二种是"慢速增长型"（图 2-11b），该类型增量轮纹紧凑，增量宽度很小。这两种增长类型在两个采

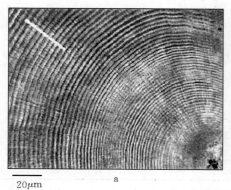
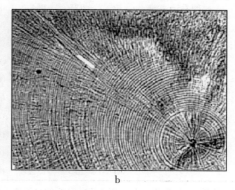

20μm

a　　　　　　　　　　　b

图 2-11　稚鱼耳石日龄示意图
a. 快速增长型　b. 慢速增长型
(引自 Brophy 等，2002)
注：标注区域为 60～70 日龄时期。

样年份表现出明显的双峰分布，并在增量轮纹为 60～70 个时区别最为明显（图 2-12）。这相当于某一海域快速增长型的耳石平均增量为 129～164 μm，而慢速增长型的耳石平均增量为 86～101 μm。快速增长型和慢速增长型的耳石在 20～30 个增长轮纹后，增量宽度开始出现明显的差别。

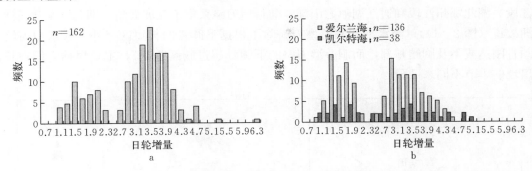

图 2-12　60～70 日龄时期日轮增量频度分布

a. 1999 年　b. 2000 年

（引自 Brophy 等，2002）

产卵期的频率分布表明耳石快速增长和慢速增长的鲱完全分离，没有重叠（图 2-13）。来自 1999 年和 2000 年的耳石慢速增长的群体样品的平均产卵日期估计在 11 月 14 日。而耳石快速增长的群体中，1999 年的样品平均产卵日期估计为 1 月 28 日，2000 年的样品平均产卵日期估计为 2 月 6 日。这一结果证实了耳石慢速增长的鱼是在秋季产卵季节出生的，而耳石快速生长的鱼生于冬季产卵季节。因此，可以用 60～70 轮纹的平均增量宽度来确定爱尔兰海和凯尔特海大西洋鲱的产卵季节。

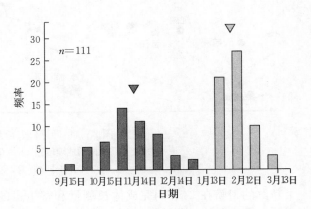

图 2-13　依据耳石日龄推算的产卵日期

（引自 Brophy 等，2002）

（三）寄生虫标志

个体须在寄生虫病区（环境条件适宜寄生虫传染的水域）生活过才能感染某种寄生虫，栖息于不同水域的群体往往有自己特定的寄生虫区系。借助寄生虫种类、数量、寿命等信息，即可了解各群体过往栖息过的水域以及洄游路线等信息，进而进行区分。

选取合适的寄生虫成为此方法的基础所在，通常尽可能使其符合以下标准：

第一，栖息在不同水域的宿主间应有显著不同的感染率。

第二，应在感染的宿主上生活较长的时间，最小生存时间依研究需求有所变动。种群结构研究中，应选取寿命高于一年的，如关注的是季节性洄游，寿命低于一年的也可选用。

第三，生活史仅单一宿主的寄生虫在应用上最为简便，如无性生殖的吸虫及大部分寄生性甲壳类。生活史不同阶段经历不同宿主的寄生虫，如两性生殖的吸虫、绦虫、线虫等，须掌握影响其传染的条件才能实际应用。

第四，感染率的年间变化较小。

第五，选取的种类应易于检测与鉴定。

以刀鲚为例简要介绍（李文祥等，2014）：

江海洄游型刀鲚采集于浙江舟山、上海崇明和安徽安庆江段；淡水型刀鲚采集于安徽安庆江段、湖北鄂州江段和通江湖泊鄱阳湖；陆封型刀鲚采集于江苏太湖、湖北沉湖和长江天鹅洲故道（图 2-14）。淡水型和洄游型刀鲚除了根据下颌骨的长短区分外（淡水型刀鲚的下颌骨刚达或不及胸鳍基部，而洄游型刀鲚的下颌骨超过胸鳍基部），主要根据它们在长江中出现的季节不同来区分。

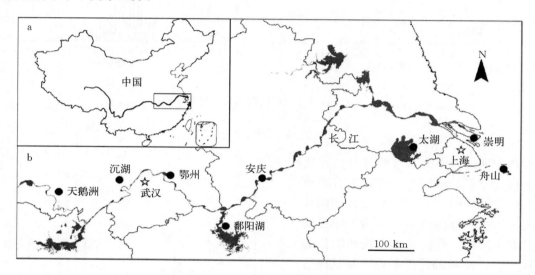

图 2-14　刀鲚采样点地理位置
a. 采样点在中国的地理位置　b. 9 个刀鲚群体的地理位置
（引自李文祥等，2014）

新鲜的刀鲚在 24 h 内完成体长测量和寄生虫的检查。剪取刀鲚的鳃、胃、肠道和幽门盲囊，鳃上寄生虫在解剖镜下，用解剖针拨开每片鳃丝检查；胃和肠道内的寄生虫通过刮取内容物，用两片玻片挤压后在解剖镜下观察；幽门盲囊里面的寄生虫直接用玻片挤压后检查。收集并统计寄生虫的数量，寄生虫种类的鉴定在实验室压片、染色或直接透明处理后，根据形态特征来确定（彩图 3）。

寄生虫的感染情况包括感染率和平均丰度，寄生虫的群落结构是在组分群落和内群落水平上进行分析。组分群落参数有物种丰富度，内群落参数包括平均物种丰富度、寄生虫的平均个体数、Berger-Parker 优势度指数和 Brillouin 多样性指数。

林氏异钩铗虫和陈氏刺棘虫在 3 种生态型的刀鲚中都有较高的感染率和平均丰度；海水性寄生虫细长鳍鳁虫、鲚套茎吸虫和对盲囊线虫只感染洄游型刀鲚，可作为区分洄游型刀鲚的寄生虫标识；淡水性寄生虫长江中华钩铗虫、鲇异吻钩棘头虫和长江傲刺棘头虫只在淡水型刀鲚中发现，可作为淡水型刀鲚的寄生虫标识（表 2-10）。洄游型刀鲚的物种丰富度和Brillouin多样性最高，分别在 1.25 和 0.19 以上；淡水型刀鲚的较低，分别为 0.79～1.12 和0.10～0.12；陆封型刀鲚的最低，分别在 0.66 和 0.02 以下。这主要是由于淡水型和陆封型刀鲚中海水性寄生虫大部分丢失，以及淡水性寄生虫感染率和平均丰度都较低造成的（表 2-11）。

表 2-10　9 个刀鲚群体中各寄生蠕虫的感染率和平均丰度

寄生蠕虫		洄游型种群			陆封型种群			淡水型种群		
		舟山	崇明	安庆	大湖	天鹅洲	沅湖	鄱阳湖	鄂州	安庆
林氏异钩铁虫	感染率（%）	38.5	30.2	23.8	64.0	6.0	—	56.8	45.6	78.0
	丰度	0.71±1.11	0.72±1.35	1.40±1.64	1.40±1.64	0.06±0.24	—	1.20±1.69	1.01±1.75	7.88±9.91
长江中华钩铁虫	感染率（%）	—	1.9	—	—	—	—	6.8	13.2	—
	丰度	—	—	—	—	—	—	0.11±0.49	0.29±0.95	—
细长鳍鳋虫	感染率（%）	1.9	—	—	—	—	—	—	—	—
	丰度	0.02±0.14	—	—	—	—	—	—	—	—
鲚套吸虫	感染率（%）	44.2	67.9	—	—	—	—	—	—	—
	丰度	0.87±1.19	25.57±2.89	—	—	—	—	—	—	—
简单异尖线虫	感染率（%）	3.8	15.1	42.9	—	—	—	—	—	4.0
	丰度	0.06±0.31	0.19±0.48	0.86±1.26	—	—	—	—	—	0.06±0.31
对盲囊线虫	感染率（%）	26.9	45.3	88.1	—	—	—	—	—	—
	丰度	0.33±0.58	1.17±1.71	6.12±8.72	—	—	—	—	—	—
胃瘤线虫	感染率（%）	—	—	—	2.0	—	15.0	—	—	4.0
	丰度	—	—	—	0.02±0.14	—	0.33±0.75	—	—	0.06±0.31
陈氏刺棘虫	感染率（%）	9.6	35.8	31.0	—	34.0	—	29.5	5.9	26.0
	丰度	0.42±2.50	1.7±4.91	2.50±6.24	—	0.64±1.08	—	0.36±0.65	0.06±0.24	0.38±0.73
鲀异吻钩棘头虫	感染率（%）	—	—	—	—	—	—	—	10.3	—
	丰度	—	—	—	—	—	—	—	0.13±0.45	—
长江刺棘头虫	感染率（%）	—	—	—	—	—	—	—	4.4	—
	丰度	—	—	—	—	—	—	—	0.04±0.21	—

表 2-11　9 个刀鲚群体中寄生蠕虫的群落结构特征

(引自李文祥等，2014)

项目	洄游型种群			陆封型种群			淡水型种群		
	舟山	崇明	安庆	太湖	天鹅洲	沉湖	鄱阳湖	鄂州	安庆
刀鲚的样本数（尾）	52	53	42	50	50	40	44	68	50
刀鲚体长（cm）	26.6±1.9	27.2±2.36	28.06±2.77	14.3±1.85	13.8±0.49	23.31±1.03	22.1±2.28	18.3±1.94	22.1±2.22
蠕虫的丰富度	6	6	4	2	2	1	3	5	4
蠕虫的平均丰富度	1.25±0.93	1.96±1.14	1.86±0.75	0.66±0.52	0.4±0.53	0.15±0.36	0.93±0.7	0.79±0.82	1.12±0.72
蠕虫的平均个体数（只）	2.40±3.02	6.36±6.81	9.93±9.91	1.42±1.65	0.7±1.09	0.33±0.83	1.68±1.8	1.54±2.42	8.38±10.12
多样性指数	0.19±0.27	0.36±0.33	0.31±0.21	0.01±0.06	0.02±0.08	0.00	0.10±0.16	0.12±0.20	0.10±0.16
优势度指数	0.36	0.40	0.62	0.99	0.91	1.00	0.72	0.66	0.94
优势种	鲚套茎吸虫	鲚套茎吸虫	对盲囊线虫	林氏异钩铗虫	陈氏刺棘虫	胃瘤线虫	林氏异钩铗虫	林氏异钩铗虫	林氏异钩铗虫

（四）硬组织微量元素

鱼类、头足类等在与外界环境进行物质交换过程中，环境中的化学元素通过呼吸、摄食等方式进入体内，然后经过一系列的代谢、循环进入内淋巴结晶后沉积在耳石等硬组织中。这些元素经过体内的递减传输后，沉积在耳石中的含量非常小，被称为微量元素。微量元素根据其含量多少又可分为少量元素（minor element，如 Na、Sr、K、S、N、Cl、P 等）和痕量元素（trace element，如 Mg、Cu、Pb、Hg、Mn、Fe、Zn 等）两种。由于耳石等硬组织的非细胞性和代谢惰性，随着鱼类及其耳石等硬组织的同步生长，水环境中沉积在耳石等硬组织中的化学元素基本是永久性的。耳石等硬组织记录了其整个生命周期内所生活的水环境特征，而水环境的变化导致耳石等硬组织微量元素的改变。通过周围水环境和耳石等硬组织中微量元素的相关信息分析，不仅可以有效地划分群体，而且对鱼类的洄游、繁殖、产卵等生活史分析，以及温度、盐度、食物等栖息环境的重建起着重要作用。

目前，用于耳石等硬组织微量元素分析的方法主要有电感耦合等离子体质谱法（inductively coupled plasma mass spectrometry，ICP-MS）、激光剥蚀-电感耦合等离子体质谱法（laser ablation inductively coupled plasma mass spectrometry，LA-ICPMS）、质子激发 X 线发射法（proton induced X-ray emission，PIXE）、同步 X 线荧光光谱法（synchrotron X-ray fluorescence，SYXRF）、电子探针微量法（electron probe microanalysis/electron microprobe analysis，EPMA）、极小二次离子质谱法（nanosecondary ion mass spectrometry，NanoSIMS）、原子吸收光谱法（atomic absorption spectrornetry，AAS）、电感耦合等离子光谱分析法（inductively coupled plasmamass spectrometry with optical spectrum analysis，ICP-OES）和质子背散射分析法（proton back scattering，PBS）。

（五）氧、碳同位素分析方法

鱼类种群识别的氧、碳同位素分析方法是在鱼耳石微结构研究的基础上发展起来的。与基因分析方法相比，鱼耳石的同位素标志有两个显著的优点：一是鱼类耳石的环带结构提供了一种理想的时间序列，以便分离鱼类（特别是海鱼）不同的生长阶段；二是为鱼类耳石的形成机制提供了鱼类生活环境的对应信息，使之有可能重建鱼类的生长史。应当特别指出的是，鱼耳石的 $\delta^{18}O$ 反映了鱼类生活环境中水的状况，而 $\delta^{13}C$ 反映的是鱼类的食物状况，两种同位素成分相结合便成为识别鱼类种群和群体的有用工具。

$\delta^{18}O$ 和 $\delta^{13}C$ 的关联分析可追溯至 Leith 和 Weber 的早期工作，当时认为碳酸盐岩形成过程中有两种不同的同位素成分来源或选择的碳氧化合物具相关的 $^{18}O/^{16}O$ 和 $^{13}C/^{12}C$ 比值。对光合作用和非光合作用的珊瑚研究表明，生物碳酸盐岩中的 $\delta^{13}C$ 和 $\delta^{18}O$ 的相关性可能显示动力学和新陈代谢效应，尤其是那些生长迅速的碳酸盐岩残留体。渔业上 Gao 和 Beamish 用 $\delta^{18}O$ 和 $\delta^{13}C$ 关联性研究结果来判断太平洋鲑的栖息指数（habitat index）。如果某一鱼类栖息于不同的自然环境，并有不同的 $\delta^{18}O$ 和 $\delta^{13}C$ 成分，那么当其游移于不同水体时，它们耳石中 $\delta^{18}O$ 和 $\delta^{13}C$ 的关联性分析可以作为一种天然的示踪。一般而言，由生物因素引起的同位素不平衡分馏不占主导地位，因而鱼耳石稳定同位素成分的关联分析不会像珊瑚那样受动力学效应的控制。

以小黄鱼为例（王玉等，2016）：

2012 年 8—9 月，在渤海（葫芦岛）和黄海（大鱼岛、青岛、海州湾、大洋港）近岸海域由当地渔船采用单桩张网渔具捕获小黄鱼（表 2-12）。小黄鱼样品冷藏后带回实验室测量其标准体长（精确至 0.01 mm），并摘取其矢耳石。将矢耳石经 30% 的 H_2O_2 溶液浸泡 30 min 后，用 Milli-Q 水超声清洗 3 次，清除耳石上附着的包膜和其他有机质，自然晾干后置于离心管中保存。

表 2-12 小黄鱼采集样品信息

（引自王玉等，2016）

站位	日期	数量（尾）	体长（mm）	平均体长（mm）	耳石质量（mg）	平均耳石质量（mg）
大洋港	2012 年 9 月 16 日	23	121.54~139.86	130.89±5.15	66.46~83.13	74.57±5.88
海州湾	2012 年 9 月 25 日	20	81.26~97.63	90.11±4.40	29.04~39.06	34.53±3.26
青岛	2012 年 8 月 27 日	26	68.87~88.44	79.98±6.44	22.56~34.58	28.24±3.56
大鱼岛	2012 年 9 月 14 日	30	101.78~128.05	117.37±5.92	49.68~60.26	55.49±3.43
葫芦岛	2012 年 9 月 25 日	26	72.79~82.05	78.60±2.49	16.52~23.52	19.41±1.82

测定了小黄鱼耳石中 8 种元素（Mg、Al、Mn、Cu、Zn、Sr、Ba、Ca）的含量，各元素含量检出值均达到 ICP-MS 检测限水平。各站位小黄鱼耳石中微量元素与 Ca 比值结果表明，小黄鱼耳石中不同元素含量比值有较大的差异。其中，Ba/Ca、Mn/Ca 值较高；其次为 Sr/Ca、Al/Ca 和 Zn/Ca 值；Cu/Ca 和 Mg/Ca 值较低。各元素在不同采样站位之间也存在显著差异（ANOVE，$n=125$，$P<0.05$），葫芦岛的小黄鱼群体耳石中各元素含量均高于其他站位，而大洋港的小黄鱼群体耳石中元素含量显著低于其他站位。其中，Mg/Ca 值葫芦岛最高；Al/Ca 值海州湾、青岛和葫芦岛较高；Ba/Ca 值葫芦岛最高；Cu/Ca 值海州湾和葫芦岛较高；Mn/Ca 值海州湾、大鱼岛和葫芦岛较高；Zn/Ca 值葫芦岛最高。

对元素指标进行逐步线性判别分析（LDFA），结果表明，尽管 5 个采样站位的小黄鱼耳石中微量元素与 Ca 比值在判别函数 1 和判别函数 2 二维空间上的分布存在明显重叠（彩图 4），但应用多元素指标进行的 LDFA 对大洋港、海州湾、青岛、大鱼岛和葫芦岛 5 个站位的正确判别率分别为 96％、65％、96％、90％和 82％，整体的正确判别率可达 86％。

以本研究采集的 125 尾小黄鱼样品为对象，基于耳石元素指标进行聚类分析，分析结果显示，小黄鱼样品可以被聚类为 3 个组别。其中，组别 2 主要由葫芦岛小黄鱼样品组成；组别 3 主要由大洋港小黄鱼样品组成；组别 1 主要由位于黄海中部近岸的大鱼岛、海州湾和青岛的小黄鱼样品组成，且交叉明显，还出现了少量的葫芦岛和大洋港小黄鱼（彩图 5）。

四、统计方法

形态学特征主要受遗传因子控制，但也受到环境因子的作用。例如，水温对鱼类脊椎骨等计数性状的早期发育和变异影响较大。因此，特征的稳定性可能会出现年间差异，从而影响种群的鉴别结果。这一方法要求进行大量的样本采集和生物学测定工作，然后对形态学测量数据进行统计学分析，求取平均值和标准差，判别被研究对象种群之间的差异程度。常见的统计学分析方法有以下几种：

1. 差异系数（$C. D$）

$$C. D = \frac{M_1 - M_2}{S_1 + S_2} \tag{2-1}$$

式中，M_1 和 M_2 分别为两个种群特征计量的平均值；S_1 和 S_2 分别为两个种群特征计量的标准差。

按照划分亚种 75％的法则（Mayret 等，1953），若 $C. D > 1.28$，表示差异达到亚种水平；若 $C. D < 1.28$，属于种群间的差异。

2. 均数差异显著性（M_{diff}）

$$M_{\text{diff}} = \frac{M_1 - M_2}{\sqrt{\frac{n_1}{n_2}m_2^2 + \frac{n_2}{n_1}m_1^2}} \tag{2-2}$$

式中，M_1 和 M_2 分别为两个种群特征计量的平均值；m_1 和 m_2 分别为两个种群特征计量的均数误差；n_1 和 n_2 分别为两个种群特征的样品数。

当 $n_1 = n_2$ 或者大量采样时，式（2-2）的分母可以简化为 $\sqrt{m_2^2 + m_1^2}$，计算结果以均数差异显著性 t 值检验，若概率 $P < 0.05$，差异为显著；若概率 $P < 0.01$，则差异为极显著。例如，当自由度为 120 时，概率 $P = 0.01$ 时的 t 值为 2.62，若 M_{diff} 值大于 2.62，则 $P < 0.01$，表明差异为极显著。对于大样本，通常以 M_{diff} 值大于等于 3.00 表示差异显著；若小于 3.00，则说明无显著差异，即从该指标分析两个样品没有成为不同单位群体的特征。

3. 判别函数分析

检验种群特征的综合性差异，特别是单项特征差异不显著时，可应用判别函数的变量分析方法来检验种群间是否存在综合性差异。

先计算要比较的两个群体的样品均值，然后求出待检验的协方差：

令

$$\overline{x}_l = \frac{1}{n}\sum_{j=1}^{n} x_{ij}, \ i = 1, \ 2, \ \cdots, \ k$$

$$\bar{y}_l = \frac{1}{m}\sum_{j=1}^{n} y_{ij}, \ i = 1, 2, \cdots, k$$

其中，$\bar{x}_l$ 和 $\bar{y}_l$ 为比较的群体的样品平均值，k 为比较的参数数目，n 和 m 为两个群体的样品数。

然后

$$d_i = \bar{x}_l - \bar{y}_l \ i = 1, 2, \cdots, k$$

$$S_{ij} = \sum_{t=1}^{n} (x_{it} - \bar{x}_l)(x_{jt} - \bar{x}_j) + \sum_{t=1}^{m} (y_{it} - \bar{y}_l)(\bar{y}_{jt} - \bar{y}_j), \ i, j = 1, 2, \cdots, k$$

从线性方程组

$$\begin{cases} \lambda_1 S_{11} + \lambda_2 S_{12} + \cdots + \lambda_k S_{1k} = d_1 \\ \lambda_1 S_{21} + \lambda_2 S_{22} + \cdots + \lambda_k S_{2k} = d_2 \\ \lambda_1 S_{k1} + \lambda_2 S_{k2} + \cdots + \lambda_k S_{kk} = d_k \end{cases}$$

可解出判别系数 λ_1，λ_2，$\cdots$，λ_k。

接着求出判别函数 $D = \lambda_1 d_1 + \lambda_2 d_2 + \cdots + \lambda_k d_k$。

继而可进行差异显著性检验

$$F = \frac{n \times m}{n + m} \times \frac{n + m - k - 1}{k} \times D \qquad (2-3)$$

根据 F 值检验，当 $F > F_{0.05}$ 或 $F_{0.01}$ 时，差异为显著。

随着数学和计算机的广泛应用，逐步判别分析、典则判别分析、二次判别分析等逐渐发展，通过建立判别函数公式，计算综合判别成功率，并以交叉验证（cross validation）验证其判别准确率。

4. 随机森林

随机森林是一种统计学习理论，它是利用 bootstrap 重抽样方法从原始样本中抽取多个样本，对每个 bootstrap 样本进行决策树建模，然后组合多棵决策树的预测，通过投票得出最终预测结果（方匡南等，2011；李欣海，2013）（图 2-15）。

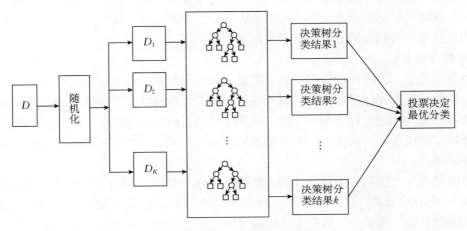

图 2-15 随机森林分类决策示意图

（引自李欣海，2013）

随机森林通过袋外误差（out-of-bag error）估计模型的误差。随机森林的每棵分类树，都是对原始记录进行有放回的重抽样后生成的。每次重抽样大约1/3的记录没有被抽取。没有被抽取的自然形成一个对照数据集。所以，随机森林不需要另外预留部分数据做交叉验证，其本身的算法类似交叉验证，而且袋外误差是对预测误差的无偏估计。随机森林结构比较复杂，但需要的假设条件（如变量的独立性、正态性等）比判别分析模型要少得多。它也不需要检查变量的交互作用和非线性作用是否显著。在大多数情况下，模型参数的缺省设置可以给出最优或接近最优的结果。在计算负荷可以接受的情况下，分类树的数量越大越好。

大量的理论和实证研究都证明了随机森林（RF）具有很高的预测准确率，且不容易出现过拟合。作为机器学习的代表性方法，已广泛应用在种群研究中，其余机器学习方法如支持向量机（support vector machine）和人工神经网络（artificial network）等也逐渐得到应用。

5. 主成分分析

通过正交变换将多个可能存在相关性的变量转换为少数几个线性不相关的变量，转换后的这组变量称为主成分。其中，每个主成分均能反映原始变量的大部分信息，最大程度上减少变量冗余，并将提取出的相对独立的变量用于之后的群体识别分析。

在数学变换中保持变量的总方差不变，使第一变量具有最大的方差，称为第一主成分；第二变量的方差次大，并且和第一变量不相关，称为第二主成分。依次类推，i 个变量就有 i 个主成分。

其中，L_i 为 p 维正交化向量（$L_i \times L_i = 1$），Z_i 之间互不相关且按照方差由大到小排列，则称 Z_i 为 X 的第 i 个主成分。设 X 的协方差矩阵为 Σ，则 Σ 必为半正定对称矩阵，求特征值 λ_i（按从大到小排序）及其特征向量，可以证明，λ_i 所对应的正交化特征向量，即为第 i 个主成分 Z_i 所对应的系数向量 L_i，而 Z_i 的方差贡献率定义为 $\lambda_i / \Sigma \lambda_j$，通常要求提取的主成分的数量 k 满足 $\Sigma \lambda_k / \Sigma \lambda_j > 0.85$。

利用 KOM 和 Bartlett's 球度检验（值大于 0.7）确定用于分析的数据是否适合进行主成分分析，并建立相关系数矩阵。然后，以主成分法提取公因子，计算各主成分的特征值和贡献率（主成分的特征值要大于 1，累计贡献率要大于 80%）。最后，利用因子得分数据进行二维图像分析，得到主成分分析结果的散点图。

6. 聚类分析

聚类分析是多元统计分析被引入到分类学中而逐渐形成的一个新的数学分支。它应用多元统计分析的原理来比较样本中各对象或各指标间的性质和特征，依据事物的性质和特征的相似程度，将彼此相近的样本分在一类，差异较大的分在不同的类。聚类是数据对象的集合。基于特定约束条件的聚类把一个对象集划分成簇，同一簇中的对象彼此相似，不同簇中的对象彼此相异。

主要的聚类方法包括：①划分方法。根据一个划分规则构建数据的若干个划分，如 k-平均值和 k-中心点算法。②层次方法。按某种标准将给定数据对象集合进行层次的分解。③基于密度的方法。基于连接和密度函数的聚类，需要密度参数作为中止条件。④基于网格的方法。基于多层粒度结构。⑤基于模型的方法。为每个簇假定一个模型，寻找数据对模型进行最佳拟合。

五、分子生物学方法

自 20 世纪 80 年代开始，随着分子生物技术的不断发展，分子生态学的遗传标记从蛋白质水平向着 DNA 水平发展，并出现了种类较多的 DNA 标记技术，特别是表达序列标签（expressed sequence tag，EST）技术已经开始进入 RNA 水平的标记。同时，随着分子标记技术手段的不断更新与完善，新的标记技术层次（如 RNA 水平的完善）的技术将会不断地出现，推动分子生物学技术在种群鉴定中的应用。目前，分子生物学方法主要包括血清凝集反应法、同工酶电泳方法、限制性片段长度多态性 DNA（restriction fragment length polymorphism DNA，RFLPD）、随机扩增多态性 DNA（random amplified polymorphic DNA，RAPD）、扩增片段长度多态性（amplified fragment length polymorphic，AFLP）、微卫星标记（simple sequence repeat，SSR）、ISSR（inter - simple sequence repeat）线粒体 DNA 标记、DNA 单链构象多态性（single strand conformation polymorphism，SSCP）、SNP 标记（single nucleotide polymorphism）、表达序列标签（expressed sequence tag，EST）等技术。

（一）蛋白质水平标记

目前，用于分子种群地理学上的蛋白质水平标记的方法主要有血清凝集反应法和同工酶电泳方法，等位酶标记法在实际种群的研究中较为少见。

生物化学、遗传学方法被用于鉴定种群的研究，丰富了种群概念，提高了种群鉴别的准确性。遗传学方法主要通过电泳技术对所分析的物质进行测定，如鱼体蛋白质分子在一定缓冲液中带有电荷并可移动；不同种群的蛋白质分子不同，所显示的迁移率也不同，以此可判别种群。更为准确的鉴定是进行同工酶电泳分析，且从电泳获得表现型及其频率，进而计算出等位基因频率和遗传距离。不同种群之间的遗传性差异主要表现在基因频率不同，而同一种群不同个体之间的差异，一般在于等位基因的差异。近年来，随着分子生物学的进展，具有高分辨力的电泳技术和组织化学、染色等新技术的应用，可在电泳板上直接组织化学染色判读蛋白质或同工酶的多型现象，用较简单的多元分析法计算基因频率，进而识别不同种群。例如，美国科学家对大西洋西北部 8 个地点的鳕种群和格陵兰西部 5 个地点的鳕种群进行研究，根据遗传距离值的差异（$D=0$ 时，则无种群间差异；$D=1$ 时，则种群基因频率有明显差异），证明了在格陵兰西部有 2 个种群，美国北部有 4 个种群，并明显表现出这 6 个鳕种群的进化历史。

国内学者在 20 世纪 80 年代中期采用水平凝胶电泳、聚丙烯酰胺凝胶电泳等方法，研究了长江、珠江、黑龙江水系鲢、鳙种群的生化遗传结构与变异。研究表明，同种鱼的不同水系种群间存在着明显的生化遗传变异，如长江、珠江、黑龙江鲢种群多态位点的比例分别为 13.3%、26.7% 和 13.3%，平均杂合度分别是 0.049 3、0.048 4 和 0.051 1，其密码子差数分别为 0.050 6、0.049 6 和 0.052 5（表 2 - 13）。同时，南方种群的多态位点比例有比北方升高的趋势。长江鲢-珠江鲢、长江鲢-黑龙江鲢、珠江鲢-黑龙江鲢的遗传相似度与遗传距离依次为 0.995 7、0.004 3，0.995 5、0.004 5 及 0.969 6、0.030 4（表 2 - 14）。可见长江与珠江两种群间的遗传差异较小，而黑龙江种群与上述两种群间的遗传差异较大（图 2 - 16）。

表 2-13　长江、珠江、黑龙江鲢的多态位点比例、平均杂合度及密码子差数

(引自李思发，1986)

种群	检查位点数	多态位点数	多态位点比例 P	平均杂合度 H	密码子差数 D_r
珠江鲢	15	4	26.7	0.0484 ± 0.0009	0.0496
长江鲢	15	2	13.3	0.0493 ± 0.0010	0.0506
黑龙江鲢	15	2	13.3	0.0511 ± 0.0011	0.0525

表 2-14　长江、珠江、黑龙江鲢的遗传相似度与遗传距离

(引自李思发，1986)

种群	珠江鲢	长江鲢	黑龙江鲢
珠江鲢	—	0.9957	0.9696
长江鲢	0.0043	—	0.9955
黑龙江鲢	0.0304	0.0045	—

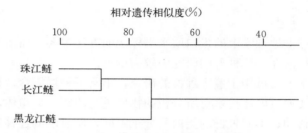

图 2-16　长江、珠江、黑龙江鲢群体的遗传相似度聚类分析图

(引自李思发，1986)

(二) DNA 水平上的分子标记技术

DNA 分子标记技术能克服蛋白质水平标记数量少、容易受到环境影响等缺点。随着测序深度的加大和测序精度的不断提高，DNA 分子标记技术被广泛地应用于动物种群遗传结构的鉴定。

1. 随机扩增多态性 DNA

随机扩增多态性 DNA 是 1990 年由 Williams 和 Welsh 几乎同时报道的一种分子标识技术。此技术建立于 PCR 基础之上，使用一系列具有 10 个左右碱基的单链随机引物，对基因组的 DNA 全部进行 PCR 扩增。当基因组中存在或长或短的被间隔开的颠倒重复序列，由单个的随机序列引物对基因进行扩增，只要两个反方向互补的引物结合位点间距满足 PCR 扩增的条件，就能够产生可以重复扩增的片段。引物结合位点 DNA 序列的改变及两扩增位点 DNA 碱基的缺失、插入或置换均可导致扩增片段数目和长度的差异，形成可检测的多态性。

曾珍 (2013) 采用 RAPD 技术研究了富春江、黄河、滦河和鸭绿江松江鲈 4 个群体共计 120 尾个体的遗传多样性。结果显示，在扩增得到的 591 个位点中有 515 个位点呈现多态性。群体间 Shannon 信息指数和 Nei's 遗传多样性指数分别为 0.3393~0.3566 和 0.2157~0.2279 (表 2-15)。群体间基因交流值介于 5.7610~19.8450 (表 2-16)，表明了不同群体间存在较为广泛的基因交流。群体间遗传距离显示：4 个群体间的遗传距离为 0.0082~0.0246 (表 2-17)。根据遗传距离构建的 UPGMA 聚类分析树显示，鸭绿江、黄河和富春江 3 个群体聚为一支，滦河群体单独为一支（图 2 - 17）。

RAPD 技术在种群结构研究中有较多的应用，但图谱中常常带有某些弱带，且不能区分纯合子与杂合子、试验稳定性、重复性较差；该技术的引物长度的设置、序列及引物数目、扩增的反应体系及扩增条件上并没有标准化，使得不同的引物设计长度、数目、反应条件及其扩增条件有差异，结果上出现了不同。

表 2 - 15　松江鲈 4 个不同群体的 Shannon 信息指数和 Nei's 遗传多样性指数

（引自曾珍，2013）

群体	Shannon 信息指数	Nei's 遗传多样性指数
富春江	$0.356\,0\pm0.230\,8$	$0.225\,9\pm0.171\,0$
黄　河	$0.356\,6\pm0.238\,0$	$0.227\,9\pm0.176\,8$
滦　河	$0.339\,3\pm0.238\,2$	$0.215\,7\pm0.172\,7$
鸭绿江	$0.343\,8\pm0.236\,5$	$0.218\,3\pm0.174\,3$

表 2 - 16　松江鲈群体间基因交流值（Nm，对角线上方）和遗传分化指数（Fst，对角线下方）

（引自曾珍，2013）

群体	富春江	黄河	滦河	鸭绿江
富春江		12.385 8	5.761 0	16.274 7
黄河	$0.038\,8\ (P<0.01)$		10.980 5	19.845 0
滦河	$0.079\,7\ (P<0.01)$	$0.043\,6\ (P<0.01)$		7.970 1
鸭绿江	$0.029\,8\ (P<0.01)$	$0.024\,6\ (0.01<P<0.05)$	$0.059\,0\ (P<0.01)$	

表 2 - 17　松江鲈群体间遗传相似度（对角线上方）和遗传距离（对角线下方）

（引自曾珍，2013）

群体	富春江	黄河	滦河	鸭绿江
富春江		0.986 2	0.975 7	0.988 6
黄河	0.013 9		0.985 0	0.991 9
滦河	0.024 6	0.015 1		0.981 4
鸭绿江	0.011 5	0.008 2	0.018 8	

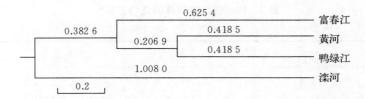

图 2 - 17　基于遗传距离的 4 个松江鲈群体间的 UPGMA 聚类分析

（引自曾珍，2013）

2. 微卫星标记

微卫星 DNA 是 1981 年 Miesfeld 等从人类基因组文库中首先发现的，到了 1989 年才正式被定义为微卫星序列。微卫星序列是一种广泛分布于真核生物基因组中的串状简单重复序列，每个简单重复单元的长度为 $2\sim10$ bP，常见的微卫星如 TGTG…TG ［记为 $(TG)_n$］ 或 AATAAT…AAT ［记为 $(AAT)_n$］ 等，被称为简单序列重复。不同数目的序列呈串联重复排列，从而呈现出长度多态性。在每个 SSR 座位两侧一般是相对保守的单拷贝序列，据此可设计引物。扩增的 SSR 序列经聚丙烯酰胺凝胶电泳、银染，通过比较谱带的相对迁移距离，读取不同个体在某个 SSR 座位上的多态性。

刘连为等（2013）通过测序技术获得的 7 个多态性 SSR 位点，分析了阿根廷滑柔鱼 2 个不同产卵群体的遗传变异。结果显示，其具有较高的遗传多样性，观测杂合度为 $0.796\sim0.904$；两群体之间的 Fst 值为 0.0083（$P>0.05$），表明阿根廷滑柔鱼两个产卵群体间存在广泛的基因交流，为同一种群。刘连为等（2015）通过基因组高通量测序技术获得的 12 个多态性 SSR 位点分析了赤道海域茎柔鱼群体（33 尾个体）和秘鲁外海茎柔鱼群体（33 尾个体）两个遗传群体之间的遗传差异。群体间的 Fst 为 0.02046，显著检验为极显著差异（$P<0.01$），表明赤道群体与秘鲁外海群体分属两个独立的种群。

SSR 广泛分布在基因组中，其多态性较好。由于是针对 DNA 结构的检测，故对于杂合子和纯合子都能有效检测，重复性能好，且适用于自动化分析。一个位点的检测一般在 24 h 之内便可以完成，也可以进行多位点的同时检测。

3. 线粒体 DNA 标记

线粒体基因组是独立于核基因组的遗传物质，普遍存在于真核细胞中。线粒体 DNA（mtDNA）呈共价闭合双链状，具有保守、结构简单、母系遗传和几乎不发生重组等特点。mtDNA 一般包含了 13 个蛋白质编码基因、2 个 rRNA 基因、22 个 tRNA 基因和一个非编码的控制区。通常，在鱼类的线粒体 DNA 中，控制区（D-Loop）的进化速率最快，rRNA 基因进化速率最慢。由于线粒体 DNA 遵循母系遗传的特点，因此其检测有效种群大小为核 DNA 两性遗传方式的 1/4，通常较少样本的种群遗传结构检测采用线粒体 DNA 标记的基因进行，为此其广泛地应用于海洋生物地理种群结构的鉴定。

刘军等（2015）利用了线粒体 COI 基因序列的 528bp 片段，分析了长江、钱塘江和黑龙江水系中银鮈群体的遗传多样性。结果显示，长江群体单倍型多样性为 $(0.742\pm0.053)\sim(0.991\pm0.033)$，高于黑龙江群体的 0.731 ± 0.087 和钱塘江群体的 0.552 ± 0.137（表 2-18）。群体间遗传分化指数显示，三个群体间都存在显著的遗传分化，群体间基因交流值最大值发生在黑龙江和长江群体间，为 1.32（表 2-19），表明了三个群体间存在显著的遗传分化。

表 2-18 银鮈各群体的遗传多样性

（引自刘军等，2015）

群体		样本数（尾）	单倍型数	核苷酸多样性	单倍型多样性
黑龙江		19	7	0.00377 ± 0.00061	0.731 ± 0.087
长江	岳阳	20	8	0.00527 ± 0.00038	0.895 ± 0.034
	南昌	16	5	0.00219 ± 0.00029	0.775 ± 0.063
	九江	20	9	0.00325 ± 0.00025	0.991 ± 0.033
	鹰潭	20	4	0.00109 ± 0.00016	0.742 ± 0.053
钱塘江		15	4	0.00130 ± 0.00037	0.552 ± 0.137

表 2 - 19　**银鲴群体间遗传分化指数**（对角线上方）、**群体间遗传距离**（对角线）
及**基因交流值 Nm**（对角线下方）

（引自刘军等，2015）

群体	黑龙江	长江	钱塘江
黑龙江	0.003 81	0.035 419 **	0.780 84 **
长江	1.32	0.004 66	0.588 00 **
钱塘江	0.13	0.61	0.000 131

注：** 表示极显著分化，$P=0.01$。

线粒体 DNA 的母系遗传特性，揭示了线粒体 DNA 标记技术突破了孟德尔遗传定律的局限性，从 DNA 的一级结构上阐述变异的本质。但是，单一的线粒体标记所包含的遗传多样性信息具有局限性，且不同生物之间的不同线粒体基因的进化速率具有一定的区别。所以，通常需要筛选较多的标记基因，然后利用模型选择，选取更为有效的标记基因以阐述种群的地理分布特征。

 思 考 题

1. 试述种群的含义及其研究的重要意义。
2. 试述群体的含义。
3. 试述常用的种群鉴定方法并比较其优缺点。
4. 种群鉴定采样须注意哪些问题？

第三章　鱼类的分布与洄游

第一节　鱼类分布和集群

一、海洋鱼类分布及分布型

每一个有机体都需要有一定的最小空间，这称为空间需要。有机体借此与环境之间进行生命所必需的物质代谢。为此，这个空间应能保证有足够的食物供应，还要有足够的水分、气体、矿物质等。另外，排出的代谢产物还要能不断地分解，以保持环境的洁净。当然，还应有繁殖的场所。

不同种类的动物所需空间的性质和大小是不同的。许多个体小的动物需要的空间很小，如藤壶，可以边靠边地生活在一起，因为水流送来了氧和食物，同时还带走了代谢的产物。因此，它所要求的空间是允许其身体固着的那块地方。另一些动物却需要很大的空间和领域，如鸟类、鱼类、昆虫类和兽类等。

海洋鱼类的分布有其限制因素。由于全球海洋是相连的，若鱼类有足够的生理耐受性，那么海洋鱼类就可以在海洋里任何地方游动。虽然有些鱼类分布很广，如某些金枪鱼类和大洋性的鲨鱼类，生活于广阔的海洋，在大西洋、太平洋和印度洋均有分布，然而也仅限于较暖的海域。另外某些鱼类，如七鳃鳗科（Petromyzonidae）、杜父鱼科（Cottidae）和绵鳚科（Zoarcidae）的一些种类，在南北高低纬度海域均有其代表，可是在南北之间的浅海陆架水域却不存在。海洋鱼类分布的主要限制因素是温度。虽然广温性鱼类能够忍受比较宽的温度范围，但是温差跨度并不足以跨越两极和热带之间的不同气候条件。所以，即使广温性鱼类也要受到水温冷暖的限制。海洋鱼类分布的另一个主要障碍是盐度。尽管盐度的差异对海洋鱼类的限制并不像温度差异那么大，但某些海区，如红海具有和周围各海域相当不同的盐度，而导致鱼类分布受到影响。

浩瀚的大洋能有效地阻止浅水生活鱼类的扩散；另一方面，深水鱼类也受海脊和海隆的浅水区的制约。按照鱼类分布海域的差异，可将其大致分为大洋性鱼类和陆架鱼类。大洋性鱼类是指其生命史的全过程或其生命史的绝大部分过程生活于大洋，不必依赖于海岸水域的鱼类。它们能够在温度适宜和食物丰盛的广阔海域中分布。某些种类能够利用一个以上温区的资源，分布范围从热带到温带或从温带到寒带水域，但是在大部分地区是被限制在某些等温线以内。许多种类是某些水团所特有的，这些水团由水流、温度和盐度的相互作用形成。这些环境条件不适合某些表层大洋性鱼类以及中层大洋性鱼类，这两个生态类型鱼类的分布特点有着显著的一致性。关于深海大洋性鱼类的分布状况，目前了解较少。

大洋性鱼类可以任意地在宽阔的海域活动，而陆架鱼类则因对底层的某种依附而受到限制，主要分布于近海和陆架海域。有些种类完全营底栖生活；有些种类必须要接近海底生活；另有一些种类可以生活在近表层，它们有较强的运动能力，甚至可与大洋性鱼类相混，但因其营养或生殖上的需要而被约束在大陆架水域中。许多陆架鱼类在特定的温度带范围内沿着海岸线水域分布，但在南北向海岸的水域中通常包含着阻止扩散的温度障碍。广阔的开敞水域延缓或阻碍着沿岸鱼类的分散，但是有些种类仍然可以分布得很广，这在很大程度上归因于它们浮游幼体的被动输运。一般来说，世界上的陆架鱼类比大洋性鱼类具有更高的多样性，这是因为陆架海域相互隔离的机会比较多，不仅有温度带还有陆地和开阔水域的阻碍，种类分化更为普遍。

鱼类种群的空间分布可以从静态和动态两方面进行研究。组成种群的个体在其生活空间中的位置状态或布局，称为种群的内分布型（internal distribution pattern）或简称为散布（dispersion），这属于静态的空间分布特征。另一方面，种群中的个体或其集群在空间位置上的变动或运动状况一般称为扩散（dispersal，或译为分散），这属于动态空间分布特征。种群内的个体分布有三大类型：随机（random）分布、均匀（uniform）分布和聚集（clumped）分布（图3-1）。随机分布在自然界中是相当稀少的，见于环境条件很一致、个体没有交互影响的条件下；均匀分布可能出现在个体间竞争激烈、正对抗作用产生空间间隔的情况下；聚集分布存在于异质性环境条件或个体相互吸引的情况下。各种程度的集群是鱼类种群最普遍的内分布型。

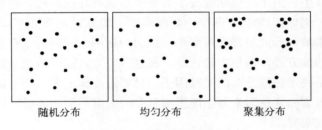

随机分布　　　　均匀分布　　　　聚集分布

图3-1　种群分布类型

（引自孙儒泳等，2002）

二、鱼类集群及其生态意义

鱼类在其生活过程中，除少数凶猛性鱼类外，多数鱼类均有集群生活（aggregation）的习性。集群在很多类型动物中都会发生，即使在一段时间内不出现集群，而换到另一个时期也可能会发生集群，有时几个种会混合集群在一起。对每个物种而言，集群是种内部结构上的特点，是个体集合的结果。集群随着生活阶段的变迁和生活环境条件的不同，可能发生分离和聚集。

（一）鱼类集群类型

一般来说，按照其生活史过程，常见的鱼类集群分为以下几类：

1. 产卵集群

性成熟的鱼由于性成熟的生理刺激和外界环境因子变化的刺激，为产卵而聚集成群。由于性成熟过程同鱼个体的体长密切相关，体长不同，性成熟状况和对外界环境刺激的反应也不同。所以群体往往依体长和性成熟状态而分别聚集成不同批的鱼群游向产卵场。这一期间鱼群的密度较高，分批现象明显。体型大的鱼性成熟较早，体型小的鱼性成熟较迟，雄性性成熟早于雌性，由此形成群体在产卵洄游过程中的大小顺序和雄先于雌等现象。在产卵场中，由于雄性鱼一般多停留在产卵场内，而同雌性鱼分群。每一鱼汛鱼群会发生重新组群，而不再保持原来的群体。

2. 索饵集群

生物的种间和种内联系主要是以营养作用的形式而发生的。鱼类集群时比单独行动时能更快更多地找到食物。往往鱼类为追食集群的饵料动物而聚集成群，一同索饵的同种鱼类一般多为同年龄组的鱼。性成熟鱼、幼龄鱼及稚鱼因饵料对象不同，彼此也不共同聚集在一起摄食，而不同种的鱼类往往因为摄食共同的饵料而聚集在一起。因此，索饵集群不是以体长、种类、年龄、性别的异同作为集群的指标，而是以共同的食性为基础。索饵鱼群的大小和密度往往和饵料生物的分布以及环境条件的不同有关。

3. 越冬集群

由于外界环境温度的变化，鱼类聚集起来寻找越冬场所形成的集群，即为越冬集群。鱼的长度和丰满度不同，对外界环境变化尤其是温度变化刺激的反应也不同。体长较小的鱼和肥满度高的鱼对水温变动较敏感，因此这一期间鱼类依体长和肥满度的不同而集群现象明显。例如，浙江舟山冬季带鱼的组群就存在个体大小不同的鱼群分批洄游的现象。鱼群密度与水域中水温梯度状况有关，水温梯度大，鱼群密集；水温梯度小，鱼群就较分散。

在鱼类生活过程中，由于环境状况发生突变所形成的环境障碍，也常常迫使鱼群大量集群，形成临时集群。例如，1959年春季，渤海海峡一带水域温度很低，游向渤海产卵的小黄鱼被阻于这一带水域，形成鱼群大量聚集，从而为拖网生产创造了有利时机。不同水系交汇处，发生涌升流的地方经常诱集大量鱼群。在这些地方，温度的绝对值并不重要，而温度变动的梯度倾向则是决定鱼群分布的关键因子。只要温度梯度大，便可促使鱼群聚集于这一海区。此外，其他因素如气象因素等也能影响鱼类的集群。例如，低气压的出现、旋风的出现常使一些鱼类形成集群。

（二）鱼类集群的生态意义

集群生活是鱼类对外界环境长期演化适应的结果，不仅有利于其摄食、防御敌害，而且有利于繁衍后代，保障鱼种的生存。集群行为的生态意义，具体表现在以下方面：

1. 集群可以节省能量

当鱼类游动时，其尾部的摆动会在水中产生被称为涡流的微小水流。由于鱼群在游泳中交错排列，每一个体在理论上可以利用周围鱼产生的涡流以减轻本身的游动摩擦力，这个减少程度可能高达1/5之多。根据某些鱼群的三维结构可以证明，交错排列应是减轻阻力、减少能量输出的最佳方式。

2. 集群可能为种群提供更多的存活机会

从几何图形分析中可以论证，彼此间紧密靠近的鱼体可以减少被掠食者吞噬的机会，并提高其御敌能力。集群中个体暴露相对表面积较小（与质量比），因此集群中的个体常比单个体死亡率低。

3. 集群有利于对食物的探索和提高对饵料资源的利用率

由于海洋中的饵料生物（特别是浮游生物）往往是呈非均匀的团块状分布，集群则可增加鱼类发现食物群的概率和提高对饵料的利用率。

集群能够提高种群的存活力，但同时也增加了个体间的竞争，在平时两者可能会抵消，但在种群处于不利条件时集群就能发挥优势作用。此外，群聚能更好地改变气候和小生境（microhabitat）条件，因而有利于种群总体的存活和增长。

鱼类集群结构上的稳定性只是相对的，它与鱼体的外在环境，特别是外界温度、盐度以及饵料、敌害生物的分布等息息相关，导致集群具有不同的演化策略。这种变异性最终又依鱼种的遗传特征，构成鱼类集群生态学的一般规律。群聚的程度随种类和外界条件而变化，过疏或过密都会起到限制作用。每种生物都应有其自己的最适密度（optimum density），这就是阿利氏规律（Allee's law）。

三、鱼类的集群机制

鱼类集群的密度和形状是动态变化的，呈现一定的昼夜节律。如沙丁鱼群在白天较为紧凑，密度可以达到每立方米 50 尾；夜间则逐渐分散，密度约为每立方米 4 尾。大西洋鲱（*Clupea harengus*）鱼群则更为不稳定，常在 1 h 之内时间尺度上迅速地分散、聚集或与其他集群混合。但同时，集群中个体的运动呈现出显著的同步性，即在游泳的方向、速度和相互间距上保持协调一致。在受外界扰动时，整个鱼群能够做出迅速而一致的响应，如转弯、扩散、分离和聚拢等，这种反应通常发生在 0.5 s 之内。相关研究将这种高度的协调性归因于系统的自组织性（self-organizing），认为集群中个体的行为受其邻近个体的影响，通过相互作用而涌现出整体性特征。

一些研究提出，集群的复杂行为特征可以由几条简单的个体行为规则所重现：①相距过近的个体会相互排斥，以避免相互碰撞。②相距适中的个体会相互观察，协调游动速度与方向。③距离较远的个体会向其他个体靠近，加入集群中。④当附近没有同种时，个体随机移动。当数量众多的个体相互影响时，就可能产生动态的集群，从而使简单规则孕育复杂行为。然而，实际观测这些行为规则存在很大困难，仅有几个研究通过实验验证了个体间的排斥和吸引规律。

另一方面，数学模型在研究鱼类集群规律方面取得了很大进展。数学模拟研究利用一些简单的行为规则产生多种集群模式，并且证明了在不同生理和外部环境条件下，个体对行为规则的修正能够导致复杂的集群动态。相关研究还发现，在不同集群模式的转换过程中存在路径依赖性（path dependence），即集群模式不仅取决于行为规则，也受群体前一刻聚集状态的影响。该特征对于研究集群稳定性具有重要意义。

一些学者研究了鱼群"领导者"对于集群运动的作用，指出少数更有经验的个体通过个体间有限的相互影响，就能够对鱼群整体游泳方向起到较大影响。更有研究将鱼类对环境条件的选择，以及摄食、繁殖习性加入鱼类基本行为规则中，其模拟结果很好地再现了某些鱼类如大西洋鲱和毛鳞鱼（*Mallotus villosus*）的实际洄游路径及习性（Barbaro 等，2009）。

集群的自组织性对于鱼类的洄游过程具有重要意义。模拟实验证明，当所有个体的定向能力都存在一定的偏差时，集群能够通过协调不同个体的运动选择较为准确的方向。该现象在统计学上称为"错误稀释原则"（many wrongs principle，Simon，2004）。

第二节　鱼类洄游及其类型

一、洄游的定义

动物的种群不管是密集还是松散，经常会有一部分个体向外散布的现象。种群内部过于拥挤及几个集群联合而增加密度，导致种内食物资源竞争激烈，是促使种群散布（或扩散，population dispersal）的主要因素。另外，群体内地位及领域性的竞争也能迫使低等级的动物出走，并寻找适宜的生境，而且被迫离开的个体大部分都是正在生长的幼年个体。这样的运动有3种表现形式：①种群分离，个体向一个方向移去而不再回来，即称之为迁出（emigration）。②一些个体向种群内部单向移动，与迁出方向相反，称之为迁入（immigration）。一方面的"迁出"者，对另一区域而言则是"迁入"。③迁移（migration）是一种大规模集群进行周期性的离开和返回。后者在用于鱼类研究时称为洄游，用于鸟类时（也包括兽类）称为迁徙（孙儒泳等，2002）。

鱼类的洄游正像候鸟的迁徙，是一种大规模集群进行的周期性、定向性和长距离的迁移活动，是鱼类集群行为的特殊形式，目的在于获取某个生活时期所需的环境条件，并扩大其分布区和生存空间。从生物学的观点看，洄游乃是活动有机体的行为特性，是为了繁衍而在长期自然选择中产生的。洄游行为与其他动物本能不同的地方，不在于它的复杂性，而在于其变化性，即须与周期性更替的外界环境条件相符合。鱼类洄游与索饵、生殖和越冬环境紧密联系，有利于鱼类的生存与生长发育，完成其生命周期过程中各个重要生命活动，以及种群的延续和繁衍。

通常把具有洄游习性的鱼类称为洄游性鱼类。鱼类的生存环境及其本身的生物学特性存在差异，使得鱼类的洄游距离存在差异。如鳗鲡（*Anguilla japonica*）的洄游距离可达几千千米，而一些小型鱼类的洄游距离只有几十千米。有些鱼类，特别是淡水鱼类，终生生活在自然环境变化不大的较小范围内，而没有明显的洄游行为，这类鱼类被称为定居性鱼类。例如，虾虎鱼科（Gobiidae）的某些种类，雀鲷科（Pomacentridae）、篮子鱼科（Siganidae）、蝴蝶鱼科（Chaetodontidae）的许多珊瑚礁鱼类。分清洄游性鱼类还是定居性鱼类，进而明确鱼类洄游的规律性，在渔业生产和管理中有很重要的意义。它是准确进行渔情预报、提高捕捞效率和资源量估算的重要前提条件，同时为鱼类资源保护、增殖放流和管理等提供科学依据。

二、鱼类洄游的类型

鱼类洄游的动因、对生态环境的需求以及受外界的影响等方面存在差异，造成了不同的洄游类型。学者们对鱼类洄游类型的划分采用了不同的标准和方法。如一些学者按照洄游的动力来源将洄游分为主动洄游和被动洄游。主动洄游就是生物体借自身运动能力所进行的洄游，由海洋游向江河的溯河洄游就属于这种类型。被动洄游是生物体在运动中不消耗能量，随水体移动，如各种浮游生物随波逐浪的移动；美洲鳗鲡（*Anguilla rostrata*）入海产卵后，其幼鳗被墨西哥暖流带到欧洲海岸一带；鲑（Salmonidae）幼鱼在河中孵化后，也随水顺流入海。有的学者以鱼类生活史不同阶段的洄游为划分标准，将鱼类的洄游分为成鱼洄游和幼鱼洄游。Meek（1916）根据洄游的方向将鱼类的洄游分为向陆洄游和离陆洄游。目前，国际上有两种分类法得到大多数学者的支持和采用。其一，按照鱼类不同的生理需求和不同的洄游目的，划分为产卵洄游、索饵洄游和越冬洄游。鱼类通过洄游将3个生活史过程联系起来，使自身能够寻找最佳生活环境（图3-2）。另外一种分法是按鱼类所处生态环境的不同，将其分为海洋

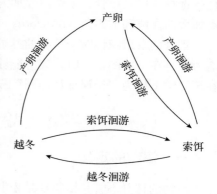

图3-2 鱼类洄游周期示意图

（引自陈大刚，1991）

鱼类洄游、溯河性鱼类洄游、降河性鱼类洄游和淡水鱼类洄游 4 种类型。

（一）按照生理需求和洄游目的划分

1. 产卵洄游

产卵洄游又称生殖洄游，是当鱼类生殖腺成熟时，由于生殖腺分泌性激素到血液中，刺激神经系统而导致鱼类排卵繁殖的要求，常集合成群去寻找有利于亲体产卵、后代生长发育和栖息的水域而进行的洄游。当然，洄游鱼类的生殖洄游不仅仅是由自身发育所决定，还受到外界环境因素影响和鱼类适应环境的遗传作用的影响。

世界各国的渔业大多以捕捞产卵群体为主。我国主要的几种经济鱼类，如太平洋鲱和小黄鱼等也都是在生殖洄游期和产卵期捕捞量最大。产卵洄游中，又可根据洄游路径和生态环境不同，将洄游鱼类分为 3 种情况：由深海游向浅海或近岸洄游、溯河性洄游和降河性洄游。

生殖洄游的特点：①游速快，距离长，受环境影响较小。如果事先了解生殖洄游鱼群的前进速度和方向，就可以根据当前的渔况推测下一个渔场和渔期。②在生殖洄游期间，分群现象明显，通常按年龄或体长组群循序进行。③在生殖洄游期间，性腺发生剧烈的变化，无论从发育情况或体积和重量来看，前后的差异非常明显。④生殖洄游的目的地是产卵场，每年都在一定的海区，但在水文条件（如温度、盐度的变化等）的影响下，会发生一些变化。

2. 索饵洄游

索饵洄游又称摄食洄游或肥育洄游。越冬后的未达到性成熟的幼鱼和经过生殖洄游及生殖活动的成鱼，由于消耗了大量的能量，游向饵料丰富的海区强烈索饵，生长育肥、恢复体力、积累营养，准备越冬和翌年生殖。饵料生物群的分布变化和移动支配着索饵鱼类的动态，鱼类大量消耗饵料生物之后，如果饵料生物的密度降低到一定程度，这时摄食饵料所消耗的能量多于积累的能量，那么索饵鱼群就要继续洄游，寻找新的饵料生物群。其洄游时间和空间往往随着饵料生物的数量分布而变动。因此，了解与掌握饵料生物的分布与移动的规律，一般能正确判断渔场、渔期的变动。如带鱼在北方沿海喜食玉筋鱼、鳀、黄鲫等，每年在这几种饵料鱼类到达带鱼渔场以后，经过 10 d 左右，便可捕到大量带鱼。

索饵洄游的特点：①洄游目的在于索饵，因此其洄游的路线、方向和时期的变更较多，远没有生殖洄游那样具有比较稳定的范围。②决定鱼类索饵洄游的主要因子是营养条件，水文条件（温度、盐度等）则属于次要因子。③索饵洄游一般洄游路程较短，群体较分散，例如，我国许多春夏产卵的鱼，产卵后一般就在附近海区索饵。

3. 越冬洄游

越冬洄游又称季节洄游或适温洄游。鱼类是变温动物，对于水温的变化甚为敏感。各种鱼类适温范围不同，当环境温度发生变化的时候，鱼类为了寻找适合其生存的水域，便进行集群性的移动，这种移动称越冬洄游。越冬洄游在于追求适温水域越冬，所以越冬洄游过程中深受水域中水温状况，尤其是等温线分布情况的影响。

越冬洄游的特点：①鱼类越冬洄游时通常向水温逐步上升的方向前进。因此，我国海洋鱼类洄游的方向一般由北向南、由浅海向深海进行。②在越冬洄游期间，鱼类通常减少摄食或停止摄食，主要依靠索饵期体内所积累的营养来供应机体能量的消耗。所以在这个时期饵料生物的分布和变动，在一定程度上并不支配鱼类的行动。③鱼类只有达到一定的丰满度和含脂量，才有可能进行越冬洄游，所以鱼体生物学状态是越冬洄游的先决条件。达到一定的生物学状态，并受到环境条件的刺激（如水温下降），才促使鱼类开始越冬洄游。未达到一定的丰满度和含脂量的鱼，则继续索饵肥育，而不进行越冬洄游。

生殖、索饵和越冬 3 种洄游是相互联系的，生活周期的前一环节为后一环节做准备。洄游的开始主要取决于鱼类的生物学状态，但同时受到环境条件变化影响。过渡到洄游状态时，鱼类的某些生物学特征发生相应变化，如丰满度、含脂量、性腺发育、血液渗透压等的改变。

并非所有洄游性鱼类都进行这 3 种洄游，某些鱼类只有生殖洄游和索饵洄游，没有越冬洄游。还有些鱼类这 3 种洄游不能截然分开，而是有不同程度的交叉。如分次产卵的鱼类，小规模的索饵洄游在产卵场范围内就已经进行了。索饵洄游中，由于饵料生物量或季节发生变动，有可能和越冬洄游交织在一起。

（二）按洄游的生态环境划分

1. 海洋鱼类洄游

一般来说，多数海洋鱼类均属于由深海游向浅海或近岸的海洋鱼类洄游类型，如蓝圆鲹、蓝点马鲛、小黄鱼、鳓和银鲳等（表 3-1）。南海北部主要经济鱼类产卵的水深都在 30 m 以内的浅海近湾或河口附近，这主要是由于这一水域的天然饵料丰富，并且具备鱼类受精卵孵化和仔鱼、幼鱼生长发育的适宜温度、盐度等生态环境，所以许多鱼类都选择在这一水域产卵。

表 3-1 南海北部主要经济鱼类产卵环境

（引自陈琳，1988）

鱼 名	产卵期	分布水深（m）	环境条件
海鲇 *Ariussinensis lacepede*	3—6 月	5~27	河口浅水区
鳓 *Ilisha elongata*	4—6 月	3~15	咸淡水交汇区
鲥 *Tenualosa reevesii*	6—8 月	5~8	河口、海湾
四指马鲅 *Eleutheronema tetradactylum*	3—5 月	5~20	河口入海处，水温 20~21 ℃，盐度 6.00~20.54
康氏马鲛 *Scomberomorus commerson*	1—5 月	15~20	沙或泥沙底，并有海藻丛生的海域
黄鲫 *Setipinna tenuifilis*	2—4 月	2~20	河口入海处
七丝鲚 *Coiliagrayi*	3—9 月	10~20	河口浅水区
凤鲚 *Coilia mystus*	3—9 月	10~20	河口入海处
棘头梅童鱼 *Collichthys lucidus*	3—9 月	5~17	河口入海处
斑鰶 *Konosirus punctatus*	12 月至翌年 2 月	4~8	河口、海湾
乌鲳 *Formio niger*	7—8 月	10~30	水质较为混浊的泥底
银鲳 *Pampus argenteus*	8 月至翌年 5 月	5~20	河口入海处
中国鲳 *Pampus chinensis*	4—7 月	5~17	港湾、岛屿间海流较为缓慢的水域
红狼牙虾虎鱼 *Odontamblyopus rubicundus*	4—5 月，10—11 月	2~7	河中、滩涂

2. 溯河性鱼类洄游

溯河性鱼类洄游是指在海洋里生活而溯至江河（包括河口）中上游去繁殖的鱼类。这类鱼严格地适应栖息地的生态条件，特别是水中的盐度，其在溯河洄游的过程中遇到的最大问题就是渗透压的调节。所有溯河性鱼类都具有很好的调节能力，如大麻哈鱼、鲑、鲟、鲥、银鱼和鲟等。北太平洋的大麻哈鱼（*Oncorhynchus keta*）是一个典型例子。这种鱼溯河后即不摄食，每天还要在落差极大的河流中上溯数十千米，有时甚至要跳跃具有一定落差的瀑布。因此，该种鱼类在洄游过程中消耗大量的能量，到达产卵场时鱼体已很消瘦，生殖后亲体即相继死亡，幼鱼则在当年或翌年入海。

3. 降河性鱼类洄游

降河性鱼类绝大多数时间生活在淡水里而洄游到海中繁殖。属于这一类型的鱼类有鳗鲡和松江鲈等，其中以鳗鲡最具代表性。由于鳗鲡洄游的距离很长以及它们生活史的特殊性，要查明它们的洄游路径往往是很困难的。20世纪20年代初，丹麦鱼类学家Schmidt（1922）曾对大西洋的鳗鲡产卵场做了多年的调查，发现欧洲鳗和美洲鳗的产卵场均在大西洋的马尾藻海。欧洲鳗鲡（*Anguilla anguilla*）在河川生活6.5～8.5年，性腺发育开始趋向成熟时进行降河生殖洄游。洄游活动多在夜间进行，到达百慕大群岛附近，在水深400 m处生殖。该产卵场位于22°～30°N、50°～70°W，即百慕大群岛的东南海域，是大西洋最深和最暖的高盐度海区。生殖以后，亲鳗精疲力竭，不久就死亡。鳗鲡生殖洄游时，在形态上和生理上都发生很大的变化，入海时眼睛变大，吻端变尖，背部体色变得较深，腹部由黄色变成银白色，气鳔缩小，血液渗透压增高。也就是说，鳗鲡机体向着适应深海生活的方向进行改造。鳗鲡离开河川时，鱼体肥满，洄游途中不摄食，消化道萎缩，由于消耗巨大能量而消瘦。欧洲鳗鲡要洄游5 000～6 000 km后到达产卵场，其幼体回到淡水水域的时间则需要3年。美洲鳗鲡（*Anguilla rostrata*）的产卵场在欧洲鳗鲡产卵场以西相距不远，日本鳗鲡（*Anguilla japonica*）的产卵场位于太平洋北纬20°以北，在我国台湾地区以东，冲绳岛、大东岛以南，呈长椭圆形的产卵海区。

三、黄渤海鱼类洄游特征

鱼类的洄游有一定的地域化特征，黄渤海栖息鱼类较多，组成成分也相当复杂，其地域独特的生态学条件与鱼类固有的生物学特性相结合，形成了黄渤海鱼类特定的洄游分布形式，其特征难以一概而论，大致可以分为如下类型：

1. 定居性鱼类

终年栖息于黄渤海局部水域，除了春冬作深浅适温迁移以外，通常不进行洄游的鱼种，或形成某些地方性种类，如梭鱼、鲈、海龙、海马、虾虎鱼、方氏云鳚、大泷六线鱼、褐菖鲉等均属此类型。

2. 黄渤海洄游型

整个生命周期的各个阶段均在黄渤海中度过，具有洄游分布，许多黄渤海鱼种或种群皆属此类型。由于它们的适温性质不同，又分为2个类型。①黄渤海鱼类洄游的基本型，包括鳀、真鲷、小黄鱼、带鱼、牙鲆，以及对虾、枪乌贼等暖温性主要经济鱼虾类和头足类。②终生栖息于黄海冷水分布区内，其洄游分布与冷水团的消长息息相关，如太平洋鲱、鳕、虫鲽、石鲽、褐虾等，种类虽不甚多，但产量颇巨，是黄渤海的特产种类。

3. 东黄海洄游型

这部分鱼种多属暖温性中上层鱼类，如拟沙丁鱼、鲐、鲅、银鲳等中上层主要经济鱼种和带鱼、红娘鱼、绿鳍鱼、马面鲀等暖温性鱼类的东黄海群系。它们的越冬场在东海海域，每年春天开始向黄渤海水域洄游，其产卵、索饵洄游的路线与黄渤海群系相似，即春夏在黄渤海沿岸产卵、索饵，秋后循原路线返回东海越冬。底层鱼类限于东海北部、济州岛西南越冬，中上层鱼类则靠近东南甚至穿越长江口进入闽、浙外海越冬。

4. 阶段性洄游型

如鲱、烟管鱼、大眼鲷、金线鱼等部分暖水性鱼类，其越冬与产卵均在东海水域，仅夏秋季索饵阶段进入黄海。呈季节性分布，区域较窄，通常到达南黄海。种类较少，经济价值不大。

5. 溯河性洄游型

黄渤海缺少鲑科等典型溯河性鱼类。至于鲟、鲥在黄渤海虽有分布，但无大量溯河记录。黄渤海只有刀鲚、香鱼、大银鱼等几种小型鱼类，在产卵期溯河或在河口附近产卵，冬季即在附近海域深水处越冬。

6. 降河性洄游型

黄渤海南部的一些河口海区每年春季均出现一定数量的鳗鲡幼体柳叶鳗，但未见有成鱼入海的记录。这类型中还有松江鲈，其成鱼降河入湾口产卵，幼鱼溯入渔港或河口中栖息，但数量不多。

同一种鱼类的洄游过程也存在差异，产生不同的洄游群体。现以蓝点马鲛和带鱼 2 种鱼类为例，介绍其洄游规律。蓝点马鲛在东海、黄海、渤海进行产卵洄游，韦晟（1985）等研究指出，蓝点马鲛于 1—2 月在水深 60～85 m 和 70～95 m 的两个越冬场越冬。每年 3 月鱼群便开始陆续游离越冬场，开始做北上生殖洄游。北上洄游鱼群分为两支：一支向东偏北游向朝鲜西海岸，于 4 月下旬到达黄海北部的海洋岛渔场产卵；另一支沿 20～40 m 等深线北进，鱼群由东南向西北进入连青石渔场西南部海域。进入连青石渔场西南部海域的鱼群又分为两部分：一部分进入海州湾、连青石及石岛等渔场产卵；另一部分进入渤海的莱州湾、渤海湾和辽东湾等渔场产卵（图 3-3）。

带鱼是广泛分布于中国近海的暖水性鱼类，分布水深在 100 m 以下海域，南自北部湾北至渤海均有分布。带鱼是我国近海洄游性鱼类，每年作周期性洄游。产卵场几乎遍布整个近海海域（图 3-4）。

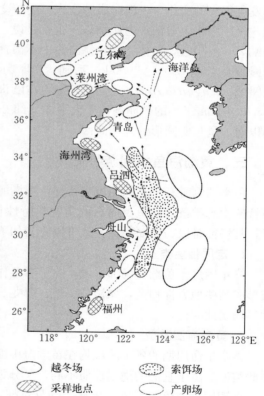

图 3-3　蓝点马鲛在中国近海洄游路线

春季，栖息在济州岛附近越冬的鱼群（34°00′N 以南、124°00′E 以东）向黄渤海进行生殖洄游。其中一部分向黄海的海州湾及乳山湾产卵场洄游，海州湾以石臼所和岚山头附近海

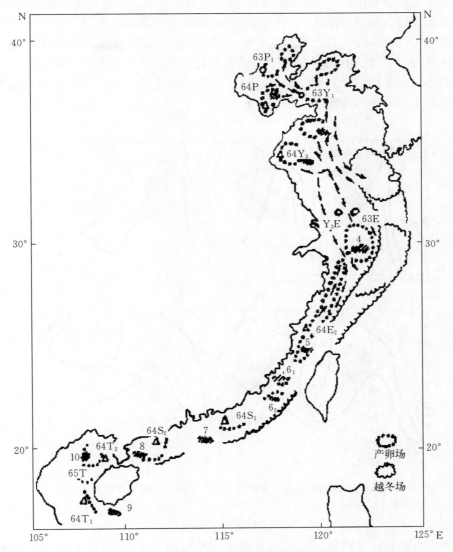

图 3-4　中国近海带鱼的洄游分布示意图
T. 粤西海区　S. 南海　E. 东海　P. 渤海　Y. 黄海
(引自罗秉征，1991)

域为分布中心，乳山湾以灰岛东南至苏山岛西北一带为鱼群的分布中心，产卵期为 5—6 月。一部分鱼群继续北上，绕过山东半岛经烟威渔场向渤海生殖洄游，分别游向辽东湾、莱州湾及渤海进行产卵，生殖期为 6—7 月。产卵场水深为 20 m 左右，底温为 14~19 ℃，盐度为27.0~31.0，属河口性混合水域，环境条件易变。产卵后鱼群在渤海和烟威一带海域索饵。秋季，鱼群先后离开渤海与分布在黄海的索饵鱼群汇合，在山东半岛东南海域形成密集的鱼群。随着水温的下降，鱼群逐渐离开黄海从大沙渔场游向济州岛附近海域越冬。越冬场水深约 100 m，底温 14~18 ℃，底层盐度为 33.0~34.5，环境条件受黄海暖流制约。

东海是带鱼的分布中心，产卵场广阔，鱼群密集。春季，栖息外海的越冬鱼群开始向近海移动，并向北进行生殖洄游，5月到达东海北部海域。产卵场主要在30°N以南、122°30′～124°E的鱼山、大陈近海。6月产卵场主要在29°N以北、123°～124°30′E的舟山近海。产卵场的低温4月为17℃，7月约为23℃。中心渔场位于黑潮次表层水（台湾暖流水）、南黄海冷水及沿岸水三个水团的交汇区（图3-5）。各水团的强弱、消长，不仅制约着鱼汛的时间，还影响到中心渔场的位置。

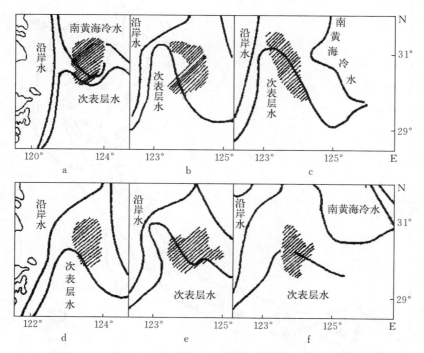

图3-5 东海北部带鱼种群中心产卵场与水团分布的关系
a.1972年6月　b.1973年6月　c.1974年6月　d.1976年6月　e.1977年6月　f.1979年6月
（引自罗秉征，1991）

带鱼生殖期很长，据报道，北部湾外海带鱼生殖期为1—3月；粤西和北部湾近海为3—5月。生殖期由南往北逐渐推迟，东海南部海域带鱼一般3月初开始产卵，于5月和6月在海礁渔场形成生殖高潮，产卵活动一直持续到10月。生殖后鱼群在长江口近海索饵，一部分鱼群可继续往北进行索饵洄游，有的年份可到达青岛外海，与黄渤海群体混群索饵。秋末冬初，索饵鱼群开始往南洄游，在嵊山形成著名的带鱼冬汛渔场。随着水温的下降，鱼群继续南下或游向外海越冬。南下鱼群经大陈、洞头、南北麂列岛，沿着30～50 m等深线进入闽东渔场。12月到达闽中渔场，途经崇武外海继续南游，约在1月上旬从牛山渔场抵达闽南渔场，部分鱼群可能继续游向粤东近海越冬。

从东海鱼群分布洄游的特点来看，它们主要洄游于东海和台湾海峡沿岸。其洄游规律是冬汛自北往南顺序推移，而春汛又从南往北推迟。即带鱼有从北往南越冬洄游和自南往北生殖洄游的规律。分布在福建南部、粤东与粤西沿海的带鱼一般往返于东西近海。此外，海南省近海与北部湾均有带鱼分布和产卵。分布在南海的带鱼其产卵群体的分布水深为40～100 m，适温为 18～29 ℃，适盐为 30.2～34.5。

四、被动洄游

一般而言，鱼卵和仔鱼没有游泳能力，营随波逐流生活，因此又被称作鱼类浮游生物（ichthyoplankton）。随着海洋的潮汐作用以及洋流输运，鱼卵和仔鱼能够扩散到很远的海域，这个过程也被称为被动洄游。最近的研究表明，鱼卵和仔鱼的扩散及输运并非完全是被动的，而是有选择地借助海流特征呈现一定的自主性。

鱼类的幼体具有一定的游动能力，特别是在垂直方向的移动。这方面研究较为深入的是大西洋鳕。在纽芬兰沿岸海域，较低的水温（5 ℃）导致鳕的早期发育较为缓慢。在孵化后的初期，仔鱼主要通过尾的摆动实现身体的轻微移动（最快速度可以达到每秒一个身位），从而使仔鱼在一定程度上逃避捕食。由于鳃尚未发育，幼体不能有效地呼吸，这个时期的运动主要依赖无氧呼吸供应能量。随着个体发育，其运动能力逐渐增强，并转为有氧呼吸和开始摄食。这个时期的发育速度取决于摄食率和水温，构成正反馈机制，即较高的摄食率能导致较快的发育速度；反过来，较快的发育速度也使得捕食更容易成功。同时，幼鱼的浮力发生变化，在水体中呈沉降趋势。计算表明，在静止状态下，纽芬兰海域鳕幼鱼的沉降速度为3.7～5.6 mm/s。这意味着若幼鱼本身不能垂直运动，每天可能下沉几百米的深度。因此，相关研究认为，鳕在幼鱼后期有着较强的运动能力。

与之相反，日本鳗的幼鱼则表现出极弱的运动能力。日本鳗的幼鱼生活在北赤道太平洋表层的温暖水域，水温为 25～28 ℃。与一般硬骨鱼类不同的是，其幼鱼早期的身体结构中富含氨基葡聚糖（与水母中胶层成分相同），并具有胶质外鞘，因此更像浮游生物（柳叶鳗）。日本鳗的幼鱼期极长，可达 0.25～3 年，其间漂流距离超过 10 000 km。其透明形态在一定程度上降低了幼体在漂流期间被捕食的概率。柳叶鳗虽然没有发育良好的游泳器官，但也可以通过调节自身浮力来实现垂直移动。这依赖于其皮肤上的泌氯细胞，泌氯细胞能够通过调节渗透压，改变柳叶鳗体内的含水量，从而使鱼体保持在近表层混合水层。

通过密度调节和微弱的游动能力，幼鱼可以改变在水体中的垂直位置，这对其散布有着非常重要的影响。海水受到风、热、引力以及地球自转的影响，在不同空间尺度下产生了复杂的运动状态，如大洋环流、海流、重力流、锋面、涡旋、湍流等。同时，水体本身的密度受到水深、温度、盐度乃至海底地形的影响，在重力作用下，海洋中水体成层分布，即较轻的水体分布于较重的水体之上，在不同水层间水体的运动模式可能存在显著差异，称为垂向切变（vertical shear）。由于游动能力限制，幼鱼的洄游状态主要受到其所处水层的影响。处于表层的幼鱼，更易被表层风生海流输运，往往能够扩散到更远的海域。此外，由于地转偏向力的影响，随着水深的增加，风生海流输运的方向和强度也逐渐变化（Ekman 螺旋）。因此，相同产卵场但分布在不同水层的幼鱼，可能经历不同的散布过程，最终在空间分布上产生几十到几百千米的差异。

相对地，通过不断调整自身在水团中的位置，某些幼鱼能够避免被动输运，使自身维持在一定的水域。这种现象在许多鱼类乃至于无脊椎动物中均有发现（Bradbury 等，2001）。日本鳗提供了利用垂直移动完成复杂被动洄游的典型例子。柳叶鳗游动能力很弱，其被动洄游很好地利用了两大洋流，即在赤道附近由东向西的北赤道流和流向高纬度地区的黑潮。北赤道流的表层和中层流速差异很大，且其西段有两个分支，其一是黑潮，另一个则是流向东南亚海域的棉兰老流。有研究认为，柳叶鳗幼体在表层和中层间发生了昼夜性垂直移动，一方面利用中层较高的流速较快地向西输运；另一方面利用表层海流的地转偏向力向北移动，避免被输送到棉兰老流。

幼鱼被动洄游在观测上存在很多困难，而数学模型成为研究幼鱼漂流的有力工具。在幼鱼输运模型中可以模拟幼体的产生，并使其具有大小、浮力属性以及摄食和垂直移动等行为。输运模型的步长一般以小时或更低的时间尺度计，以反映水体的动态和幼鱼的运动。模型能够追踪每个个体（或超个体）在不同时间尺度上的分布状态，最终整合成千上万个个体的动态以反映群体的分布特征，为深入了解个体的散布规律提供有用的信息。例如，模拟研究表明，欧洲比目鱼（*Platichthys flesus*）幼鱼在英吉利海峡的分布主要受潮汐的影响，随潮汐的涨落发生垂直移动。又如，在斯科舍陆架海域，大西洋鳕幼鱼的分布与其水体的密度紧密联系，基本聚集在同一等密度线之内。同时，个体较小的幼鱼主要集中在较为温暖且盐度较高的水域，而较大个体则相反。该模型根据海水密度的垂向分布，解析了海面高度以及海表地转流的变化，并以幼鱼的等密度线分布习性为基础，预测了该海域鳕幼鱼的空间分布，结果与实际观测有很好的吻合。另外的研究证明，在拉布拉多海流的影响下，纽芬兰陆架海域产卵的群体很大一部分由海流被动输运到其他海域，而区域性的环流系统能够导致幼体的高度聚集。幼鱼的输运对于该海域大西洋鳕的补充有重要影响，如在较冷的年份，产卵群体一般在较南部的海域聚集，导致较多的幼鱼被带离陆架区，降低了幼鱼的存活率。

第三节 鱼类洄游机制与影响因素

一、鱼类洄游的生理学机制

鱼类洄游是一个十分复杂的种群行为和生理生态过程。归纳起来，鱼类的洄游是以遗传特性为基础，在内在生理与外界环境条件的驱使下完成的适应性行为，即鱼类的遗传学属性决定着鱼类的洄游类型，如溯河洄游、降河洄游等。在这基础上鱼类的性腺发育状况是产卵洄游的内在条件，含脂量的多寡是越冬洄游的内在条件，而升、降温以及盐度和海流等外界刺激是洄游时期的早晚、速度快慢等的限制与促进因子。如太平洋鲱（*Clupea pallasi*）的产卵在早春，此时近岸水温很低，所以高龄鱼性腺发育早，产卵适温偏低，而低龄鱼性腺发育晚，则趋高温。因此，可以认为鱼类的洄游是内外因素相互作用的结果，是鱼类种群地理学演化适应的产物。

洄游作为一种群体性的定向运动，要求鱼群有可靠的定向能力，特别是一些鱼类在生殖过程中，需要洄游很长的距离回到其出生地，这种现象称为"归原性"（natal homing 或 philopatry），大麻哈鱼是其中的典型代表。有关鱼类的"定向"机制，论说颇多，主要有感官记忆说、水流说、天文导航和地磁导航说等。哈斯勒（Hasler，1962）曾用棉花堵塞大麻哈鱼的鼻孔，使该鱼嗅觉受阻，而失去回归原产地的能力，证实了气味记忆说。"水流"对洄游路线也有明显的影响，特别是鱼类的被动洄游阶段。如中国沿岸的柳叶鳗就是随黑潮暖流及其分支被输送到沿岸各江河口区。美国科学家从黄鳍金枪鱼、鲣等海洋鱼类的额骨上发现了大量的生物磁晶体，证实这些磁晶体足以向鱼类提供极为精确的磁场图感知，从而揭示了地磁导航的奥秘。在不同地理年代的磁极反转，可能是导致生物分布剧烈变化的重要原因。鱼类洄游中可能同时利用了多种定向方法，如 Quinn（1980）的一项研究证明，红大麻哈鱼（*Oncorhynchus nerka*）幼鱼在向育幼场洄游中，磁场和天文特征均对幼鱼的洄游方向有影响，且对不同定向机制的依赖性在种群间存在差异。

学习行为在鱼类获得定向能力中起着重要作用。印记是一种特殊的学习过程，即在生活史的早期，幼鱼感知和记忆环境中的刺激因素，在以后的生命过程中根据该印象寻找其出生地进行繁殖，如大麻哈鱼对出生地的气味印记。也有研究认为，鱼类的洄游路线可能是后天习得的，即幼鱼通过跟随成鱼学得洄游路径。如一些岩礁鱼类的幼鱼在与成鱼混合后能够习得其摄食洄游习性，若在实验中将成鱼与幼鱼隔离，则无相应的洄游特征。此外，某些鱼类如沙丁鱼，当幼鱼与成鱼间无相互作用时，可以发展出新的洄游路线。在新的洄游路径上有时可能出现适宜的生存环境，从而导致种群迅速增长。纽芬兰海域的大西洋鳕提供了学习性洄游的另一个典型例子。大西洋鳕在靠近陆架的海域进行产卵繁殖，在完成繁殖之后，产卵群体在体型较大个体的带领下离开陆架海域。在这个过程中，一些幼鱼尽管不参与繁殖活动，也跟随成鱼进行生殖洄游，证明鱼类学习性洄游行为的存在。

二、鱼类洄游与环境的关系

影响鱼类洄游的因素很复杂，既有外界环境因素，也有鱼体内部因素和历史因素。就外界环境因素而言，许多因素除了直接影响鱼体生理状态以外，还可以作为引起洄游的信号（刺激）。影响鱼类洄游的外界环境因素很多，其中非生物性因素一般为水温、盐度、水团、风、水流、透明度和水色等，生物性因素主要指的是饵料生物。这些影响因素可以分为主要因素和次要因素，但这种主要和次要性不是固定的。它因种类而异，即使是同一鱼种，在不同发育阶段和生活时期，其主要因素和次要因素也会相互转化。

（一）水温

水温对于鱼类洄游的影响很大，鱼类的生长、发育和性成熟均在一定温度条件下进行，有一定适应范围。在此范围内，鱼体生长发育最为迅速。温度条件产生变化，鱼体就要寻求适宜的温度环境。生殖洄游的开始与温度条件有关，因为性成熟要求适宜的温度，同时温度也是产卵的主要条件，鱼卵、幼鱼需要在温度适宜的环境中发育。温度的变化影响到饵料生物的发生和变动，从而间接影响到鱼类的索饵洄游。至于越冬洄游，温度起决定性的作用。水温下降的状态直接影响到越冬洄游的时间和速度。我国许多海洋鱼类，从秋季开始的越冬洄游，是随着当年温度的情况而结束索饵阶段，向高温水域游动的。当寒流提前到来时，鱼类向高温水域移动也提前，并且速度加快，所以温度变化是引起鱼类洄游的重要因素之一。鱼类对于温度的敏感性依种类、生活阶段和温度变化的情况而不同。一般大洋性鱼类对温度感受比沿岸性鱼类敏感，幼鱼比成鱼敏感，温度渐变鱼类可以徐缓适应，但突变则促使鱼类的集群与移动。

（二）盐度

盐度也是引起鱼类洄游的重要因素，鱼类对于周围环境盐度变化非常敏感。海水盐分量的变化，将引起鱼体渗透压的变化，进而导致它们血液内盐分的减少或增加，血液成分和血液性质的变化，引起神经系统的兴奋。因此，微小盐分的变化，很快地会被鱼类感觉而引起体内的反应。

不同鱼类对外界环境渗透压变化的适应能力差别很大。有的只能在盐度变化不大的水域中生存，为狭盐性鱼类；有的能在盐度变动很大的水域中生存，甚至能从淡水到高盐的远洋中正常生存，为广盐性鱼类。另外，幼鱼适盐范围较小，卵子和孵化后的仔鱼一般在沿岸河口地带成长发育。例如，渤海湾小黄鱼产卵场的盐度为 $25.30\sim28.91$。成鱼的适盐范围较广，一般来说，盐度对洄游的影响不如温度的影响大。

溯河性洄游的鲑科鱼类和降河性的鳗鲡都是广盐性鱼类。它们在生命周期的某个阶段生活在海洋，另一个阶段生活在淡水中。从一种生活环境转移到另一种生活环境之前，它们要经过一系列预备性的变化。在河流中产卵、孵化的鲑科鱼类，一般要经过 $1\sim2$ 年的生长，当体长达到 $10\sim15$ cm 时才开始向海洋洄游。这时，其体形已变得细长，体色变成银灰色，抗盐能力明显增加。而大麻哈鱼在仔鱼卵黄被吸收后不久，便开始向海洋洄游。

广盐性鱼类从淡水进入海水，体液的渗透压略有增加，但仍比海水的渗透压低得多。普通鲑（$Salmo\ salar$）血浆的渗透浓度从淡水时的 328 mOsmol 增加到海洋里的 344 mOsmol，大麻哈鱼从 304 mOsmol 增加到 350 mOsmol，鳗鲡从 350 mOsmol 增加到 430 mOsmol。海水真骨鱼类的体液渗透压大大低于海水，体液中的水分会通过鳃上皮而流失。为了防止因渗透压差而引起的体液中水分外流以致失水的可能，则须随时补充水分。这些鱼类从淡水进入海水时，最明显的生理反应是大量饮水。海洋真骨鱼类都不断饮水，每天的饮水量达体重的 $7\%\sim30\%$。吞饮的海水先由肠壁连盐类带水一并渗入血液中，再由鳃中特有的泌盐细胞（或泌氯细胞）将盐分排出，把水分保留下来，以维持血液的正常渗透压。被吞饮的海水所含盐类中的单价离子，如 Na^+、K^+、Cl^- 等被肠道吸收。这些离子一般不进入尿液，而是由鳃排出体外。但双价离子，如 Ca^{2+}、Mg^{2+}、SO_4^{2-} 等则大部分留在肠内，随粪便排出体外。

（三）水流

鱼类的侧线有感知水流的能力，水在体侧流动时，对侧线神经末梢给予连续的刺激，鱼体便能感到流速。在左右水流不均衡时，鱼类便能感觉水流的方向，即使是弱流也可感觉到。因此，侧线的感流刺激，在多数情况下可以指示鱼的运动。有的鱼类长距离洄游是幼鱼被动阶段，海流把它们输送到远离发生地的海区，在成鱼阶段由于水流而引起的一种回归移动。

（四）水深

海水深浅直接影响着海区各种水文条件，特别是温度、盐度、水色、透明度、水系分布、流向、流速等的空间和时间变化，间接影响生物的分布和鱼类的聚集。海洋鱼类根据其生理和生活的要求，在不同的生活阶段对于水域环境有不同的要求，我国主要经济鱼类多分布在近海大陆架范围以内。产卵场多在 30 m 以内的沿岸浅海，越冬场多在水深 $50\sim80$ m 的较为开阔的海区，如黄海中央、济州岛西北、西南以至舟山正东一带是多数洄游于渤、黄、东海鱼类的越冬场。例如，小黄鱼和带鱼的分布范围一般都不超过 100 m 等深线，除产卵季节聚集在 30 m 以内深海外，它们的密集区多在 $40\sim80$ m 的水深范围内。

在不同的生活阶段或不同季节，同一种鱼分布的水深有所不同。如浙江近海的大黄鱼在产卵期间栖息水深一般都为 $5\sim20$ m；索饵期间栖息水深为 $20\sim40$ m，很少超过 50 m；冬季主要栖息水深为 $40\sim80$ m。同一种鱼类的同一生活阶段，在不同的海区栖息的水深也是不同的。如越冬期的小黄鱼，在东海栖息水深为 $30\sim70$ m，在黄海为 $55\sim75$ m。

（五）天文因素

环境水文因素对洄游方向起着重要影响，特别是海流周期性的变化，导致鱼类的周期性洄游。海流的周期性变化与地球物理和天文方面的周期变化有关。海流的周期性变化首先受从太阳所获得的热量的影响，而太阳热量的辐射与太阳黑子的活动有关，太阳黑子活动有11年的周期性。当黑子活动增强，热能辐射也增强，海洋吸收巨大热量，水温增高，从而影响到该年度的暖流温度与流势，这对海洋鱼类的发育和洄游就产生了直接的影响。

三、不完全洄游

鱼类洄游行为的发生需要满足一定的条件，如个体的营养水平、性腺发育等生理状态，以及光照、水温等环境条件。而不同个体的生理状态或者不同群体所处的环境并不完全一致，因此可能导致不同群体或同一群体内不同个体的洄游方向、路径乃至是否参加洄游均可能存在差异，这种现象被称为部分洄游或不完全洄游（Partial migration）。这种过程在鸟类中更为明显，如很多候鸟中迁徙行为存在显著的个体差异，一个群体内的部分个体周年性滞留在同一栖息地，而另一部分个体在冬季迁徙到较低纬度。

北极红点鲑（*Salvelinus leucomaenis*）具有典型的不完全洄游行为。生活在同一水域的群体中，不同个体在大小、颜色和摄食、繁殖方面均存在显著差异。个体较小的一般是性成熟较早的雄鱼，稍大的个体则性成熟较晚，最大的一般为雌性个体并且大小个体在食性上发生分化。前两类个体均倾向于定居性，溯河洄游的主要是最大的雌性个体。相关研究探讨了这三种生态型的共存机制，认为选择性交配可能使群体基因型产生了分化，同时生态型的可塑性在其中也发挥了重要作用。表现型可塑性是指同一个基因型在不同环境下产生不同表现型的能力。实验证明红点鲑的杂交后代可能表现出三种生态型，但小型鱼的后代更倾向于定居，而洄游个体的后代更倾向于洄游。此外，食物较为丰富的情况下产生定居性后代的比例偏高，而一些定居性个体在生活史后期也可能进行溯河洄游。切萨皮克湾的白鲈（*Morone americana*）也表现出不完全洄游特征。白鲈是一种河口性鱼类，生活在咸淡水交汇地带。白鲈的幼鱼主要栖息于淡水，随着个体的生长，部分群体洄游至咸水区域。发生洄游的这部分个体一般在生活史早期生长速度较慢，而在洄游过程中一般能够获得较为丰富的食物，因此可以在一定程度上弥补早期较慢的生长速度。由于天气状况能够影响鱼卵的孵化等过程，并进一步影响幼鱼生长，因此天气状况的差异往往会导致洄游群体比例在年际间发生极大变化。不完全洄游中的个体不一定在大小或者生长速度等形态学特征上具有显著差异。如鳗鲡科的数个物种，美洲鳗鲡、欧洲鳗鲡和日本鳗鲡均存在不完全洄游特征。耳石元素示踪分析表明，幼鳗可能栖息于海洋环境、半咸水或者洄游到河流、湖泊等淡水水域，且不同环境下的幼鳗在形态上并无明显差别。

在不同鱼类甚至鸟类当中，不完全洄游存在一些共性特征，即：①不完全洄游的群体中存在两种或多种生态型，各自占据不同的生态位。②早期发育条件对洄游习性产生关键影响。③洄游习性的差异并不完全由基因决定，但其发生的相对频率是可遗传的。④在不同生活史阶段，洄游特征是可转换的。从生理学的角度看，不完全洄游主要受环境中食物丰富度的控制，是鱼类在生长、生存和繁殖间的权衡。不完全洄游来源于种群基因型和表现型的多样性，而其存在本身可能导致生态型的进一步分化，乃至产生新的物种，即生态性物种形成或同域性物种形成（sympatric speciation），其过程可以归纳为：①种群内较高的表现型可塑性导致个体空间分布的多样化。②部分个体探索新的生存空间或适应了环境条件的变化，这部分群体的数量将会增加，即生态型的自然选择。③表现型的分异与交配行为（不同的繁殖时间、区域）或其他繁衍机制相耦合，限制了种群内基因交流的范围，最终导致了基因型的分化。有研究认为，欧洲鳗鲡和美洲鳗鲡的分化，就可能起源于不完全洄游，并在自然选择下逐渐固化。

总体而言，不完全洄游有多种表现形式。例如，不同个体之间洄游习性的差异，即种群中一部分群体终生在出生地生活，而另一部分群体离开出生地进入新的海域生活，但在生殖期间回到出生地，或者表现为洄游的时间和距离不一致。另一类则表现为同一个体的不同阶段洄游习性的差异，即随着个体的增大，其游泳、捕食和逃避敌害的能力增强，因而在生活史的后期更倾向于参与洄游。这在很多鱼类中习见，但同时在某些鱼类中，反而是较小的个体参与洄游，如蓝鳍金枪鱼。不发生洄游的个体可能不参与当年的繁殖活动，如胸棘鲷（*Hoplostethus atlanticus*）以及两年一次繁殖的某些鲨鱼。有些鱼类的洄游习性甚至会发生多次转变，如某些高龄的日本鳗鲡耳石成分表明，在其生活史过程中有着超过 20 次在海水、半咸水和淡水栖息环境的不规则转换。需要注意的是，以上不同的表现形式并非互斥，一种鱼类的不完全洄游可能同时体现了多种形式。

第四节　鱼类洄游分布的研究方法

一、标志放流

鱼类洄游研究最常用的方法为标志放流法。所谓标志放流，是将天然水域中捕捞获得的水产资源生物体做上标记放回原水域，并通过渔业生产船或调查船重捕的过程。这一实验手段在水产资源学中占有重要的地位，早在 16 世纪就已经开始（久保和吉田，1972），至今已有 300 多年的历史。标志放流的对象不断增加，用途不断扩大，目前除经济鱼类外，还进行了蟹、虾、贝类和鲸类等各种水产动物的标志放流。

（一）标志方法

标志放流按所采用方法的不同，主要分为两大类，即标记法（marking method）和加标法（tagging method）。标记法是最早使用的方法之一，是在鱼体原有的器官上做标记，往往以致伤个体的某一部位作为标志，如全部或部分地切除鱼鳍或身体的某一部分的方法。放流时将切除部分的形状、部位、时间、地点分别记录，作为重捕时的依据。这一方法的优点是操作迅速、简便，可以节省大量的放流经费。不过用于稚鱼时，操作应特别谨慎和迅速，以免引起大量的额外死亡，影响放流效果。为了避免鱼体长大后重捕时产生差错或把先天畸形的个体当作标记鱼，可采用同时切除脂鳍、背鳍或臀鳍的一部分的方法。

标记法对于短时间研究，以及能够留下明显标记的种类是值得推广的。不过需要注意的是，标记法往往妨碍其自然生长，给其造成生理上的影响，从而影响标记个体的重捕率。同时，许多种类某些被切除的部位经一段时间后又会再生，而使得标记失去意义，或仅能在一定时间内有效，不能完全满足标志放流的要求。研究表明，鱼体越小，鳍条的再生能力越强，保留切鳍痕迹的时间越短。因此，在切除鳍条时，一定要连同基骨一起除去，以防鳍条重新长出。鲑的脂鳍完全不能再生，因此切除脂鳍法通常用于鲑类。

加标法是把特别的标志物附加在水产资源生物体上。标志物上一般注明标志单位、日期和地点等。它是现代标志放流工作所采用的最主要方法，可分为体外标志法、体内标志法、声电跟踪标志法和示踪原子标志法等。

1. 体外标志法

这是目前最常用的标志方法。利用标牌或标签，以丝系附在鱼体或夹于鳃盖上，或用标牌直接刺挂在鱼体上，根据鱼类体型和生态特点，分别施行。在利用体外标牌时，应当考虑鱼类在水中运动时所受阻力的大小和材料腐蚀等问题，才可能达到标志放流的目的。目前，一般多用小型的金属牌签，材料以银、铝或塑料为主，其次为镍、不锈钢等，目前较多使用牌型和钉型（图 3-6）。所有标志牌均应刻印放流单位的代表字号和标签号次，并在放流时，将放流地点和时间顺次记入标志放流的记录表中，以便重捕后作为查对的依据。标志部位依鱼的体型不同而不同（图 3-7）。

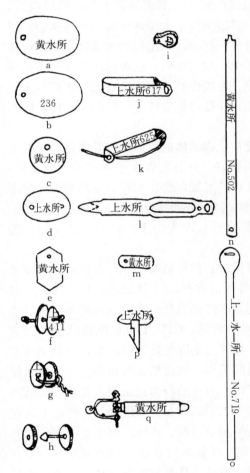

图 3-6　标志牌的种类

a～e. 挂牌型　f～h. 扣子型　i～l. 夹扣型

m. 体内标志　n～o. 带型　p. 掀扣型

q. 静水力学型

（引自上海水产学院资料，1962）

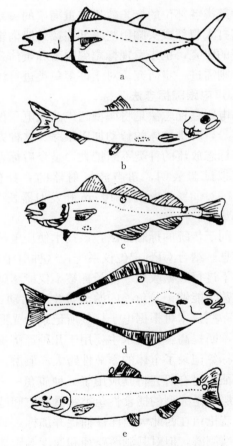

图 3-7　不同体型鱼类的标志部位

a. 金枪鱼，利用带型绕束鳃盖后或尾柄或夹扣型夹附于鳃盖上

b. 鲱，利用夹扣型及体内标志

c. 鳕，利用扣子型穿附背部、尾柄或用体内标牌

d. 鲽类，利用扣子型及夹扣型

e. 鲑鳟，利用挂牌型、夹扣型标志结附鱼体各部

（引自久保和吉田，1972）

体外标志法除将标志牌系挂于生物体表面外，有时采用的染色法和烙印法也可列为体外

标志法的内容。所谓染色法是将无害的生物染料注射入鱼体皮下，使鱼皮显出明显花纹，并可保持数月或数年。对鳗形鱼类一些种类的标志曾用此法。烙印法是把装满丙酮与干冰的冷液（—78 ℃）或液氮（—90 ℃）的金属管紧压在鱼体上 1～2 s，使之产生"冷伤"痕迹，一般可保持几个月。

2. 体内标志法

这是为弥补体外标志牌对标志个体的行动产生影响，如避免被网或水中植物挂缠等而采用的一种方法。该法将标志牌置入标志生物体内，所以标志个体在渔获中难以被发现，只能通过电磁装置等仪器来加以检测。如在美国鲑渔业中，采用长 1 mm 的微型不锈钢磁性针，以特制器械打入幼鲑的鼻软骨中，当放流回归时，通过设置在鱼洄游通道上的电磁感应器，便可鉴别出放流鱼并计算其回归率。阿部等（1983）对蟹类作了大量体内标志放流试验，特别是对蟹类各部位的标志效果与重捕率的关系作了研究。其中，采用锚状金属牌，通过机械枪将其打入腹部或头胸甲与腹部连接处肌肉组织等部位。结果证明，这种标志法完全不影响标志蟹的脱壳，也未发现标志牌脱落和蟹体死亡现象。但操作时如何防止破壳和体液的大量流出，则需进一步研究。对于许多鱼类进行体内标志，往往将标志牌通过肛门塞入体腔内。

3. 声电跟踪标志法

声电跟踪标志法是将微型超声波或电子仪器安置在生物的体内或体外，并通过该仪器发射的信号，对生物体的行动加以跟踪。这种方法效果较好，并且随着电子技术的不断发展，应用于标志放流的种类不断扩大，是今后标志放流工作的发展趋势。对鰤、紫鰤和黄尾鰤所做的模拟试验表明，超声波发射器的系挂位置以臀鳍担鳍骨间为最佳，重量为鱼体的1.03％～2.03％，曳索长 10 cm 和发射器长 8 cm，即合计长度为鱼体长的 32％以下时，使用效果最好。

不同于传统的标志方法，该技术使用电子标签来记录和传输鱼类个体所在位置和环境条件等信息。结合 GPS 定位仪系统，这种电子设备能够提供详尽的位置记录，并且在不同时空尺度下进行数据收集。电子标签不仅能够感应、记录和传输温度、盐度、深度等多种环境信息，甚至能够记录鱼类的游泳等生命活动。对于底层鱼类，GPS 定位仪位置信息难以获取，但一些技术可根据电子标签所记录的光照条件，估算出实际所处的经纬度，且其估算准确度在不断提高。该技术主要用于几种经济价值很高的鱼类，如蓝鳍金枪鱼等。一些研究使用电子标签记录了个体的季节性跨大洋洄游，提供了以小时计的行为记录以及繁殖和区域海况等特征。另有研究将其应用于一种旗鱼——蓝枪鱼（*Makaira nigricans*）。这种鱼生活在海洋表层，是大型的捕食性鱼类，具有空间范围很大的洄游习性。传统的标志重捕试验曾有记录，蓝枪鱼在西北大西洋被捕捉并加标，4 年后在印度洋被再次捕获。据此推断该鱼类存在跨洋性洄游，但对其洄游路径和速度等则缺乏认识。通过将具有数据存储功能的电子标签安置到鱼体上，记录光照、温度和压力数据，并根据这些数据估算出个体所处位置。这些电子标签在经过一段时间后（30 d、90 d、180 d 和 365 d）与鱼体分离并上浮到水面，被收集起来。这项研究表明，墨西哥湾内蓝枪鱼在周年内的移动范围有限，为蓝枪鱼的洄游规律提供了有力证据（Kraus 等，2011）。类似的研究也曾应用于姥鲨（*Cetorhinus maximus*）。该研究发现，这种大型鱼类在秋冬季反常地活跃，往返上千千米向冬季索饵场洄游，并且有显著的垂直游动，以及比常规认识更为广泛的分布范围（Skomal 等，2009）。

电子标签的优势在于能够适用不同时间尺度，大到年际小到以小时计，精确记录个体的运动，揭示常规方法难以发现的洄游路径和行为特征，并提供外部环境方面的记录。但这一技术也有一定的缺陷，如标签本身较大，可能会对个体的行为造成影响，或产生生理上的胁迫乃至死亡。与常规标志方法一样，这种方法也仅能代表部分个体的洄游特征，若种群的洄游路径分化为多个集群，可能使结果代表性较差。另外，这种电子标记价格昂贵，一般研究中仅能包含十几到几十个样本，难以做到大规模采样。

4. 示踪原子标志法

动物本身的一些生物学特征，如外部形态、化学组成、寄生虫和遗传属性，携带着其生活史不同阶段所在的环境信息，并显示出昼夜、季节和年际的周期特征，因而可以用于追溯鱼类的洄游分布。一种常用的示踪原子标志法是放射性同位素示踪法，基于同位素比例反映鱼类生活环境中的变化。放射性同位素示踪法一般以放射性周期较长（1～2 年）而又对鱼类机体无害的放射性同位素（如磷、锌、钙的同位素）通过混合于饵料使鱼食用或对鱼类直接感染，使鱼类体内（骨骼中）具有所感染的同位素元素。用同位素检验器检查渔获物中的鱼是否具有所感染的同位素，从而判定其洄游范围。例如，氢氧同位素（$\delta^2 H$、$\delta^{18} O$）能够反映降水量变化，碳、硫和氮同位素（$\delta^{13} C$、$\delta^{34} S$、$\delta^{15} N$）能够反映自养生物营养源的变化，以及海淡水的混合状态。这些同位素通过摄食和渗透被鱼类所摄取，并留存在鱼体内。在软组织如肌肉和肝中，同位素比例随着新陈代谢而不断更替，因而反映了鱼类短期生命活动信息（对应组织形成时间，通常为数周到数月）；在硬组织如耳石和鳞片中，同位素不再参与代谢，其比例保持恒定，因而能够保存长期的生命活动信息。其中，耳石由于其结构的稳定性、封闭性和生长的规律性，在微化学研究中有着非常好的应用，常被用于识别洄游分布中环境要素的变化。

同位素示踪技术曾应用于南蓝鳕（*Micromesistius australis*）洄游分布的研究。该鱼种生活于近南极海域，在太平洋和大西洋均有分布，但其种群连通性一直存在疑问。在智利沿岸的太平洋陆架海域，降水和陆表径流较多、水温较高，导致海水中 $\delta^{18} O$ 的比例相对较低而 $\delta^{13} C$ 比例较高；而在另一侧，阿根廷沿岸的大西洋陆架海域，元素比例则刚好相反。南蓝鳕耳石的同位素组成很好地记录了相关信息，证明两个大洋的种群较少跨界混合，资源的补充依赖于当地群体（Niklitschek 等，2010）。

同位素以及其他化学示踪法的主要限制在于其不稳定性，即化学元素在不同时间、空间尺度和生态系统下可能发生显著变化。洄游研究关注的是鱼类的移动路径，因此所选择的示踪元素须对应该时空尺度。另外，同位素在新陈代谢中的活性存在差异，往往是较轻的元素（如 $\delta^{16} O$）优先排出，而较重的元素（$\delta^{18} O$）含量在鱼体内逐渐升高，这个过程被称为元素分馏（fractionation）。分馏程度在不同的化学元素、生物组织、物种和食物网中均存在差异，因此在比较同位素比例的研究中需要对此加以校正。此外，某些同位素比例的变化是多种因素共同引起的，如 $\delta^{13} C$ 浓度可能代表了盐度、降水、径流和营养源等多种环境信息，在结果解读上需要谨慎。

（二）标志放流的应用

标志放流的水产资源生物体，经过相当时间重新被捕捞，根据放流与重捕的时间、地点，加以分析，可以了解鱼类的来踪去迹和在水中的生长情况，是调查渔场、研究鱼群洄游分布与生长常用的方法。这种资料记录可作为估计资源蕴藏量的参考，对于渔业生产具有很重要的意义。具体表现在：

1. 了解鱼类洄游移动的方向、路线、范围和速度

标志放流的鱼类（或其他水产资源生物体），伴随其鱼群移动，在某时间某海区被重捕，这样与原来放流的时间、地点相对证，可以推测其移动的方向、路线、范围和速度。这种措施，是直接判断鱼类洄游最有效的方法。不过根据放流到重捕地点的距离，推算洄游速度，仅能作概念性的参考，不能确定为绝对的洄游速度。

2. 推算鱼类体长、体重的增长率

根据放流时标志鱼类的体长和体重的测定记录，与经过相当时间重捕鱼类的体长和体重作比较，可以推算出鱼类体长和体重的增长率。

3. 推算近似的渔获率和递减率以估计资源量

根据放流后翌年、第三年的重捕尾数，可以估计鱼群的递减率，作为了解鱼群逐年生存情况的参考。如大量标志放流鱼类，则游返原群的尾数可能较多，被重捕的机会也可能较大，这些鱼类若能与原群很好地混合，则重捕尾数与放流尾数的比率，将与渔获量和资源量的比率相近似。因此，利用鱼汛期间，在某一渔场标志放流的鱼类总尾数和全面搜集的重捕尾数作基础，并对放流的结果加以各种修正，可以试行算出渔获率的近似值，同时结合渔获的总量，又可估计资源蕴藏的轮廓。因为：

$$渔获率 = \frac{渔获量}{渔获资源} \qquad 重捕率 = \frac{重捕尾数}{放流尾数}$$

对重捕尾数和放流尾数加以修正，则修正后的重捕率等于渔获率：

$$渔获资源 = \frac{渔获量}{渔获率} = \frac{渔获量}{重捕率}$$

但是这个关系式不能普遍地对各种鱼作同等运用，必须对放流鱼类的生物学特性了解后，才能取得相应的效果。

（三）标志放流方法的局限性

标志放流试验不仅在水产资源学研究中得到广泛的重视，在其他种群生物统计和解析中也有着广泛的应用。但是学者们往往仅从理论上加以探讨，很少能够对实际试验所得的数据和资料加以应用和分析，而现有例子中其计算结果与生产实际也存在较大差距。因此，从理论和实际这两方面来看，要使应用工作有效地进行，关键是保证标志放流重捕资料的完整性，从而保证应用研究结果的准确性。

一般来说，造成标志放流资料可信度降低的因素有：

1. 标志损伤而造成死亡

标志后的生物体死亡，是造成误差的主要原因之一。因为生物体经过捕捞时的挣扎和摩擦损伤，已经影响其健康，又因标志时刺伤、日光照射和鱼体受量鱼板摩擦等关系，更增加其损伤程度而促其死亡。因此，标志时应选择活泼健康的个体，并尽量缩短操作时间和减少其痛苦。同时，最好能把标志后的对象暂养一定时间，使其死亡率与自然情况下的死亡率相近。

2. 标志失去痕迹

用加标的标志方法，经过一定的时间以后，许多生物体将会重新生长出被剪去的那一部分组织，从而使标志失去作用。而用体外挂牌法，则常常由于被标志的对象在自然水域中生活时，与其他个体和栖息环境中的植物、礁石等碰撞，导致标志牌脱落。

3. 标志和非标志生物体的遭捕度存在差别

标志的生物体（以鱼类为例），因其身负标牌，运动不便，致使其行动及生态习性发生变化。放回自然水域后，有脱离原群逸散区外的倾向。有时因体躯上有标志，易被敌害发现，成为被追逐的目标。这样就使得标志鱼为躲避敌害而寻找安全位置，甚至横冲直撞，分散离群。因此，标志鱼与非标志鱼在水域中的分布存在差异，使得它们的遭捕度存在差别，从而导致在使用重捕资料估算资源量时出现误差。

4. 重捕记录不完善

标志放流的鱼类，在重捕后往往因捕捞工作繁忙而被忽略，或因鱼体过小，重捕鱼体混杂在大量的渔获物中不易被发现。有时因重捕报告的宣传教育没有深入贯彻，因而未能引起普遍注意，使重捕效果降低。我国 1951—1953 年放流真鲷重捕率为 1.44%，1954 年放流鲐的当年重捕率约达 10%（以上均按放流总尾数与重捕尾数计算得到）。

二、声呐/雷达技术

近年来，随着技术的进步特别是遥感技术的发展，一些新的方法被应用于鱼类洄游分布的研究，这些新的观测方法大大扩展了研究的时间和空间尺度。传统研究往往根据直接观测法研究鱼类分布，即利用拖网和其他渔具的渔获数据，或者根据洄游路径上产量记录进行估算。由于渔具作业时间和空间尺度的制约，相关数据的数量和精密度都有很大限制。遥感技术的发展为鱼类分布和洄游观测带来了极大的便利。利用船载或浮标上的雷达（无线电波，$10^2 \sim 10^8$ m）和声呐（声波，$10 \sim 10^3$ m）系统，研究者能够方便地监测到鱼群的游动状态。相比于其他观测，这种监测方法较少受不利环境，如天气、海浪和水深等的影响。雷达和声呐接收的数据不仅能够反映目标的位置信息，还能计算出鱼类游动的方向、速度和深度等。某些设备能够达到很高的精度，如 DIDSON 成像声呐能够在多样的环境条件下解析鱼类游动的三维影像。飞行机载激光雷达（lidar）是一种安装在飞机上的激光探测和测距系统，可以探测表层鱼类的集群。根据表层海水对激光的散射情况，激光雷达一般可以探测表层50 m 内的目标，在数百千米长的断面内进行快速调查。遥感方法适用于短期和小尺度下鱼类行为研究，特别是研究变化迅速或者呈斑块状分布的环境变量对鱼类分布的影响，如天气状况、饵料资源、海洋锋面等。例如，在加利福尼亚海流区，研究者利用激光雷达监测表层鱼类分布与海表温度的关系，指出鱼群聚集与温度锋面之间的关系。

遥感和水下影像技术在过去的二十几年间有了很大的进步，但这类方法也有各自的限制。例如，通过声呐和雷达监测的鱼类通常较难确定物种，并且鱼群聚集的结构能够很大程度地影响其密度估计。遥感监测设备均存在视野盲区，无法观测到在特定角度的目标。另外，监测船或者监测平台（或浮标）本身也可能影响鱼类的行为和分布，使研究结果产生较大偏差。

思考题

1. 洄游的定义及引起鱼类洄游的生理学机制是什么？它有什么生物学意义？
2. 举例说明鱼类洄游的类型。
3. 鱼类分布与集群的生态学意义是什么？
4. 什么是标志放流？它在渔业资源研究中有何应用？

第四章　鱼类的生命周期与早期生活史

第一节　鱼类的生命周期及其时相划分

一、鱼类生命周期的定义

鱼类的生命周期是指鱼类个体从受精卵发育到成鱼，直至衰老的整个一生的生活过程，又称为生活史或个体发育。其整个过程所经历的时间，即是我们通常所说的"寿命"。

鱼体的发育，是指在其生命周期中，结构和功能从简单到复杂的变化过程，也是其生物体内部和外界环境不断变化与统一的适应性过程。发育过程因鱼类种类的不同、生态类型的不同而各具自己的特殊性。它是在种的形成过程中适应环境而形成的，种在该环境中形成，并在与环境的统一中生存下来。

发育过程纵穿于鱼体整个生命周期。形态发生过程同生长过程一样贯穿着整个生命过程。当生物体达到性成熟时，在构造上往往发生很大的变化。成熟生物体不会超越形态发生而生存。

不同种的鱼类，各发育时期包括数目不等的阶段。通常可把鱼类的发育阶段大致分为4个时期：

1. 胚胎发育期

母体内卵细胞的数量不仅取决于种类的特性，同时也取决于鱼类的生活环境。母体在卵细胞原基至完全排出期间的环境条件决定其发育状况的好坏，如果母体生存条件严重恶化，则可能导致卵细胞被吸收。卵子产出和受精之后，母体与子代的发育过程和成活率不发生联系。卵期、仔鱼期（仔鱼前期）的主要矛盾是呼吸和被敌害动物捕食，这是造成它们死亡的主要原因。筑巢和保护自己后代的种类，受其他动物的食害作用显著下降。

鱼类从一发育阶段转入另一发育阶段的时刻是通过短时间的突变完成的。这时往往伴随着个体的大量死亡，特别是早期发育阶段。在鱼类的人工苗种培育过程中，受精卵孵化时，及早期个体从内源性营养转入外源性营养时，往往发生大量死亡。

2. 幼鱼时期

鱼类性未成熟期可分为稚鱼亚期和性发育亚期，其特点是凶猛动物与被捕食动物的紧张关系继续缓和，自然死亡率下降。在这期间的某一特定阶段死亡率可能再度迅速上升，如在溯河性和半溯河性鱼类降河阶段。

在这期间，鱼体生长的主要适应性特点是能量主要消耗于个体生长，体内的储备物质一般不积累或很少积累。因此，鱼体对食物保障的变化，可以在线性生长节律和性成熟年龄的变化上很敏感地反映出来。在这一段生活期间，鱼体的生长调控机制成为生殖群体补充节律及成活率的主要影响因素。

3. 成鱼期

在鱼类的生命过程中，性成熟时期是具有特殊生长特性的短暂时期。在此期间，生物体的主要功能是保障性腺的形成、性产物的成熟和体内积累储备物质，供生殖洄游和生殖过程中的物质代谢。届时鱼体需要消耗大量能量，而进食大幅度地减少或者完全停止。因此，这一时期，体长的增长急剧减缓，体内储备物质的积累，首先是脂肪的积累开始强化。与此同时，线性生长时期缩短。

4. 衰老期

衰老是重复生殖的鱼类所特有的生命阶段。一生生殖次数少的种类，基本上不存在衰老现象。所谓衰老，是指鱼的正常代谢过程受到破坏，绝大部分饵料用于维持生命活动而不是用于生长。对摄食饵料的消化和吸收能力降低，所产出后代的数量和质量下降，性机能逐渐减退，不能每年参加生殖活动。这些衰老特征与生物体内发生一系列其他过程，首先与物质代谢过程的变化有关，是属于功能性的。呈现衰老过程的高龄鱼，在食物成分、摄食频率和索饵地点与鱼群中其余未衰老的个体有明显的不同。因此，其数量的多寡对鱼群其余部分个体的食物保障，一般不会造成特别明显的影响。

鱼类开始衰老的年龄，不同鱼种是不同的。即便同一鱼种，由于生活区域不同也是不同的。由于食物保障的变化和进入性成熟年龄的改变，同一鱼群的个体，衰老开始的时间也会有变化。

同一年出生的个体，其衰老年龄也各不相同。性成熟提早，通常会造成寿命缩短和较早衰老。一般是生长越慢，其参加生殖的次数也越多。

二、鱼类生命周期的时相划分

鱼类的生命周期往往要经过许多个性质不同、不相重复的发育时相方可完成。这里所谓发育，就是指"质"的、阶段性的变化过程。与此相反，所谓生长，则指"量"的增加过程，生长的结果引起发育，同时发育的过程又是生长的继续，两者相互制约又相辅相成。

（一）国内生命周期的传统划分方法

依其发育性质与特征，我国传统上一般将鱼类生命周期过程划分为以下 8 个主要时相（陈大刚，1995）：

1. 卵期

卵期（egg stage）是鱼类个体在鱼卵膜内进行发育的时期。

2. 仔鱼期

仔鱼期（larvae stage）是鱼苗脱膜孵化，从卵膜内发育向卵膜外发育的转变时期，口尚未启开，属内源性营养（靠卵黄、油球）性质，也是从依赖亲体内部环境向直接在外界环境中进行发育的转变时期。

3. 仔鱼后期

仔鱼后期（post－larval stage）是开始依靠外源性营养（动物幼体与小型浮游生物）进行发育与生活的时期，也是鱼和环境关系的一个转机。在鱼体外形与内部结构上，为一生中变化最激烈的时期，但与成体相比仍有很大差别。

4. 稚鱼期

稚鱼期（juvenile stage）是体型迅速趋近成鱼的时期。消化器官不仅在质上向成鱼的基本类型发育，而且胃、肠、幽门垂等也均达到各个"种"所固有的类型与数量。鳞被发育完全及完成变态是该时期结束的基本标志。此期生态习性的一个主要特征是集群性显著加强。

5. 幼鱼期

幼鱼期（young stage）一般是指性未成熟的当年生幼鱼，在体型上与成鱼完全相同，但斑纹、色泽仍处于变化中，是个体一生中生长最快的时期。

6. 未成熟鱼期

未成熟鱼期（immature stage）是形态和成鱼完全相同而性腺尚未成熟的时期，一般是从当年生幼鱼向性成熟转变的时期。

7. 成鱼期

成鱼期（mature stage）已具备生殖能力，于每年一定季节进行繁殖发育的时期，第二性征发达。

8. 衰老期

衰老期（aging stage）是性机能开始衰退、生殖力显著降低、长度生长极为缓慢的时期。

关于鱼类生命周期各发育阶段的划分，鱼类学工作者之间仍稍有差异。有的学者将仔鱼前期与仔鱼后期统一并为仔鱼期，或将仔鱼前期和卵期作为胚胎期的两个亚期；有的学者将稚鱼期、幼鱼期并入未成熟鱼期；有的不划分衰老期等。早期历史上关于鱼类发育阶段的一些术语沿革可见表 4-1。

表 4-1 鱼类的发育阶段术语

（引自渡部、服部，1971；赵传纲，1985）

著者	卵	仔鱼		稚鱼	幼鱼	性未成熟鱼	成鱼
		前期仔鱼	后期仔鱼				
Sette（1943）	卵	仔鱼		后期仔鱼阶段			
		卵黄囊阶段	仔鱼阶段				
Hubbs（1943）	胚胎	仔鱼		稚鱼	幼鱼		
		前期仔鱼	后期仔鱼				
		具卵黄囊的鲑鱼苗					
		被认为是鲑科的后期仔鱼					
内田（1958）	胚胎	仔鱼		稚鱼	幼鱼	性未成熟鱼	成鱼	衰老鱼
		前期仔鱼	后期仔鱼				
Nakai（1962）	卵	前期仔鱼	后期仔鱼	稚鱼			
Nikolsky（1952）	胚胎期		仔鱼期	性未成熟鱼		性成熟期	高龄鱼期
	卵	前期仔鱼					
服部（1970）	卵	前期仔鱼	后期仔鱼	稚鱼		性未成熟鱼	成鱼
渡部（1970）	卵	前期仔鱼	后期仔鱼	稚鱼	幼鱼	性未成熟鱼	成鱼

（二）Miller and Kendall 关于鱼类生命周期的划分

Miller and Kendall（2009）将鱼类生命周期划分为以下 5 个时期，目前在国际上应用较为广泛。

1. 卵期（胚胎期）

包括卵子受精至孵化前阶段（egg or embryonic stage）。

2. 仔鱼期

仔鱼期（larval stage）包括前述 8 个时相中的仔鱼期和仔鱼后期。大部分鱼种个体从鱼卵中孵化后进入仔鱼期。仔鱼通常在形态上与成鱼截然不同。刚孵化时仔鱼一般弱小，带一个卵黄囊，称为卵黄囊期仔鱼；后面个体迅速发育，开始摄食，生长迅速，本阶段长度增长通常可达初孵时的 10 倍，个体常常有垂直方向的移动以满足摄食需要。当所有鳍条完备，鳞片开始出现时，仔鱼期结束。

3. 稚鱼期

稚鱼期（juvenile stage），这里为广义的稚鱼期，包括了前述 8 个时期中从稚鱼到未成熟鱼的阶段。一般稚鱼与成鱼在形态上总体较为相似，然而也有一些种类，特别在早期稚鱼阶段，色泽和鱼体外形与成体差异巨大。鱼类从仔鱼期进入稚鱼期往往伴随生态习性上的改变，如从浮游生活转为中上层集群或底栖生活。稚鱼的栖息地与成鱼往往不同。

4. 成鱼期

性腺第一次成熟后个体进入成鱼期（adult stage）。依不同种类的繁殖习性，成鱼可每年或更频繁地开展繁殖活动。虽然大部分鱼类成熟后每年至少繁殖一次，但也有一些种类，繁殖活动仅出现于生命临近结束阶段，终生仅繁殖一次。

5. 衰老期

衰老期（senescence stage）个体生长缓慢，身体机能全面下降。

三、鱼类生命史类型

在鱼类漫长的进化过程中，由于各种鱼类栖息于特殊的环境中，以及其固有的形态、生理和生态特征，使得各种鱼类生命周期的长短存在差异。现知某些鲟科鱼类的寿命可达上百年，而热带小型鱼类的寿命就较短，有的虾虎鱼的寿命甚至仅有几个月。同种鱼的不同种群，其生命周期往往也存在明显的差异，如中国沿海的大黄鱼，3 个不同群体的生命周期分别为 30 年、12 年和 9 年不等。

一般来说，随着地理纬度的增加，鱼类的生命周期越长，即生活于热带低纬度水域中的鱼类生命周期比生活于中纬度和高纬度水域中的鱼类生命周期短。由于生命周期长短不同的鱼类在生态习性上存在较为显著的差异，因此在研究过程中，又按生命周期不同将鱼类划分为 3 种不同的类型：

1. 单周期型鱼类

年满 1 周龄即性成熟，终生只繁殖一次，产后即死亡，种群只由一个年龄级组成，如大银鱼（*Protosalanx hyalocranius*）、矛尾刺虾虎鱼（*Acanthogobius hasta*）等。属于此类型的鱼类，生殖群体全由补充量组成，参加生殖活动之后的个体，基本上全部死亡。因此，各年参加生殖活动的补充量的多少就决定了生殖群体数量的多少，世代的丰歉又深刻地影响着群体数量。所以这一类型的鱼类，群体数量变动较为剧烈，其变动幅度一般很大。强化捕捞，资源容易受到破坏，但也容易恢复。

2. 短周期型鱼类

虽可重复性成熟，但寿命较短，年龄组简单，如蓝圆鲹（*Decapterus maruadsi*）、带鱼

（*Trichiurus lepturus*）、远东拟沙丁鱼（*Sardinops melanostictus*）、日本鳀（*Engraulis japonica*）及一些常见的小型鱼类。但不同种的群体结构和性成熟时间有很大差别。其数量变动往往很大，这也意味着该种鱼类资源易受到过度捕捞等破坏。不过如措施得当，资源也较易得到恢复。

3. 长周期型鱼类

如小黄鱼（*Larimichthys polyactis*）、大黄鱼（*Larimichthys crocea*）、褐牙鲆（*Paralichthys olivaceus*）和长蛇鲻（*Saurida elongata*）等一些大中型肉食性鱼类，生命周期长，一生中重复产卵次数多，年龄结构复杂，其资源逐年变动较为平稳，变动过程较为和缓，变动幅度不大，但该类型鱼类资源受到破坏之后，恢复速度也较缓慢。

鱼类的生命史类型是各个鱼种固有的生物学特征，其重要意义在于它作为研究渔业群体特征的基础资料，决定着鱼类数量动态的类型。随着渔业资源学研究的不断深入，这方面的研究更成为渔业科学的重要问题，并取得了大量研究成果。

第二节　鱼类早期生活史阶段的发育

一、鱼类早期生活史定义及研究意义

（一）鱼类早期生活史定义

鱼类早期生活史是指生命周期中从卵到稚鱼的发育阶段（Kendall 等，1984；Miller 等，2009），即前述 5 期的分期标准中前 3 个时期。由于鱼卵、仔鱼的栖息地与生态位特征和成鱼之间差异巨大，鱼类早期生活史与成鱼渔业生物学构成为两个完全不同的研究领域。与传统的渔业生物学相比，鱼类早期生活史的研究更多偏重于浮游生物学与渔业海洋学方向。由于鱼类早期生活史在群体资源补充、海洋鱼类养殖与海洋污染等方面的意义重大，多年以来一直是渔业科学的核心研究领域之一。

（二）鱼类早期生活史的研究意义

鱼类早期生活史的研究意义主要体现在：

1. 鱼类补充量波动

早在 20 世纪初，科学家就已了解到渔业群体的资源量变动主要是由年际间繁殖成功率的波动所造成。而早期生活史阶段鱼类个体数量庞大，死亡率高，对环境高度敏感，了解早期生活史阶段的各种事件是解析鱼类补充量变动的关键。这方面的工作需要以物理海洋学的研究为基础，幼体的输运与扩散、生长、死亡及环境状况是卵、仔鱼直至稚鱼阶段存活变动的"指示剂"。水团与海流、水动力学过程可用于解析卵与仔鱼的分布，生物海洋学研究则用于探索仔鱼的饵料与敌害生物的生产、数量动态与时空分布。鱼类早期补充机制的研究涉及多个学科的交叉。

2. 群体资源量评估

准确的亲鱼资源量评估是渔业资源科学管理的基础与前提。通过对渔业群体卵或仔鱼丰度（日产卵量与年产卵量方法）的调查评估，结合亲鱼繁殖生物学参数的估计，可以有效地评估一定水域的亲鱼资源量。

3. 水产养殖

在现今全球野生渔业资源大部分处于充分或过度开发的大背景之下，水产养殖为社会提供了大量的水产品，尤其是在中国。而鱼类早期生活史阶段形态发育、摄食、生长、行为等方面的研究，则为海洋水产养殖在品种筛选、工厂化苗种培育等关键环节提供了生物学基础支撑。

4. 渔业资源保护

现今人类涉海活动非常频繁，这些活动对海洋重要渔业资源群体产生着重大的影响。大型运输船往来于世界各地，压舱水将不同生态系统的鱼卵带到其他海域，带来潜在的生物入侵；海岸涉海工程建设破坏了岸带环境，对产卵场栖息地产生直接破坏；江河大规模的水资源截流开发，以及人类活动带来的区域性气候环境的改变，不仅造成淡水水系渔业资源的破坏，也直接影响河流入海口产卵场与育幼场环境；海上石油开发与运输事故可产生大规模的海上溢油污染，直接影响鱼类早期生活阶段的生长与存活状况；污染物大量入海也对鱼类产卵场环境及早期补充带来直接的负面影响。研究鱼类早期生活史阶段分布、扩散、生长与死亡等生物学特性及对各种环境变动、人类强迫的响应特征与机制，是有效开展渔业资源保护的核心科学基础。

二、鱼类早期生活史的发育过程

历史上众多学者已经对鱼类发育阶段进行过详细描述。这里主要参照 Miller 和 Kendall（2009）的标准，对鱼类早期生活史主要发育过程进行简要叙述。其中，卵期相关发育特征的描述仅限于能够满足鱼类早期生活史研究用途的、体视显微镜下对鱼卵整体观察所能看到的基础特征。同时，这种层次的细节特征也满足实验室内不同环境条件对胚胎发育影响的实验研究，如不同温度下鱼类胚胎发育模型的实验。

（一）卵期（胚胎期）

1. 卵子的受精、激活与围卵腔形成

亲鱼产卵后，卵子随即发生两个变化：受精与激活。

（1）受精。成熟的卵在动物极表面有一个仅容一个精子通过的、很小的受精孔。产卵后，精、卵相遇后，精子通过卵子表面的受精孔进入卵子内部完成受精过程。当一个精子进入后，受精孔即关闭阻止其他精子的继续进入。

（2）激活。受精卵从细胞周期"苏醒"过来，开始胚胎发育过程得益于精子对卵细胞的"激活"。这种激活的具体过程与机制是一个世纪以来人们潜心研究却长期不得其解的问题，直到进入 21 世纪人们才深入了解了其原理。原来，精子对卵子的激活作用是由于精子打开了卵细胞本身储存的钙质释放开关，进而促使卵细胞开始生产蛋白质，开启了胚胎发育进程。

（3）围卵腔形成。卵子刚刚排出时，卵黄占据着未受精卵卵膜内的所有空间。一旦受精完成后，受精卵外层的卵膜与里面的卵质间会形成一层空隙，即围卵腔。围卵腔的形成时间可能需数分钟至数小时不等。

2. 卵期发育阶段的划分

鱼类卵期的发育可分为 3 个主要的阶段：

（1）早期阶段。从受精到胚孔关闭，其间经历卵裂和原胚形成过程。受精后不久，受精卵动物极细胞质变厚，核出现，开始卵裂过程，从一个单细胞经过频繁分裂而成为一个囊胚期的多细胞体。胚体继续发育，进入原胚形成阶段，该阶段延续时间较长，变化较复杂，经历中胚层分化、神经胚和肌节的出现等，最后视泡出现，胚孔关闭，原肠胚形成。

（2）中期阶段。从胚孔关闭到尾芽出现。进入中期阶段后，一些组织器官如肝、肠首先出现，胚胎逐渐包裹卵黄，当包裹到一半左右时心脏形成并开始跳动，听觉与视觉器官开始出现，色素往往这时开始在胚体上出现。肌节数量继续向前、后方向增加，尾芽端际确定。当尾芽从卵黄上抬起分离时，胸鳍芽和听囊出现，中期发育阶段结束。

（3）晚期阶段。从尾芽出现到仔鱼破膜孵出。胚体长度继续增加，色素增多，各种器官进一步清晰可见。胚胎开始活动的同时耗氧量增加。孵化时机随鱼种而异，一些种类在胚体全部包裹卵黄时孵化，但也有鱼种在之前或之后才破膜而出。

鱼卵从受精到孵出过程中所经历的时间（h）长短称为鱼卵年龄，它是鱼种固有的生物学属性。同时，它又受环境影响，随温度、溶解氧和盐度的不同而变化。鱼卵年龄是评估鱼卵死亡率、海域产卵量等研究所必需的生物学数据，具有重要的研究意义。

（二）仔鱼期

仔鱼期从个体孵化开始，到鳍条数量完备、鳞片开始出现为止。主要包括卵黄囊期仔鱼、前弯曲期仔鱼、弯曲期仔鱼、后弯曲期仔鱼4个仔鱼阶段和变形期仔鱼这一过渡阶段。

1. 卵黄囊期仔鱼

卵黄囊期仔鱼（yolk - sac larval stage）始自个体破膜而出，终至孵黄囊吸收完毕。大部分鱼类孵化后成为卵黄囊期仔鱼。此时，个体发育所需营养主要靠卵黄提供，所以又称内源性营养阶段。个体长度视种类不同可在2～6 mm。卵黄囊期仔鱼活动能力微弱，口尚未启开，眼部缺少色素，身体大部分透明，缺少鳍的分化。在卵黄囊影响下，个体开始时常仰浮于水面，后垂直倒挂，最后逐渐转平。本期沉性卵种类的发育情况往往优于浮性卵的种类。个体在主要依靠卵黄提供营养的同时，也会尝试捕食和从外界微小的饵料中获取一些营养。也有一些产沉性卵的鱼种，个体在卵期即已经历了卵黄囊期阶段，孵出后即可以开口摄食。

2. 前弯曲期仔鱼

前弯曲期仔鱼（the preflexion stage）从卵黄囊吸收完毕开始，至脊索末端开始弯曲为止。其间脊索保持平直，尾鳍结构在腹部方向开始形成。个体刚刚开始摄食，感觉与运动器官发育迅速，奇鳍鳍褶通常连续，未分化成单独的鳍。胸鳍发育良好，腹鳍一般尚未出现，色泽模式开始建立。眼睛仅能在亮光下视物。首个红细胞开始出现，呼吸仍然依靠皮肤进行。

3. 弯曲期仔鱼

弯曲期仔鱼（the flexion stage）阶段，在脊索下部鳍条的支持作用下，脊索末端开始向上弯曲。鳍发育迅速，体形变化剧烈，鳔开始充气，运动与捕食能力大为加强，从初期的短期冲刺、暂停升级为后期的连续游泳模式。消化系统迅速发育，消化能力提高；可能出现昼夜垂直移动和一些复杂的行为如集群。脊索末端弯曲结束时其与体轴间的角度可达45°，尾鳍中间鳍条方向与体轴平行，这时本期结束。此时尾鳍下部鳍条可能尚未发育完全。

4. 后弯曲期仔鱼

后弯曲期仔鱼（the postflexion stage）起始于脊索末端弯曲完成，结束于鱼体所有鳍条完备、稚鱼阶段即将开始。个体继续生长，开始用鳃呼吸，胃、肠开始分化，视觉器官进一步发育，具备弱光下视物能力。

5. 变形期仔鱼

变形期仔鱼（the transformation stage）是仔鱼期与稚鱼期中间的一个过渡阶段。这个阶段时间长短不一，有可能很快或持续很久。许多鱼种往往伴随从浮游向底栖习性的转变；也有一些种类在此期间甚至在本阶段即将开始前向育幼场移动。形态上，这阶段个体从仔鱼向稚鱼到成鱼形态变化。变态开始出现，且在个体具备稚鱼一般特征时完成。

本阶段有两个个体发育进程，分别是一些仔鱼期特有特征的消失和稚鱼到成鱼特征的出现。具体涉及色彩与斑纹、外形的变化、鳍的迁移（如一些鳀鲱类）、发光器形成（如灯笼鱼类）、延长鳍条与头棘的消失（如石斑鱼类）、眼的扭转（如比目鱼类）和鳞片的出现等。

一些变形期时间漫长的鱼类，会发育出一些特化的、与仔鱼和稚鱼完全不同的形态特征。这些特征通常与外形、色彩和斑纹有关。也有一些鱼类，如灯笼鱼类及珍珠鱼科的种类，会特化出特殊的体型和鳍形。

（三）稚鱼期

当鱼体鳍条数量完整、达到种的定数，鳞片开始出现时稚鱼期开始，个体进入成鱼种群或达到成熟时本期结束。一般而言，稚鱼形态上与成鱼较为相近，许多鱼种稚鱼就相当于一个微型的成鱼。也有不少鱼种稚鱼与成鱼形态上差异显著，这些差异可能表现于外形、色彩及斑纹上，如一些珊瑚礁鱼类。历史上，不少稚鱼因与成鱼形态特征差异巨大而被误判为新的鱼种。稚鱼一般不像仔鱼一样营浮游生活，有些会洄游至一片与成鱼完全不同的栖息地。有的稚鱼定居于水底裂隙，有些栖息于漂流物周围，或附着于大型海藻、漂流物甚至水母上。许多比目鱼类稚鱼栖息于浅水甚至潮间带。很多鱼种，其稚鱼会从沿岸洄游至河口育幼场。当稚鱼长大至成鱼大小时，它们可能混入成鱼栖息地，或仍栖息于育幼场（图4-1）。

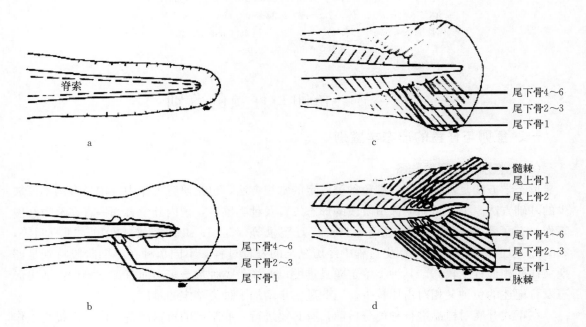

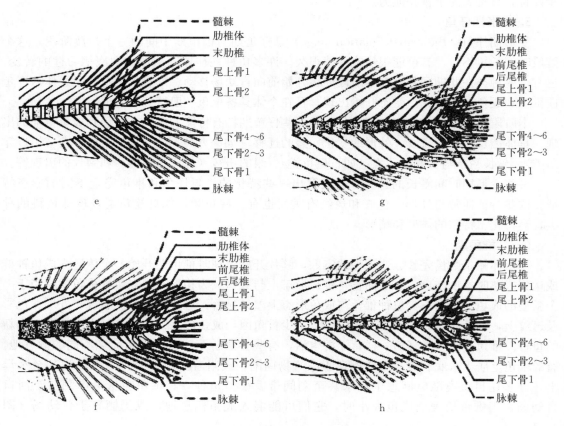

图 4 - 1　太平洋小鳕（Microgadus proximus）尾部发育

a. 体长 5.2 mm　b. 体长 7.8 mm　c. 体长 9.5 mm　d. 体长 10.5 mm

e. 体长 11.9 mm　f. 体长 15.8 mm　g. 体长 25.0 mm　h. 体长 41.1 mm

（引自 Miller 等，2009）

第三节　鱼卵与仔鱼的鉴别

一、鱼卵与仔鱼的形态学鉴别

（一）鉴别前的资料准备

形态学方法是鱼卵与仔、稚鱼种类鉴定的常规方法，也是研究工作中应用最多的不可缺少的基础方法。关于鱼卵与仔鱼阶段的形态发育及种类鉴定，国内外学者们一直在努力开展工作，有了不少成果（张仁斋等，1985；万瑞景等，2016；冲山宗雄，2014；邵广昭等，2001）。但由于鱼类早期生活史过程中经历复杂的发育过程，不同鱼种在早期阶段特别是卵期又往往相似程度较高，其种类鉴定颇具难度；海洋鱼类种数繁多，而有详细早期生活史形态发育记述的鱼种又相对占比较少，因此进一步增加了种类鉴定的难度。

在正式开展对样品进行种类分析前，有必要进行一些基础的资料准备工作，以提高工作效率和精度。这些资料准备工作主要包括：

1. 研究海域可能出现的鱼类名录及其分节特征

这些分节特征主要包括鳍条数和脊椎骨数。分节特征不全的鱼种，通过成鱼样品分析补足。鱼种所属目、科等分类阶元需要备注。

2. 鱼种的生活史特征

如是海洋鱼类还是淡水鱼类，是否产卵，沉性卵还是浮性卵，繁殖期等。

3. 鱼种资源量的相对丰度

需要注意的是，由于不同的生活史策略，鱼卵、仔鱼的相对丰度与成鱼可能显著不同。

4. 鱼卵与仔鱼形态发育的详细初始记述资料

包括文字、图像等。在不可得的情况下，同属甚至同科的其他种的资料也可作为参考。

（二）建立鱼卵与仔鱼的形态学鉴别标准

要依靠形态学方法对鱼类浮游生物进行种类鉴定，前提是要掌握其早期生活史过程中不同生活阶段的形态学特征，构建一套可用于样品分析比对的形态学鉴别标准。这套标准可包括文字描述、图像甚至发育的视频资料。通常通过两种方法建立鱼卵与仔鱼的形态学鉴别标准。

1. 直接饲养法

即获取已知种类的受精卵并在人工条件下饲养，详细记录其不同发育时期的形态学特征并进行完整记录，作为形态学种类鉴定依据。对大部分鱼种来说，获取成鱼并在人工控制下产卵并不容易，因此这种方法往往仅能应用于少数种类。与此类似的是直接在水域中采集活的仔鱼并进行饲养，直到能准确鉴定种类为止。

2. 间接手段

这是一种应用较广泛的方法，即在野外采集不同发育时期的幼体，观察鉴定后结果作为形态学鉴定依据。其中，所能采到的最大仔鱼应该在具备仔鱼期形态特征的同时，已经具有一些可用于准确鉴定的某些成鱼的特征；尚未表现出成鱼形态特点的较小仔鱼，则依靠和后期较大个体的特征重叠进行鉴定。稚鱼特征作为仔鱼与成鱼的中间阶段，也会起到一定的辅助鉴别作用（Moser 等，1970）。

（三）鱼卵的形态与鉴别

1. 鱼卵的形态结构

卵子是一种高度特化的细胞，对受精、胚胎发育和营养有特殊的适应性，其结构由以下几部分组成：

（1）卵膜。卵膜位于卵的最外层，保护卵细胞免受外界因素的伤害，并使卵子保持一定的形状，对外界环境起到隔离的作用，以保证胚胎的正常发育。由于物种不同和细胞成熟过程所处的条件不同，卵膜的厚度、构造情况也不一样。

一般卵膜表面为光滑的透明角质，但有些种类的卵膜上有特殊的构造，如板鳃类卵生的种类（鳐类等），卵形是很大的，并且外面有角质的卵壳包裹。最大的卵壳长 180 mm、宽 140 mm。卵壳的外形有匣形、螺旋形，卵壳外面常有卷曲的长丝，用它缠络在海藻或岩石上，以便有一个安定的孵化环境。蛇鳗类的卵膜为皱纹状或不规则的碎片状。深海发光鱼类的卵膜则有许多三角柱形突起，而且种类不同，突起也不同。燕鳐的卵为黏性卵，卵膜厚，表面有 30～50 条丝状物，卵子借此附着于海藻上（图 4-2）。带鱼的卵膜呈淡红色。青鳞小沙丁鱼（*Sardinella zunasi*）的卵膜略呈浅蓝色。

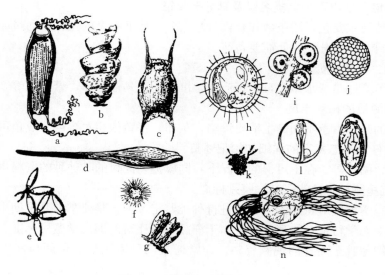

图 4-2 海洋鱼类卵的形态

a. 猫鲨 b. 虎鲨 c. 花鳐 d. 银鲛的卵壳 e. 加利福尼亚盲鳗的卵

f. 一个卵子的动物极 g. 黑虾虎的卵 h. 飞鱼卵 i. 河豚卵 j. 条鳚卵

k. 大线鱼卵附着在海藻上 l. 白姑鱼卵 m. 鳀卵 n. 燕鳐卵

（引自《渔业资源生物学》，1997）

（2）卵黄。卵黄是一种特殊的蛋白质，是由卵细胞质的液泡酿造而成的，是胚胎发育所需要的营养物质。卵黄的大小一般和胚胎发育时间长短有关。卵黄大的胚胎发育时间长，卵黄小的胚胎发育时间短。

卵黄的颜色有多种，有浅红色、淡绿色，但绝大多数是黄色的，有透明和不透明之分。卵黄的形状随卵黄量的多少而不同，在卵黄含量不太丰富的卵中，常呈细微颗粒状；在卵黄含量多、体积大的卵中，卵黄常为球状、块状。卵黄含量的多少及其分布状况，决定了以后卵裂的方式和分裂的大小。根据卵黄量的多少和卵黄分布的位置，又可将卵区分为均黄卵、间黄卵、中黄卵和端黄卵 4 种类型。绝大多数海产硬骨鱼类的卵属于端黄卵。

卵黄的表面构造因种类不同也存在差异。有的是均匀的，有的表面呈龟裂状，如斑鰶（*Konosirus punctatus*）卵黄表面具规则的网状龟裂。鳀科鱼类卵黄表面，为整齐的泡状裂纹，遮目鱼的卵黄表面龟裂很小，呈细密排列的小点状。

（3）油球。油球是很多种硬骨鱼类卵子的特殊组成部分，它是含有脂肪的、表面围有原生质薄膜的小球状体。油球对于浮性卵不仅有营养的储存，也起"浮子"的作用，使卵能经常保持在一定水层中。但它对沉性卵只是作营养的储藏。

一般油球为圆球状，但有些种类在发育过程中油球变形。有些鱼卵仅含 1 个油球 ［如鲐（*Scomber*）、带鱼、大黄鱼、鲇（*Silurus asotus*）、鲷类等］；也有些鱼卵含有多个大小不同的油球 ［如鲥（*Tenualosa reevesii*）、凤鲚（*Coilia mystus*）等］或含有更多更细小的油球 ［如东方鲀（*Tetraodon* sp.）、阔尾鳉（*Oryzias latipes*）等］。有的种类虽然是浮性卵，但没有油球，如蛇鲻、毛烟管鱼（*Fistularia villosa*）等。

各种鱼卵除在油球数量上有差异外，油球的颜色也不同。有的呈淡黄色，有的呈暗绿色、橙色等，但一般非常透明。

（4）卵质。卵质就是卵子的细胞质（原生质），是构成卵细胞体的主要部分，是卵细胞营养和生命活动中心。鱼卵内细胞质的多少与卵细胞的体积大小有关。

（5）卵核。卵核又称生殖核或细胞核，卵裂、生长、新陈代谢都与核有直接关系。核的形状一般为圆形或杆状，比较大，核的位置在正常情况下看不到，有时在卵的侧面，有时在中间，但一般都在细胞质较丰富的极性一侧。

（6）极性。由于卵质（细胞质）中卵黄分布不均匀而形成了卵子的极性。卵黄多的一端称植物极；卵黄少的或没有卵黄的一端，即主要是细胞质集中的一端称动物极。由于比重大小不同，卵子在水中静置时总是动物极朝上，而植物极朝下。受精卵在动物极形成胚盘，细胞的分裂从胚盘开始，这时就容易看到动物极的位置。

（7）卵黄间隙（围卵腔）。指介于卵膜和卵细胞本体之间的空隙。卵子的围卵腔是随着精子进入后形成和出现的。

2. 鱼卵的类型

鱼卵类型一般可按生态和形态分为两大类。根据鱼卵的不同比重以及有无黏性和黏性强弱等特性，可以将鱼卵分为以下几种类型：

（1）浮性卵。卵的比重小于水。它的浮力是通过各种方式产生的，许多鱼类的卵含有使比重降低的油球，有的鱼卵卵黄间隙很大，便于漂浮。这样鱼卵产出后即浮在水中或水面，随着风向和水流而漂移。我国主要海产经济鱼类如大黄鱼、小黄鱼、带鱼、鲐和真鲷等，都产浮性卵。

大部分浮性卵没有黏性，自由漂动。但也有少数种类的卵黏聚在一起，有的呈卵带状，有的呈卵囊状或卵块状，如黄鮟鱇（*Lophius litulon*）的卵连成一条带状的卵囊漂浮在水面，有的可长达数米。

（2）沉性卵。沉性卵的比重大于水，卵子产出后沉于水底。沉性卵一般较浮性卵大，卵黄间隙较小。

在各种鱼卵中，沉性卵数量不多。沉性卵又可分为不附着沉性卵、附着沉性卵和有丝状缠络卵 3 种：

① 不附着沉性卵。卵子沉于海底或亲鱼自掘的坑穴内，不附着在物体上。

② 附着沉性卵。在附着型内又有黏着和附着 2 种：黏着卵的卵膜本身有黏液，黏着于其他物体上；附着卵上面有一个附着器，通过附着器固定于其他物体上。

③ 有丝状缠络卵。如燕鳐的卵即属此类，卵球形，无油球，卵膜较厚，表面有 30～50 枚丝状物，它的长度为卵径的 5～10 倍，分布在卵膜的两极，卵子借此附着于海藻上。

有些鱼卵的特性介于两种类型之间，卵膜微黏。在咸淡水中生活的梭鱼（*Liza haematocheila*），鱼卵在盐度为 0.015 以上的海水中呈浮性，在盐度为 0.008～0.010 的半咸淡水中悬于水的中层，在淡水中则沉于底部。另有一些鱼类卵子分布深度范围很大，如鳕科一些种类，在深海 1 000～2 000 m 均可拖到其鱼卵，在 100 m 深的海中也可以拖到其鱼卵，这就难以进行分类了。

3. 鱼卵的形态鉴别要点

由于鱼类种类的多样性和它们在早期发育过程中的多变性，以及系统的、实用的鱼卵、仔鱼检索表的相对缺乏，给鱼卵种类鉴定工作带来很大困难。在做好前期资料准备工作，了解并掌握该海区、该季节出现的鱼种及其产卵期，以判断可能出现的鱼卵种类的基础上，以不同发育阶段卵子比较"稳定"的形态和生态学特征，特别是鱼卵的外部特征进行鉴别。其鉴别要点如下：

（1）鱼卵类型。浮性卵（游离卵，如斑鰶；凝聚卵，如鮻鱇），沉性卵（附着卵，如鳒；非黏着性，如鲑、鳟）。

（2）卵子大小和形状。卵径大小和形状是鉴别鱼卵的主要依据之一。如鳗和虾虎鱼卵虽都呈椭圆形，但前者为游离型浮性卵，后者则是带有固着丝的沉性卵，附着于产卵室的洞壁上［矛尾刺虾虎鱼（*Acanthogobius hasta*）］或空贝壳里［纹缟虾虎鱼（*Tridentiger trigonocephalus*）］。又如，同是圆形浮性卵，但黄渤海带鱼的卵径为 1.79～2.20 mm，小黄鱼的卵径则为 1.35～1.65 mm。

（3）卵膜特征。海产鱼类的卵膜通常较薄，表面光滑而透明。但是部分鱼种的卵膜上有六角形龟裂和网状花纹（条鳎）；有的卵膜上有小刺状突起（短鳍鳉）；有的卵膜表面上着生细丝（燕鳐、大银鱼）等。

（4）卵黄结构。由于卵黄含量的丰富程度不同，卵黄的构造和形态也不相同，如大部分浮性卵的卵黄分布均匀、透明，略带黄色，但斑鰶等却因卵黄粒较粗而呈现不规则网状纹理。

（5）油球。卵内有无油球及其数量、大小、色泽和分布都是鉴定卵子的重要依据。如牙鲆只有 1 个大油球，而条鳎则有几十个小油球。

（6）卵黄间隙。卵黄间隙（围卵腔）的大小在不同鱼种间有差异。

（7）胚胎特征。胚胎形成后，是鱼卵整个发育期中外部形态"比较稳定"的阶段，是识别鱼卵十分重要的时期。诸如胚体的形状、大小以及色素出现的早晚、形状和分布等，都是鉴定卵子种类的最重要依据。

（四）仔鱼的形态与鉴别

仔鱼阶段，个体较卵期具有了更多的可用于种类鉴别的形态特征；同时，由于发育过程中经历了复杂的形态变化，对仔鱼的鉴定也具有较高难度。对仔鱼的鉴定，首先要根据一些可数性状、鱼体形状及其他形态特点将样品鉴定到目、科；然后再重点考察一些特有的可数性状、色素和其他形态特征，并与研究水域可能出现的种的记述资料（图、文字等）相比较，争取鉴定到属或种的水平。

仔鱼阶段鉴定需要重点观察的形态学特征主要包括：

1. 仔鱼形状

由于仔鱼形状随发育而变化，故观察样品形状特征时须考虑个体大小及所处发育阶段。重要的形状特征包括：

（1）鱼体总体形状类型特点，体高与体长间的比例。

（2）头与眼睛的大小与形状。

（3）肠的长度（肛前长度占体长比例）。

2. 色素

由于现有鱼类浮游生物样品在固定与保存条件下其色素存在褪色现象，仔鱼阶段可用于种类鉴定的色素仅限于黑色素。黑色素的相对大小、位置、数量及在鱼体上的分布特征是仔鱼期非常重要的鉴别依据。随仔鱼期的发育过程，黑色素位置的移动非常罕见，而黑色素的增多或减少则很普遍。一般而言，前弯曲期仔鱼黑色素数量较后期仔鱼要少；而到了变形期仔鱼，皮肤表面色素可能被体积更大的色素所取代。大部分鱼种在前弯曲期至变形期仔鱼期间存在特定的色素模式，这种模式在很多鱼种相对稳定和为该种所特有，能作为鉴定的有效特征。

虽然色素的位置分布是种的属性，但即使是同一种的不同个体，由于生理的影响，色素的浓淡也会有所不同。

3. 可数性状

脊椎骨、鳍条数等是鉴别仔鱼的重要依据。鱼鳍随着仔鱼期发育而逐渐完善，因而使用这些可数性状时须注意不同发育阶段的影响。

（1）肌节。肌节是发育过程中最早稳定下来的可数性状，其数量能反映成鱼脊椎骨数量。鱼类脊椎骨数量可从不到 20 枚到 200 枚以上不等。

（2）鳍条。发育中的奇鳍鳍条数是重要的分类特征。通过化学染色的方式可以更好地观察鳍条与头棘情况。尾鳍鳍条数目一般在弯曲期后不久即可达到种的定数；背鳍、臀鳍的数目、位置和发育顺序，以及鳍棘和软条的数量，都是重要的分类特征。一些鱼类如岩礁性鱼类，其背鳍与臀鳍的鳍棘开始发育时呈软条，至变形期仔鱼才转变成鳍棘。因此，在仔鱼后期，有些鱼种奇鳍的鳍棘、软条组成与成鱼是不同的。棘状背鳍有可能在第二背鳍形成之前、同时或之后产生。如果两个背鳍存在且连续，则第二背鳍通常和臀鳍的软条同时发育。一些鱼种有鳍条的延长，这种延长通常在仔鱼期即产生。

偶鳍中胸鳍出现较早，腹鳍较晚。胸鳍芽在卵期即出现（无鳍条），而鳍条在仔鱼期较晚出现。胸鳍鳍条的数量和长度是分类的重要特征。虽然胸鳍鳍条的数量在属内的不同种间，甚至种内不同个体间存在变化，但腹鳍的位置与鳍式在较高的分类阶元下（比如目）通常保持稳定。有些鱼类则没有腹鳍。

4. 特化的仔鱼特征

一些鱼类有特化的仔鱼特征，其会在稚鱼末期被替代或消失。这些特征主要包括鳍条延长、锯齿状鳍棘、肠管外突（trailing guts）、眼柄、锯齿状头棘等。一些鱼类延长的鳍条花式多样、色彩缤纷；仔鱼的头棘可较成鱼数量更多、更突出。如一些鲉科鱼类、金眼鲷目种类、鲽形目种类仔鱼存在明显的头棘。

随着越来越多的仔鱼被准确鉴定，人们逐渐了解到仔鱼与成鱼类似，近缘种间一般具有更高的相似度，仔鱼形态学也可用于研究鱼类间的系统分类。1976 年，Ahlstrom 和 Moser 首次编制了基于仔鱼形态的目和亚目水平的检索表。数十年来这方面的研究成果不断出现，推动了鱼类早期生活史研究的发展（Fahay，1983；Matarese 等，1989；Moser，1996）

仔鱼期用于种类鉴定的形态学特征参见图 4-3。

二、鱼卵与仔鱼的生化遗传学鉴别

生化遗传学方法可以确定未知鱼卵与仔鱼的种类（Burghart 等，2014；Harada 等，2015）。然而，这并非日常工作中大量使用的鉴定方法。其往往用于一些常规方法难以进行准确鉴定的特殊种类，如一些没有详细形态学记述、难以确定物种的情况。

电泳法是其中一种传统手段。它通过分析异型酶来帮助确定样品种类。虽然并非所有的

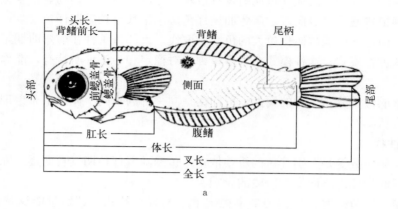

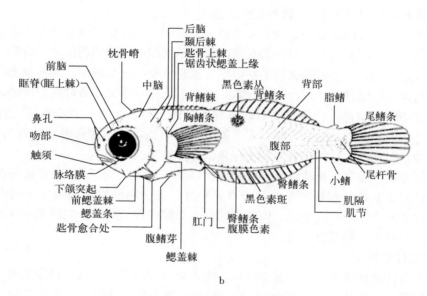

图 4-3　后弯曲期仔鱼形态特征示意图

a. 量度特征　b. 解剖特征

（引自 Matarese 等，1989；Miller 等，2009）

基因特性都在仔鱼时期表现出来，但鱼卵、仔鱼与成鱼在异型酶模式上具有较高的相似性，可以作为种类鉴定依据。已在平鲉属等一些鱼类的研究中得到广泛应用（Bogart，1982；Nedreaas 等，1991；Seeb 等，1991）。

　　Mitochondrial DNA（mtDNA）分子标记技术近年来大量应用于一些形态学相似度高、不易准确识别种类的鉴定。分子标记技术具有很多优势，PCR 扩增技术可应用于 mtDNA 含量微小的情况，如单个鱼卵或仔鱼；新鲜、冷冻甚至酒精保存的样品都可用于分子标记分析。这些都使得分子标记成为鱼卵与仔鱼分类鉴定的重要工具。在基因条形码技术（DNA barcoding）中，虽然有若干标记基因被使用，但应用最为广泛的还是 COI 基因（Teletchea，2009；Bucklin 等，2011）。随着研究的不断开展与深入，分子生物技术将为鱼类浮游生物的形态学分类提供持续和巨大的帮助。

思考题

1. 试述 Miller 和 Kendall 关于鱼类生命周期的划分。
2. 什么是鱼类生命周期与早期生活史？鱼类早期生活史有什么研究意义？
3. 试述鱼类早期生活史的发育过程。
4. 试述鱼卵和仔鱼的形态结构特点。
5. 如何鉴别鱼卵与仔鱼？

第五章 年龄、生长及其研究方法

第一节 年龄与生长的研究概况

一、年龄与生长研究简史

年龄和生长的研究历史悠久，国内外研究均比较普遍。丹麦生物学家 Petersen（1895）提出可利用渔获物体长分布分离来确定年龄和分析生长特性，即将各个长度组的长度/数量绘制在坐标纸上，形成一系列的高峰与低谷，各个高峰代表着一个年龄组，每个高峰的长度组即代表该年龄组的体长范围（Fuiman 等，2009）。在 1684 年，荷兰学者烈文虎克（Leeu-Wen hoek）发现鳞片上类似树木年轮的环纹结构。直到瑞典的 Hans Hederstrom（1759）依据脊椎骨上的环纹，鉴定了狗鱼（*Esox lucius*）和其他数种鱼类的年龄，给出了最早的可靠个体年龄研究（殷名称，1998）。1898 年，霍夫蒲（Hoffbauer）发现鲤鳞片上许多排列疏密相间的同心圈轮纹，并确定冬季所生长的紧密环纹，借此推测鲤的年龄。1971 年，美国耶鲁大学地质学家 Gregor Pannella 首次发现银无须鳕（*Merluccius bilinearis*）等数种鱼类耳石上存在日轮，之后诸多研究证实日轮在鱼类、头足类中普遍存在。Stevenson、Campana（1992）和 Green 等（2009）在 Rousefell、Everhart（1953）和 Tesch（1971）的基础上改进并评论了鉴定年龄的各种技术。

1943 年，我国学者寿振黄发表了《数种食用鱼类年龄和生长之研究》。1949 年后，我国学者更深入地开展研究，如张孝威（1951）用耳石和第 2 辐鳍骨研究鲥的年龄与生长。1958 年之后，许多学者曾对鳓、黄姑鱼、大黄鱼、小黄鱼进行研究，并用鳞片、耳石进行年龄鉴定。在淡水鱼类中，对白鲢、鳙、鳜等，用鳞片、鳍条骨、鳃盖骨等进行年龄与生长的较系统的研究。

二、年龄与生长研究在渔业上的意义

1. 提供合理的渔获强度

渔业生产最主要的任务是能从水域中获取更合理和优质的渔获物。判断最佳渔获量的基本指标一个是渔获数量多、质量好，另一个是生长速度适宜，使它较快地进入捕捞商品规格。一般认为，在原始水域内高龄个体稍多，各龄组有一定的比例，未经充分利用的水域出现这种现象。相反地，已经充分利用的水域、特别是过度捕捞的水域，年龄组出现低龄化，第一次性成熟的长度小型化，高龄个体的比例很少。

渔获对象的生长速度和资源蕴藏量存在一定的关系，如丹麦和瑞典之间的厄勒海峡水域，在不同年度鲱的体长和渔获量存在一定关系（表 5-1）。

表 5-1 表明，鱼类资源蕴藏量与鱼体长度成反比。如果水域中饵料没有变化，鱼的数量增加，势必影响鱼的生长速度，性成熟推迟，体长变小，这对渔获量不利。反之，鱼的数量适当，有利于合理觅食饵料，生长迅速，性成熟时体重增加，有利于渔获量的提高。

表 5-1 厄勒海峡鲱的体长与渔获量的关系

（引自陈大刚，1997）

日期	鱼体平均长度（cm）	年渔获量（t）
1916-9-22	19.68	7 640
1936-9-25	22.15	529
1940-9-30	21.15	1 582

2. 确定合理的捕捞规格

在捕捞水域中限定捕捞规格是十分重要的。渔获对象第一次性成熟和第一次进入捕捞群体的大小，取决于生长速度。我们知道，高龄个体数量过多，不利于水域饵料的合理利用，因为它们生长缓慢，不利于提高水域的生产力。苏联伏尔加河鳊的生长就是一个例子（表 5-2）。

表 5-2 伏尔加河鳊的生长速率

（引自陈大刚，1997）

年龄	1	2	3	4	5	6	7	8
平均体重（g）	9	93	347	580	782	993	1 380	1 490
增长（g）	9	84	254	203	232	211	387	110
增长率（%）		93.3	273.0	58.0	42.0	27.0	39.0	8.0

从表 5-2 可确定鳊的生长盛期在 4～5 龄，因为这段时间是生长速率最快的时期，对饵料的消费合理，增长率最佳，这是养殖业提倡的原则，也是渔业资源管理原则。

3. 编制渔获量的预报

在积累了某些种类历年渔获量及该种的年龄组成、生长规律等资料后，掌握不同种类的生物学特点，便可能编制出渔获量预报。

4. 拟订水域养殖种类的措施

通过渔业对象的生长特点，特别对饵料的需求状况、生长速率以及对环境条件的需求，从而判断水域中应该养殖的品种、数量、各品种间的合理搭配以及饲料供应等，提高养殖质量和产量。

5. 增进驯化效果

查明影响渔业对象生长速度的因素、规律以及对饵料的需求，进而改善环境条件，以适应鱼类的生长、发育和繁殖，增加驯化的新品种，增进驯化效果，提高商品价值。

6. 生长特点也是研究种群特征的一个重要依据

如太平洋西北部的狭鳕分布广泛，在年龄组成、形态特征和生态习性上存在差异，以此能分析出狭鳕的群体：白令海群、颚霍茨克海群和北日本海群等 3 个种群。北日本海群在春季到近海产卵，主要群体由 5～6 龄组成，体型也大于北部其他两个群体。

三、年龄与寿命

年龄指个体目前生活的年数（天数），而寿命指曾经生存过的最高年限，两者有着明显的不同。年龄大小和寿命的长短与体长、体重具有正相关的关系。通常，寿命越长，体长越长，体重也越重。Bevertona、Holt（1959）等学者以北半球中纬度的鱼类为基础，对现代鱼类的年龄组成作了估算（表5-3）。这个估算虽仅是个大概数字，但仍可得出一些结论，存活不到2年的鱼只有5%左右，大约有76%的种类的寿命为2～20年，而30年以上的高寿鱼也仅占8%。通常，高纬度水域的鱼类寿命高于低纬度水域的鱼类，这是因为低纬度特别是赤道一带水域的鱼类新陈代谢非常旺盛，鱼类的觅食强度高，生长迅速，寿命短。而高纬度水域的鱼类在秋冬季由于水温低，新陈代谢缓慢，鱼类的觅食强度差，甚至停止觅食，因而生长十分缓慢，寿命相对较长。

表5-3　鱼类按年龄和体长分布状况

（引自陈大刚，1997）

长度组（cm）	该长度鱼体所占比例（%）	年龄（岁）	该年龄鱼体所占比例（%）
1～10	8.5	1～2	5
10～20	13.5	2～5	17
20～30	12.0	5～10	32
30～50	30.0	10～20	27
50～70	10.0	20～30	11
70～100	7.0	30～40	5
100～150	7.5	40～50	1
150～200	6.0	>50	2
200～250	1.5	—	—
>250	4.0	—	—

在自然水域中我们有时可以发现寿命很高的个体，其体长和体重相当突出。如生活在俄罗斯某些水域中的狗鱼可活到200岁以上，体重35 kg以上；鳇超过90岁，体长3.78 m，体重500 kg；美国太平洋北部的大比目鱼寿命70岁。美国在太平洋曾捕到一只大龙虾，体重10 kg，年龄150岁。2013年11月，英国班戈大学一研究团队鉴定一只名为"明"的北极蛤年龄为507岁，为已知的最长寿的多细胞个体动物。我国水域有些重要经济鱼类的寿命也较长，如大黄鱼已鉴定出的雌鱼可达30龄，雄鱼28龄；鳗鲡一般可活20多龄；海鳗17龄；鳕13龄；鲤和鲫少数个体可活20～30龄；带鱼、绿鳍马面鲀、日本鲭可活到7龄；远东拟沙丁鱼、竹䇲鱼、蓝圆鲹等寿命5～6龄；短颌鲚、香鱼等寿命2～3龄。但也有很多小型鱼类如大银鱼、发光鲷、天竺鲷、天竺鱼以及七星鱼等，其他诸如甲壳类、头足类等，它们的寿命只有1龄左右。

第二节　年龄鉴定

一、年轮的形成原理

渔业对象栖息于水域环境中，新陈代谢活动贯穿于生长、发育、繁殖直到死亡的过程。由于水域环境的周期变化（日、季度、年等），作用于生物体使得生理同步变化，这种周期变化记录在鳞片、耳石、脊椎骨、鳃盖骨等硬质组织上，形成了有规律的同心环纹，这些同心的相似环纹以紧密或稀疏的痕迹表现出来，这就是生长的表征。

长周期尺度：生活在温带地区的物种，春夏季节水温上升、饵料生物繁盛，生物体代谢旺盛、摄食强度大、生长迅速且均衡，此时形成的环纹宽且稀疏；到秋冬季节，水温下降、饵料生物贫乏，生物体代谢缓慢、摄食强度小，生长缓慢甚至停止，此时形成的环纹狭且致密。到翌年春季则恢复生长，开始新一轮周期。如此在硬质组织上表现为宽阔环纹（疏带或明带）和狭窄环纹（密带或暗带）交替排列的现象，一年之中形成的明带和暗带合称为年增量（annual increment），明暗带间明显的分界线称为年轮（annuli）。对生活在热带地区的物种，因水温相对稳定，取而代之的是低盐度的雨季和高盐度的旱季交替。

短周期尺度：诸如阴历月、昼夜以及潮汐节律的交替，以及相应的生物体行为、饵料保障等周期变化，同样表现为明暗相间的环纹。以昼夜为周期，一天之中形成的明暗带即合称为日增量（daily increment），明暗带间的分界线称为日轮（daily ring）。

值得注意的是，年轮（日轮）的形成不单纯是水温、饵料条件等直接作用的结果。年轮形成的时间不是固定的，也不是所有个体同时形成，而是因年龄、群体不同而有所差异。性未成熟鱼年轮形成一般较性成熟个体早，如小黄鱼，一龄鱼耳石年轮较高龄性成熟个体早两个月形成；东海的白姑鱼可分为南北两个群体，南方群体鳞片上比北方群体鳞片上晚一个月形成年轮。东海区的黄鲷（*Taius tumifrons*）一年形成两个年轮，这与其春、秋两季各繁殖一次关系密切；黄鲈（*Diploprion* sp.）到高龄时，年轮形成无规律性，有时 2～3 年才出现一轮；雅罗鱼（*Leuciscus* sp.）第一年生长不形成年轮。个体生活史中的某些阶段（孵化、开口摄食、变态、沉降等），因生活环境与自身代谢的剧烈变化，也会形成与周边轮纹显著不同的标记轮（check ring），如鳕形目许多种类，其耳石上第一轮透明带标示的是其由水表层生活转为底层生活的过渡时期，称为沉降轮（settlement check），其真正的年轮为第二轮透明带（Haas 等，2012）。外界因素的随机刺激，如飓风、赤潮、捕食者袭击等，也可能引起生长、代谢的异常，从而在硬组织上留下记录，造成年龄信息的缺失，或者形成不规律的环纹（副轮，false ring），造成年龄信息的误判（图 5 - 1）。

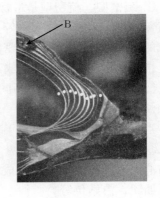

图 5 - 1　黑唇鲍（*Haliotis rubra*）
螺壳切片
（引自 Green 等，2009）
注：白点为年轮（9 龄），B 为螺壳损伤。

综上，年轮的形成不单是营养、水温周期变化引起的新陈代谢、生长速度调节所致，而是生物体在生长的过程中，内在遗传特性、生理机能与外界环境共同作用、协调统一，机体重新建立适应性代谢，开始新的生理周期的结果。

二、年龄鉴定材料和方法

适合作为年龄鉴定材料的硬组织通常符合以下 3 个标准：①具有清晰可见、容易计数的内在环纹结构。②环纹以一规律、可知的周期形成。③随个体持续生长，能记录个体整个生活史的信息（Fowler 等，1992）。

本节以渔业对象的生物学分类为指引简要介绍常用的年龄鉴定材料与方法。

(一) 鱼类

可用于鱼体年龄鉴定的硬组织相对较多，主要有鳞片（骨鳞）、耳石、脊椎骨、鳍棘、鳃盖骨、匙骨、尾舌骨、眼球晶状体等（图5-2）。其各有不同的适用范围，如软骨鱼类不具有耳石，常规上选用脊椎骨进行年龄鉴定，硬骨鱼中的旗鱼、剑鱼等，因耳石较小难以摘取和制备，多使用鳍棘和脊椎骨进行年龄鉴定。材料应取自新鲜鱼体，或冷冻、冰鲜及酒精保存的标本。福尔马林溶液因有一定酸性，对钙质组织有一定的消融作用，因而不适用于年龄鉴定材料的保存。

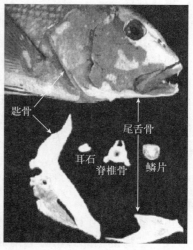

图5-2 鱼类年龄鉴定材料示意图
（引自 Green 等，2009）

注：图示为白斑笛鲷（*Lutjanus bohar*），全长 688 mm。

1. 鳞片

（1）类型。鱼类鳞片上的年轮标志或形态特征，是以环纹的生长与排列为基础的。随种、属的不同，年轮标志也有不同程度的差异，并无一个统一的标准。即便是同种个体，由于栖息环境、食饵条件、捕捞强度的不同，生长、代谢情况也有相应的变化，环纹的生长与排列也不尽一致。现仅介绍最常见的年轮类型：

① 疏密型。疏密型是最常见的年轮类型，见于小黄鱼、鲖、刀鲚、大头鳕等。环纹在一年中形成疏和密两个轮带，当年形成的密带向翌年形成的疏带过渡的最后一条密的环纹即为年轮。此型年轮，还常伴随其他类型的年轮标记，以复合型出现在各种鱼类的鳞片上。

② 切割型。环纹走向不同而形成的环纹切割现象，多见于鲤科鱼类，一般在鳞片的顶区和侧区交界最为清晰。同一年形成的环纹往往互相平行，不同年份形成的环纹群走向不同，当年生长的环纹群与翌年新生长的环纹群相交并切割，切割处即为年轮。

③ 空白型（明亮型）。两个生长带的交界处，由于环纹发育不全，往往出现1～2个环纹的消失或不连续排列，形成明亮的痕迹，即为年轮标志。该类型年轮多出现于鳞片的前区，如鳓、白姑鱼等。

④ 碎裂型。一个生长带临近结束时，2～3个环纹变粗、断裂，形成短棒状突出物，交叉或合并为一些点状纹，此即为年轮标志。该类型年轮常见于鳞片的前区或侧区，如吻鮈、赤眼鳟等。

（2）误差。典型的年轮具有清晰、完整和连续的特点，即年轮界限清楚、鳞片的四个分区上大多能观察到年轮标志，环纹能相互衔接、形成完整的年轮环，据此可与副轮相区别。准确的年龄鉴定，建立在大量深入细致的观察、摸索、总结规律基础上，现简要介绍常见的误差原因：

① 再生鳞（regenerated scale）。鱼体的个别鳞片由于机械损伤或其他原因脱落，在原有部分又长出新的基片时，新的环纹则从边缘开始生长，因此鳞片的中央观察不到环纹，而是基片的纤维。这样的鳞片，称为再生鳞，不宜用于年龄鉴定（图5-3）。

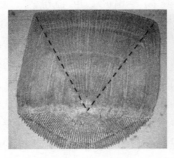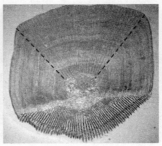

图 5-3　条纹鲈（*Morone saxatilis*）正常鳞片与再生鳞对比示意图

（引自 Elzey 等，2015）

② 幼轮（fry check）。当年生鱼在生长过程中，由于食性转换或者外部环境因素突变等因素作用，在鳞片中心区所形成的轮纹，常见于降河入海的幼鱼，此时可作为标记轮（彩图 6）。

③ 生殖轮（spawning check）。由于生殖活动期间停止摄食或产卵衰竭等生理变化影响鱼体所留下的标记。常见于鳞片侧区：环纹断裂或不规则排列，或者顶区形成一较粗的暗色断裂环纹。生殖轮在溯河洄游的鲑鳟类中最为常见：溯河产卵时，常停止摄食，储存在鳞片或骨骼中的钙质被重新吸收利用（克莱顿效应，Crichton effect），降海后恢复生长，填补被吸收的部位，由此形成生殖轮（图 5-4）。

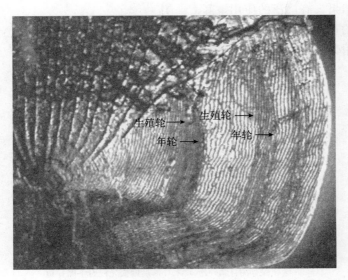

图 5-4　澄湖似刺鳊（*Paracanthobrama guichenoti*）鳞片示意图

（引自徐钢春等，2009）

2. 耳石

耳石是存在于硬骨鱼类内耳膜迷路中，主要由碳酸钙构成（有少量的蛋白质及微量、痕量元素）的，起平衡和听觉作用、新陈代谢惰性的硬组织。内耳的椭圆囊、球囊和听壶中分别具有微耳石（lapillus）、矢耳石（sagitta）和星耳石（asteriscus）各一对（彩图 7）。耳石上具中心核（nucleus），为耳石的生长中心，其内具原基（primordium），钙质以原基为中心沉积形成明（钙质含量低）暗（钙质含量高）相间、同心排列的环纹。明暗带交界处即为年轮，具体的年轮标志随鱼种以及观察时所用的光源（透射光、折射光）不同而有所不同。

除少数骨鳔鱼类，矢耳石的体积较大、易于摘取，故而被作为主要的研究对象，通常所说的耳石即指矢耳石。年轮与日轮鉴定简介如下：

（1）年轮。薄且透明的耳石，如鲽形目、鲹科、鲳属等鱼类，摘取、清洗后即可直接观察年轮，也可选择浸入酒精、甘油或二甲苯中增加透光性，使得年轮更易于观察（彩图8）。随鱼体生长，耳石钙质组织也不断沉积，表现为长度、宽度和厚度三维的生长，其中厚度在鱼体一生中持续增长，使得耳石透光性下降以及边缘的年轮难以观察。此类高龄个体（一般＞5龄）以及具有大而不透明耳石的鱼种，须对耳石进行切割或研磨后才能观察到清晰的年轮（彩图9）。

随鱼种、个体大小不同，制片选择的方向也有所不同（彩图10），切割、研磨后的制片须包含耳石原基在内，以获得完整的年龄信息，制片的厚度也随鱼种不同而有所不同（0.3～1.0 mm）。目前的主流方法多将耳石包埋入环氧树脂后，用精密低速切割机制作一纵轴切片（彩图11）。

（2）日轮。不同鱼种第一日轮形成时间各异，但自第一日轮形成后，"一日一轮"的假设已在许多鱼种上得到证实，并为多数研究者所接受。通过对日轮的研究，对鱼体早期生活史信息（孵化日期、浮游期、变态发育时间等）、群体间比较、种群补充和死亡率，均可获得更准确可靠的结果，有广泛的应用空间。

仔稚鱼早期的耳石，解剖镜下摘取、清洗后即可直接观察日轮（图5-5），也可将耳石浸入甘油中并使用荧光或偏振光增加日轮的清晰度。

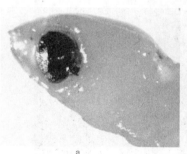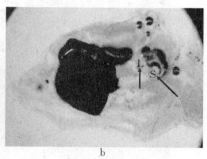

图5-5　鹦嘴鱼仔鱼示意图

a. 酒精保存的仔鱼　b. 浸入甘油后偏振光视野下的仔鱼

L. 微耳石　S. 矢耳石

（引自 Green 等，2009）

通常鱼体孵化时即在耳石上形成第一轮日轮，称为孵化轮（hatch check），卵黄消耗完转为外源性营养，即第一次开口摄食时也会形成一标志轮，称为摄食轮或开口轮（feeding check）。部分变态发育鱼种，如鳗鲡目，耳石上也有显著标志显示出变态发育时期，部分海、淡水洄游种类，在溯河进入淡水或降河进入海水生活时，也有显著的标志存在（图5-6）。

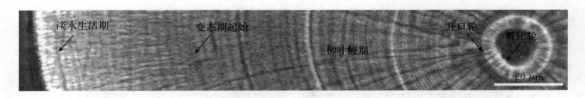

图 5-6　非洲鳗鲡（*Anguilla mossambica*）玻璃鳗幼体耳石显微电镜图

（引自 Réveillac 等，2009）

随鱼体日龄增长，钙质逐渐沉积、增厚，耳石由近似的圆形逐渐趋近于各种、属特有的形态，此时需要对耳石进行研磨后才能观察到清晰的日轮（图 5-7）。根据鱼体大小，沿矢状面单面、双面研磨甚至须切割后进行研磨。此过程中，钙质也可能不再围绕原基沉积，而是形成新的沉积中心，即次生原基（accessory primordium）（次生生长中心，accessory growth center），在鳕形目中很常见，一般认为是生活史转变时期的标志（如沉降等）（图 5-8）。

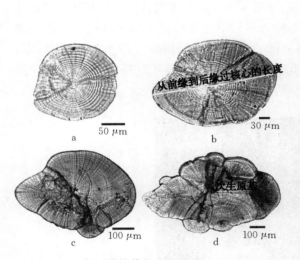

图 5-7　大西洋竹荚鱼（*Trachurus trachurus*）耳石形态变化示意图

a. 20 d　b. 27 d　c. 36 d　d. 43 d

（引自 Van Beveren 等，2016）

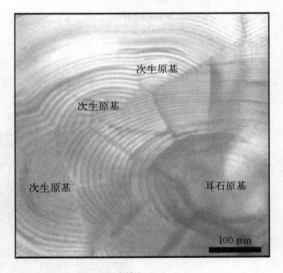

图 5-8　阿根廷无须鳕（*Merluccius hubbsi*）（全长 43 mm）耳石示意图

（引自 Buratti 等，2010）

3. 脊椎骨

不同鱼种，其年轮在不同椎体上清晰程度不同，应将椎体逐一检视、对比（个体间、群体间）后，固定使用某节或某几节椎体，通常鱼体前部较大的胸椎使用较多。

椎体经次氯酸钠（2.5%）或氢氧化钾（5%）浸泡除去筋膜，再经酒精脱脂后，即可在椎体中央斜凹面上观察年轮，也可将椎体沿背腹轴方向剖开，观察截面上的年轮标志，甚至更进一步切割为一薄片（0.3～0.5 mm）加以研磨后进行观察。年轮标志表现为交替排列的宽的暗带（钙质含量高）与窄的明带（钙质含量低，蛋白质含量高）（图 5-9）。

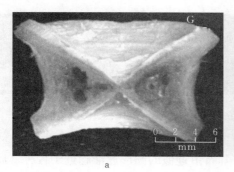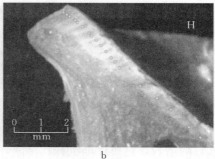

图 5-9　白斑笛鲷（全长 688 mm）第五椎骨（G）及剖面（H）示意图

a. 第五椎骨　b. 剖面

（引自 Green 等，2009）

注：图示为 20 龄。

4. 鳍棘、鳍条

选取背鳍或臀鳍最粗大的鳍条，从关节部位完整取下，再在靠近基部切入制作一横切片以进行年轮观察（图 5-10）。与脊椎骨类似，鳍条年轮中宽带与窄带相间排列。鳍条中部为血管组织，有时会使得一龄年轮较难观察，随着鱼体年龄的增长，鳍条中心组织被鱼体"重吸收"且被血管替代，使得高龄个体的年龄鉴定常有误差，在鉴定中须加以注意（彩图 12）。

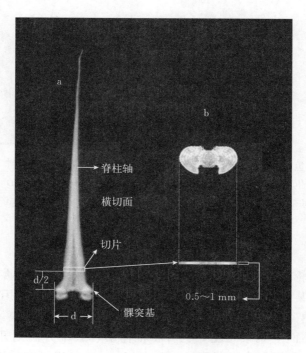

图 5-10　剑鱼（*Xiphias gladius*）臀鳍鳍棘及年轮切片位置示意图

a. 剑鱼臀鳍鳍棘　b. 鳍棘横切面年轮示意图

（引自 Sun 等，2002）

5. 鳃盖骨、匙骨、尾舌骨

取骨片时，可用开水烫相应部位1～2次。小而薄的骨片，摘取后即可观察，或适当染色。大的骨片须将厚的部位磨薄并脱脂，甚至染色后方可进行观察。骨片上同样呈现宽带和窄带相间排列的环纹，交界处即为年轮（图5-11）。

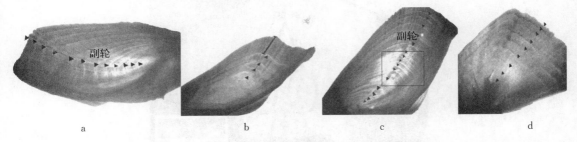

图5-11　乌伦古湖欧鳊匙骨和鳃盖骨上的年轮特征

a. 匙骨上的年龄特征　b. 匙骨中心区域年轮标志不清晰，外侧年轮缺失

c. 匙骨中部年轮密集　d. 鳃盖骨上的年龄特征（图示为9个年轮）

（引自胡少迪等，2015）

　　小结：鉴定鱼类年龄是一项复杂细致的工作，不同鱼种，甚至不同大小的同种个体其理想的鉴定材料也不同，目前不存在绝对准确的鉴定方法，在有条件的情况下，往往需要用几种材料进行鉴定、对比分析后再确定。鳞片虽然操作简便，但年轮标记相对复杂且干扰项较多，一般只用于低龄、生长较快的鱼类。摘取鳞片对鱼体几乎不造成损伤，因此在增殖效果评估等需要保证鱼体继续存活的研究中，鳞片成为首选的年龄材料。耳石适用于所有的硬骨鱼类且具有最好的准确性，是唯一能鉴定日龄的材料，但摘取、制备相对困难、耗时耗力。脊椎骨在制备难度和准确性上均差强人意，但在软骨鱼类年龄研究中是无可替代的材料。鳍棘、鳃盖骨等作为上述材料的补充和验证，在软骨硬鳞类等种类上有着良好应用。

（二）头足类

除少部分种类外，大多数头足类寿命不足一年（3～12个月），因而其硬组织上难以观察到年轮标志，但硬组织成分以天为周期稳定沉积，成为日龄鉴定的有效材料。自20世纪七八十年代发展起来后，目前头足类日龄鉴定已得到广泛的应用。头足类常见的硬组织有平衡石、角质颚、内壳、眼睛晶体等（图5-12）。

1. 平衡石（statolith）

头足类头部后腹部具头软骨包围的平衡囊，是感应加速度和声音的感觉器官，平衡石即位于平衡囊内，共一对（图5-13）。成熟个体的平衡石外观上为白色齿状结构，可分为四区（图5-14）。

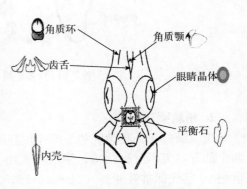

图5-12　头足类硬组织示意图

（引自刘必林，2011）

平衡石结构和日轮表现上均与鱼类耳石类似，在此不再赘述。部分种类平衡石摘取后可直接观察日轮（*Loliolus noctiluca*，*Lolliguncula brevis*），或经研磨等处理后即可观察（彩图13）。研磨时截面的选择对日轮的观察有很大影响，需对比后加以选择。且并非所有的头

足类平衡石均可用于日轮观察，蛸类、耳乌贼类以及部分乌贼，其平衡石因较低的蛋白质含量而缺乏可观察的规律环纹或具有不规则环纹，不适用于日轮的观察。

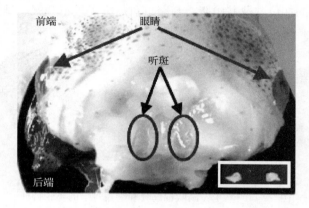

图 5 - 13　澳洲拟乌贼（*Sepioteuthis australis*）平衡石位置示意图

(引自 Green 等，2009)

注：圆圈标示处为头软骨，右下图为平衡石，可透过透明的头软骨见到位于听斑上的平衡石。

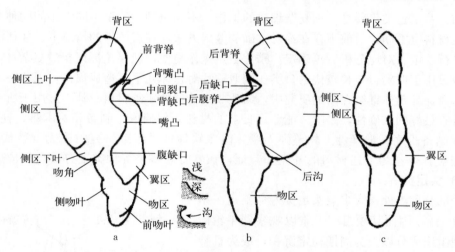

图 5 - 14　头足类（十腕目）平衡石各分区示意图

(引自 Clarke，1978)

2. 角质颚（beak）

角质颚位于头足类腕和头部连接基部的口器内，为主要的摄食器官，可分为上颚和下颚两个部分，为不对称结构，镶嵌模式由下颚覆盖上颚（彩图 14）。其内在的同心环纹在 20 世纪 60 年代即被观测到（Clarke，1965），但直到近年来才在部分种类上验证了日轮形成规律并被用于日龄研究。

上颚在摄食过程中受到的磨损和腐蚀相对下颚为轻，日龄信息保存更完善，因而更适宜用作鉴定材料。对比观察进一步发现，喙部的日龄鉴定准确率明显好于侧壁。将喙部剪下后，经过一定的研磨、抛光后，即可在显微镜下观察到清晰的日轮（彩图 15）。

3. 内壳

头足类内壳可分为枪形目的角质（gladius）、乌贼目的石灰质（cuttlebone）以及八腕目退化为针状的骨质（stylet）三类（图 5-15）。前两者可直接观察到明显的生长纹，但角质内壳的生长纹形成周期缺乏直接证据，石灰质内壳的生长受温度影响明显，其适用性均有待进一步研究，在此不多做介绍。

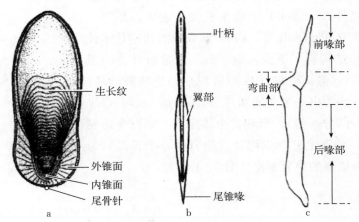

图 5-15　头足类内壳形态示意图
a. 石灰质内壳　b. 角质内壳　c. 骨质内壳
（引自 Roper 等，1984）

　　骨质内壳选取弯曲部后端部位制作一切片，经研磨后即可在切片上观察到清晰日轮（图 5-16），其准确性已在苍白蛸（*Octopus pallidus*）、真蛸（*Octopus vulgaris*）等种类上得到验证，在八腕目的日龄研究中具有广阔的前景。

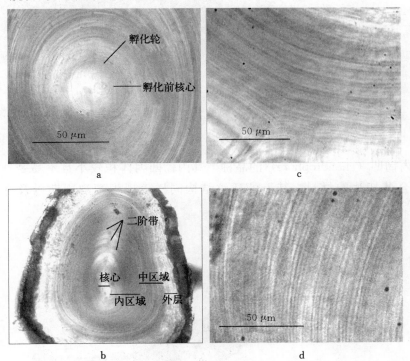

图 5-16　苍白蛸内壳切片日轮示意图
（引自 Doubleday 等，2006）

（三）腹足纲、瓣鳃纲

大部分腹足纲种类因较高的体螺层限制了环纹的连续观察，仅原始腹足目的种类（鲍鱼，帽贝等）其外壳低平，可用于年龄鉴定，在此不多做介绍。

瓣鳃纲种类其外壳（shell）上的生长纹（扇贝、蚶等）很早就被用作年龄研究（Merrill 等，1966），成熟的切割技术使研究者对其内部环纹结构有了更深入的了解。通常沿外壳的最大径切入（图 5 - 17），截面经酸洗后即可观察到更清晰的环纹，或在此基础上进一步切出一个薄的切片（150～200 μm）以进行观察（仅适用于少部分种类）。瓣鳃类个体完成一系列变态发育转为底栖生活后，外壳上开始以潮汐（全日潮、半日潮）为周期沉积环纹，且有明显的季节变化（图 5 - 18）。

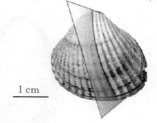

图 5 - 17　瓣鳃类外壳最大径即切入处示意

（引自 Milano 等，2017）

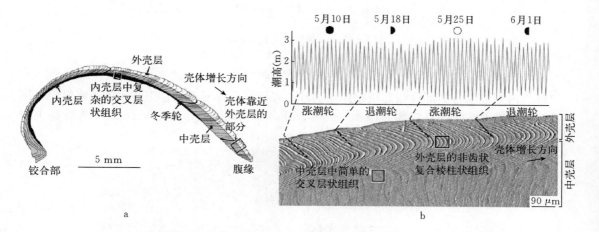

图 5 - 18　鸟尾蛤（Cerastoderma edule）外壳切片及日轮示意图

a. 外壳切片　b. 日轮

（引自 Milano 等，2017）

部分具内韧凹（chondrophore）的品种，其内韧凹因体积较小且不易受外界磨损成为比外壳更适合薄切片的材料，其上的环纹结构同样表现为潮汐周期以及季节差异（图 5 - 19）。

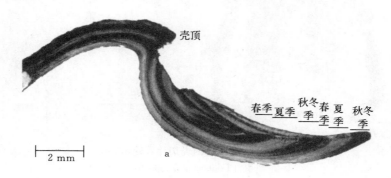

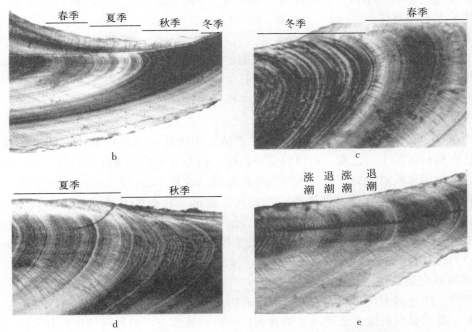

图 5-19　砂海螂（*Mya arenaria*）内韧凹切片及环纹示意图
a. 2 龄以上个体的铰合部和内韧凹的横截面　b. 年轮　c. 冬季和春季模式
d. 夏季和秋季模式　e. 对应大潮和小潮，每两周宽和窄的交替增量轮纹
（引自 Cerrato，2000）

（四）甲壳类

甲壳类个体生活史中需经历数次脱壳以继续生长，因此其钙质甲壳不适用于年龄鉴定，虽然细角滨对虾（*Litopenaeus stylirostris*）的仔虾期个体可通过背部侧刺的数目鉴定日龄，也仅限于前 21 d（Noriega，2005）。传统上只能依据个体的长度数据推测年龄，缺乏直接鉴定的方法。近期研究发现，虾蟹类的眼柄（eye stalk）以及龙虾的胃臼齿（gastric mill）不随个体的脱壳而脱落，可作为稳定、准确的年龄鉴定材料（Kilada等，2012）。

眼柄及胃臼齿摘取后，类似于上述硬组织制成一薄切片即可观察（彩图 16 至彩图 18）

三、年龄验证方法

（一）鉴定准确性验证

由于年轮形成的复杂以及鉴定材料的多样性，查明年轮形成的时间及周期，对准确鉴定年龄以及后续研究十分重要。常用的年龄鉴定准确性验证方法如下（窦硕增，2007）：

1. 饲养法

饲养法是最原始、最直接的年龄鉴定方法，即将已知年龄的个体饲养在人工环境里，定期检查其生长状况，研究年轮的结构和年轮的形成时期。但人工环境难以模拟更为复杂的自然环境，因而只适用于养殖情况下的生长研究。相较于年轮，日轮的形成更多的是内分泌因素影响，受环境影响较小，人工饲养可作为准确可靠的方法确认日轮的形成时间（尤其是第一轮日轮）及形成规律。

2. 标志放流法

因为个体标志放流时长度和体重是经过测定的。根据重捕后测定，可以对年龄和生长作对比分析。这种方法可研究鱼类的年龄和生长关系。标志的鱼类重新放回自然条件下，再次通过渔业生产或调查船重捕，但是标志放流多少会影响个体生长，而且放流相隔了一年或数年后再重捕的数量不多，会影响研究的效果。

对幼鱼（0^+ 龄）进行标志后放流至天然水域，因为这些鱼类在放流后的生活履历基本反映其自然种群的生活过程，所以被重捕的标志鱼类（年龄已确认）的耳石年轮及其形态结构信息可以用来校对或验证自然种群的年龄结构。这种方法可靠性高、操作性强，适合于人工饲育成功、洄游或迁移路线明确、寿命短、重捕率较高的鱼类，如香鱼（*Plecoglossu saltivelis*）、欧洲鳗鲡（*Anguill anguilla*）、鲑科鱼类（Salmonidae）等。标记方法包括代码标记法（coded wire tagging）、大规模化学标记物浸染法（chemical immersion mass-marking）和温度标记法（thermal marking）等。

3. 天然标记验证法

在鱼类生活过程中，环境因素（如温度和饵料基础）的变动和海洋事件（如厄尔尼诺现象）的发生及其自身的生命活动（如摄食和性成熟）通常会影响耳石的生长及形态结构的变化，并在相应的耳石区记录下特定的"天然标记"，如温度标记（thermal check）、性成熟标记（onset of maturation check）和异速生长带（如断裂带、窄带）等。Wilson 和 McGormcle（1997）发现安邦雀鲷（*Pomacentrusam boinensis*）和长崎雀鲷（*Pomacentrus nagasakiensis*）的耳石中存在着"沉降轮"，它们形成于鱼类从浮游仔鱼转向底层生活时期，可以作为研究这些鱼类在着底前后的年龄与生长的基准标记。MacLellan 和 Saunders（1995）则在加拿大卑诗省近海的太平洋无须鳕（*Merluccius productus*）1977—1979 年的个体耳石中发现由 1982—1983 年厄尔尼诺现象引起的第四年轮异速缓生长区。而 Francis 和 Horn（1997）则发现新西兰近海的大西洋胸棘鲷耳石中存在性成熟时所形成的生长过渡区（transition zone at maturation），并以此判定该鱼种的平均性成熟年龄约为 30 龄。这些天然标记也可以作为鱼类的年龄鉴定或验证的基准，或用于解析鱼类生活过程中所经历的特定生活变化或环境变迁。但是，由于这类天然标记是特定生活事件或环境事件在特定鱼种的特定生活阶段的耳石上记录下来的，这种方法的适用范围受到较大限制，一般用于特定种群的年龄验证或生活史研究。而一些常见的天然标记［如孵化标记（hatch check）、初次摄食轮（first feeding ring）］则常常被用作仔幼鱼的日龄验证基准。

4. 边缘测定法

应用最为广泛的年龄验证方法，其原理为如果一个轮纹是在一定的时间周期内形成，那么此时间周期内，轮纹最外围将不断增长，直至形成一个新的轮纹。通过一定时期内的连续采样，观察其硬组织上的轮纹结构，即可掌握轮纹的形成规律。

通常在一周年内逐月从渔获物中采集一定数量的标本，并观察硬组织上轮纹在边缘成长的变化情况，即可证明年轮的形成周期和时间，测量边缘增长的方法有 3 种：

第一种是观察边缘轮纹的形成情况（暗带或明带），并计算每月样品中暗带、明带的比率（图 5-20）与规律，以此确定年轮形成周期与时间。

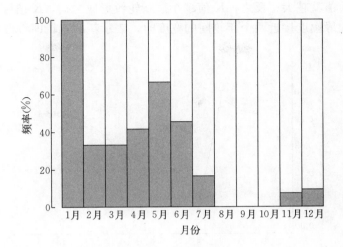

图 5-20 耳石边缘明暗带频率周期变化示意图（黑点猪齿鱼 *Choerodon schoenleinii*）

（引自 Akita 等，2017）

注：黑色带边缘为暗带，白色带边缘为明带。

第二种是计算硬组织边缘增长幅度与半径的比值：

$$K = \frac{R - r_n}{R}$$

式中，K 为相对边缘增长值；R 为硬组织半径；r_n 为中心到近边缘最后一年轮的距离。

此计算公式的缺点是 R 值因年龄增长而变大，以至于在越高的年龄组中这个比值也越小。

第三种是根据边缘增长幅度（$R - r_n$）与最后两轮之间的距离（$r_n - r_{n-1}$）的比值 K 的变化，作为确定年轮形成周期与时间的指标（图 5-21）。

$$K = \frac{R - r_n}{r_n - r_{n-1}}$$

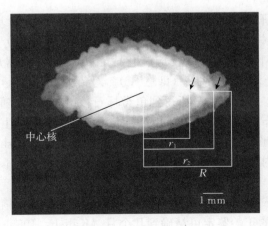

图 5-21 耳石（许氏平鲉 *Sebastes schlegelii*）半径与年轮径示意图

（引自庄龙传等，2015）

边缘越宽，K 值就越大；反之，K 值越小。新轮纹形成之初，K 值极小，接近于 0；当 K 值逐渐增大，边缘幅度接近两个年轮间的宽度时，表示新的年轮即将形成（图 5-22）。

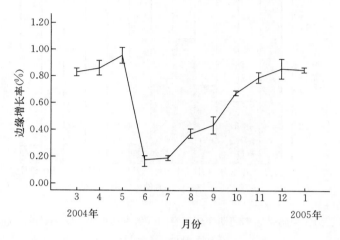

图 5-22　许氏平鲉耳石边缘增长均值（平均值＋标准误差）逐月变化图
（引自庄龙传等，2015）

5. 放射性碳（^{14}C）

放射性碳（^{14}C）法是高龄个体年龄鉴定最可靠的验证方法之一。自 20 世纪 50 年代末到 70 年代初由于核试验导致大气内 ^{14}C 骤增后逐渐下降，而 ^{14}C 通过海-气相互作用传输至海洋并以溶解无机碳、溶解有机碳、颗粒有机碳等形式进入海水中，它们通过鱼类的摄食或呼吸进入鱼体并沉积在鱼类的骨骼或耳石中。

Kalish（1993）提出，鱼类耳石核内（1 龄以内形成的耳石区）^{14}C 沉积含量的时空变化方式与大气或海洋环境中 ^{14}C 的分布方式密切相关，所以是一个表征鱼类出生时间的稳定指标。而全球或区域性大气圈或海洋物质（如鱼类耳石、珊瑚骨骼和瓣鳃类的外壳）内 ^{14}C 含量的时间系列分布资料的累积和共享，为该方法的有效实施提供了参照基准（Kalish，1995a，b；Kerretal，2004）。

首先，通过切割和研磨取得耳石核样品（以 0$^+$ 龄幼鱼耳石为基准），在真空中通过与 100% 的磷酸化学反应把样品中的碳转换成 CO_2。取一定比例的 CO_2 用于 δ^{13}C 水平分析，剩余部分在铁催化剂作用下与过量 H_2 反应转化成石墨后在加速器质谱（Accelerator mass spectrometry，AMS）上测定 ^{14}C 水平（即 Δ^{14}C）。对鱼类耳石核区中 Δ^{14}C 和依据轮纹测定的出生年份（年龄分析）进行比较分析得到鱼类耳石核区中 Δ^{14}C 随出生年龄变化的时间系列分布趋势，利用该分布趋势与已知的同时期内相关环境或海洋生物骨骼、耳石或外壳内 Δ^{14}C 参照基准的相关度验证常规轮纹法鉴定年龄的准确性。Kalish（1995）发现，核爆炸之后出生的鱼类耳石核内 Δ^{14}C 水平超过－20‰，之前出生的鱼类耳石核内 Δ^{14}C 水平一般小于－30‰。

该方法在鉴定 1960—1970 年出生的鱼类年龄时灵敏性最高，精度可达 1～3 年。其中，1960 年中期出生的鱼类的年龄鉴定可精确到几个月（Kalish，1995a，b；Campana，2001）。由于目前对核辐射 Δ^{14}C 在深海中传递行为尚缺乏充分的科学认知，该方法主要用于寿命相对长（数十年以上、年轮密集而难以用常规方法准确计测其年龄）、出生于 1958—1970 年的中上层鱼类（生活于 200～300 m 水层）的年龄验证。如金头鲷（*Pagrus auratus*）、拟棘鲷（*Centrobery affinis*）、蓝鳍金枪鱼（*Thunnus maccoyii*）、菖鲉（*Sebastes paucispinis*）鱼种。

6. 同位素验证法

Bennett 等（2000）于 1982 年首次提出利用鱼类耳石中的同位素^{210}Pb/^{226}Ra 来校验基于耳石的年龄鉴定结果。该方法原理为同位素进入耳石后，经过一定的时间衰变为其他元素，而每个元素的半衰期是已知的，因此可通过这两种元素的比率来确定鱼体成长的时间。由于元素的半衰期一般较长，因此此方法适用于寿命较长的鱼类。Campana 提出此方法须满足 3 个假设条件：①耳石是一个封闭的环境，在衰变过程中，不受外界放射性同位素的影响。②初始的^{210}Pb/^{226}Ra 值应该低于 1，接近于 0。③在鱼的整个生活史过程中，耳石吸收的放射性同位素的放射性保持恒定（Campana 等，1993）。

该方法的可操作性、准确性和稳定性较高，适合高寿命鱼类的年龄鉴定或验证，如鲉科（Scorpaenidae）鱼类的大西洋尖吻平鲉（*Sebastes mentella*）、新西兰银无须鳕、大西洋胸棘鲷、黑鳕（*Anoplopoma fimbria*）等。在实际操作过程中，耳石核区及^{210}Pb/^{226}Ra 活性比的初始基准（R）的确立是直接影响测定结果精度的关键。理论上，鱼类出生时形成的耳石部分的放射性同位素信息最能反映鱼类的实际年龄，但由于这部分耳石一般难以满足同位素测定所需的最小样品量（大于 1 g），加之目前尚欠缺准确摘取该区样品的手段，所以，通常尽量以低龄幼鱼的耳石为参照耳石核，以其中的^{210}Pb/^{226}Ra 活性比为初始基准。Kastelle 等（2000）在对 5 种鲉科鱼类测定年龄时，就是以 3 龄左右幼鱼的耳石为参照耳石核。另外，在制备各龄鱼类的耳石核（分析用样品）时一定尽量接近参照耳石核的大小；否则，鱼类年龄会因测定样品与参照样品的年龄差异而被高估或低估。耳石中的^{228}Th/^{228}Ra 也可以用于尖头文鳐等鱼种的年龄鉴定和验证，但由于对耳石中^{228}Th 的分析方法尚不够完善，有关该指标的研究报道较少。

各种方法的适用范围、优缺点、精确度详见表 5-4。

（二）鉴定精度

如前所述，年龄鉴定是一项复杂细致的工作：高龄个体后期形成的环纹变窄使得观察和计数困难，低龄个体早期形成的环纹有时较难观察，副轮需要依靠经验排除。上述问题使得实际操作中需要尽量减低主观性的影响并提高鉴定的精度。

1. 盲读法（blind reading）

通常通过盲读法来减低主观性影响：每个样品鉴定前要不了解背景信息（个体长度、重量、采集时间、地点等），随机顺序选取样品计数环纹，两人分别进行，并将结果进行比对；或同一人间隔一个月以上再随机盲读第二次。

重复计数的结果通过计算平均误差百分比（average percent error，APE）和变异系数（coefficient of variance，CV）来验证鉴定精度，公式如下：

$$\mathrm{APE}_j = 100\% \times \frac{1}{R}\sum_{i=1}^{R}\frac{|X_{ij}-X_j|}{X_j}, \quad \mathrm{CV}_j = 100\% \times \frac{\sqrt{\sum_{i=1}^{R}\dfrac{(X_{ij}-X_j)^2}{R-1}}}{X_j}$$

式中，X_{ij} 为第 j 条个体的第 i 次鉴定年龄；X_j 为第 j 条个体的平均鉴定年龄；R 为每个个体的年龄鉴定次数（Beamish 等，1981；Chang，2011）。

表5-4 用于证实和提高年龄鉴定准确性的一些方法的特点、优点和缺点

(引自 Campana, 2001)

方法	年轮/日轮	适用年龄范围	优点	缺点	精确度	需要的样品数量(个)	需要时长(年)	费用
				年龄鉴定				
已知年龄鱼标志放流法	AD	全部	同时证实准确的年龄和生长周期性 很适用于寿命<10龄的鱼种	需要知道已知年龄和标志鱼的来源 可以重捕到的鱼的数量很少甚至没有	±0龄	>1	>1~10	如果鱼的来源有，费用较低
辐射性放射性碳	A	全部	同时证实准确的年龄和生长周期性 适用于寿命较长的鱼种 不需要当下采集样品	样品中至少有一些是1965年以前孵化的	±1~3龄	20~30	<1	每个年龄石700~1 000美元
化学标记野生鱼的标志重捕法	AD	全部	可以证明鱼类周期性 适用于生长较长的鱼种	在超过一年后可以重捕的标志鱼数量很少至没有 一年后较少一轮纹的辨别会有困难	±1龄	>1	>1~10	不包括标志放流，费用较低
放射性化学年代鉴定	A	5龄以上	准确鉴定年龄 可以应用于任何最近收集的样品 适用于寿命较长的鱼种	只能对相差较多的不同年龄进行区分	±25%~50%	10~50	<1	每个年龄谱约1 000美元
样品年龄结构的离散长度模式基数	AD	0~5龄	很适用于鉴定1~2龄鱼组群	体长模式一定不能与相邻模式重叠 假定没有特定尺寸的鱼移入或移出采样区域	±0龄	>100	1	除了鱼样品采集以外，费用较低
捕获时期标记特定时期的野生鱼	AD	全部	可以证实生长周期性，有时可以鉴定年龄	自然条件下特定时期的标志非常稀少	±0龄	>1	>1	较低
边缘增长带分析	A	全部	证实生长轮的周期性	只适用于快速生长鱼种或者需要穿一鉴年的样品	±1龄	>100	1	不算鱼样品采集，费用较低

（续）

年龄鉴定

方　　法	年轮/日轮	适用年龄范围	优　　点	缺　　点	精确度	需要的样品数量（个）	需要时长（年）	费　用
捕获亲体、人工孵化培养	AD	全部	确定准确年龄以及生长结构的周期性	养殖鱼的耳石石纹与野生鱼有差异	±0龄	>1	1～10	较低
捕获培养及化学标记	AD	全部	确定生长轮的周期性，特别是鱼有利于日轮的分析	养殖鱼的耳石轮纹与野生鱼有差异	±0龄	>1	1～10	较低
标志重捕分析	AD	全部	可以很好地对采集样品的不同年龄组进行生长比较	鱼放生后时间越长，数据越有用，但也越难重新捕到	±0～10龄	>1	1～10	不包括标志放流，费用较低
体长频率分析	AD	<7龄	体长数据容易获取，可以对低年龄组好的生长速度分析	需要假定每年只有一个产卵期；只适用于快速生长的，特定年龄模式可辨识的鱼种	±0～1龄	>100	<1	不包括品采集，费用较低
明显年龄组级数	A	1～20龄	提供快速、便宜但有效的年龄精确度观察	明显（或不明显）年龄组会因为年龄组最终消失	±3龄	>1 000	<1	如果在一定年龄能够捕获到，费用较低
日轮宽度数值集成	A	1～7龄	在缺失其他任何信息的情况下提供准确的年龄鉴定和生长速度信息，用于证实它们的周期性	很难符合日轮序列是连续的而且看不到的日轮宽度与可观察到的很相似这一个精确	±0～1龄	>1	<1	较低
两个轮纹之间的日轮分析	A	1龄	能够很好地鉴定第一轮纹	需要预想孵化日期和轮纹信息	±0龄	>1	<1	较低
元素和同位素循环	A	1～15龄	可以与环境循环联系来推断年龄	很难符合循环只是由环境引起的假想；不适用于慢速生长鱼类，因为年轮纹太窄了	±0～1龄	>1	<1	每个耳石 50～500美元
样品间距	AD	全部	可以用于证实生长轮的周期性	需要假定没有移入、移出，补充或特定年龄死亡	±0～1龄	>100	>1	除了鱼样品采集，费用较低

注：方法是根据科学价值峰序排列的。根据不同应用，生长结构涉及年轮（A）和日轮（D）。

2. 年龄-体长换算表法（age - length key）

年龄-体长换算表法是应用比较广泛的年龄鉴定方法。早在 1934 年，Fridrikson 就提出利用体长频率数据来获取年龄频率。经过几十年的不断发展和校正，已经成为相对完善的鉴定方法。其主要实现方法为：首先，从一个大的鱼类样本中进行二次取样，利用耳石或其他相对可靠的方法对其进行年龄鉴定，记录每条鱼的年龄和体长数据，并进行分组汇总。以体长组为行，年龄组为列，列出每组中鱼的数目：

	A1	A2
L1	6	2
L2	3	3
L3	1	4

经过转换，可得出每个长度组分属于不同年龄组的频率：

	A1	A2
L1	0.75	0.25
L2	0.50	0.50
L3	0.20	0.80

由此，即可由以上的年龄-体长换算表来确定样本中每一个长度组内各龄鱼所占的百分数，所有长度组的年龄百分数计算完毕，按年龄组对各长度组的百分数累加，即可得到年龄频率分布。

然而，这种以体长频率来判定年龄的方法，只能获得样本的年龄结构，而不能对每一尾具体的鱼赋予年龄值，从而对进一步的分析造成困难。为此，Isermann 等开发了一种称为 AGEKEY 的计算机程序来对每尾鱼的年龄赋值，随后 Ogle 对此进行了进一步完善。

应用换算表时，用作年龄鉴定的样品必须与测定长度频率分布的样品取自同一群体，在同一季节选择相同的网具捕捞。另外，群体的年龄-体长关系不是不变的，如未开发资源与已开发资源的年龄组成就不同，因此换算表不能用于任意年份的样品，须视情况加以修订。

第三节　渔业生物生长

一、鱼类体长与体重的关系

在鱼的早期发育中，要典型地经过几个明显不同的生长阶段或生长环节，这些阶段之间在结构或生理上都发生较大的变化。最普通的是生长阶段由体型的变化来划分，体型变化表现在重量与体长的关系上，有时则是由生长率的突然变化来划分，通常决定性的生长阶段有时从生命的第一年开始。例如，褐鳟体长 42 mm 和体重 1.1 g 时，体长与体重关系方面有一个突然的变化，发生在 0^+ 至 4^+ 龄或更大年龄。经长期详细地研究，已经发现鱼的一生中任何一个生长环节，重量依长度的某一幂函数而变化，其公式为：

$$W = aL^b$$
$$\mathrm{Ln}W = \mathrm{Ln}a + b \times \mathrm{Ln}L$$

上述公式最好应用于个别的鱼，对这些鱼在其生活的连续年份中测量它们的体长和体重。为了得到一个种群的重量-长度的关系，必须努力取得各大小的鱼，包括 0 龄的鱼，即采样要有代表性，否则所估计的参数可能与其数值有偏差。

所求函数回归的 $b=3$，代表匀速生长（isometry），即鱼体生长过程中体型不变、比重不变。许多种类都接近这一理想值，虽然重量受一年中的时间、胃含物、产卵等条件影响。另一方面，有些种类体型有变化，其 b 值大于或小于 3，这一情况称为异速生长（allometry）。

为了比较一批样品或个体中的重量和体长，通常使用 Fulton 的肥满度（fullness），也称为条件因子（condition factor），它等于 W/L^3，即 $W=aL^b$ 式中 $b=3$ 时的参数 a。若给定长度的鱼重量越重，其参数值越大，也就是它处于较好的条件。肥满度适合于对同种的不同个体做比较，也能指明与性别、季节和捕获地点有关的差别。在平均条件或标准条件下，所研究种类应用 $W=aL^b$ 公式时，$b=3$ 是最常见的，但无论 b 值是多少，肥满度也可用于比较大致上为同一长度组的个体丰满状况。

二、生长方程

von bertalanffy 从新陈代谢角度认识生长，即任何生物体内的全部生理过程均可分为同化（组织或物质合成）及异化（组织或物质分解）作用两个过程，这两个过程贯穿生物体整个生活史。瞬时鱼体增长量是瞬时同化作用增加量和异化作用减少量之差。同化率（A）与生理吸收表面积（S）成正比，而异化率与总消耗率或体重（W）成正比，因此：

$$\frac{\mathrm{d}W}{\mathrm{d}t} = AS - DW$$

假设鱼体为匀速生长，则 $W=qL^3$，$S=pL^2$（p、q 为常数），则：

$$\frac{\mathrm{d}(qL^3)}{\mathrm{d}t} = A_pL^2 - D_qL^3$$

$$\frac{\mathrm{d}L}{\mathrm{d}t} = \frac{(A_pL^2 - D_qL^3)}{3qL^2} = \frac{A_p}{3q} - L\frac{D}{3}$$

这一线性微分方程的解为：$L_t = (A_p/D_q) - (A_p/D_q - L_0)\mathrm{e}^{-(D/3)t}$

当 t 无限增加时，$L_t \to A_p/D_q$，因此 A_p/D_q 为平均渐进长度，$D/3$ 为常数，简写为 k，因此 $L_t = L_\infty (L_\infty - L_0)\mathrm{e}^{-kt}$

其变换式为：

$$L_t = L_\infty (1 - \mathrm{e}^{-k(t-t_0)}) \tag{5-1}$$

这就是 von bertalanffy 生长方程的一般原理与推导过程。式中，t 一般以年龄表示；L 为 t 龄时的平均体长；L_∞ 为平均渐进体长；k 为生长系数，规定了曲线接近渐进值的速率，k 越大，曲线接近渐进值越快；t_0 为假设的理论生长起点年龄，它的存在仅是数学方程构建的结果，理论上为负值。当个体符合匀速生长时，其体重生长方程为：$W_t = W_\infty (1 - \mathrm{e}^{-k(t-t_0)})^3$。von bertalanffy 生长方程作为 Beverton-Holt 产量模型的基础，且适用于大多数渔业生物的生长模拟（图 5-23），其生长过程呈现为一渐进的抛物线，因而成为现今应用最广的生长方程。

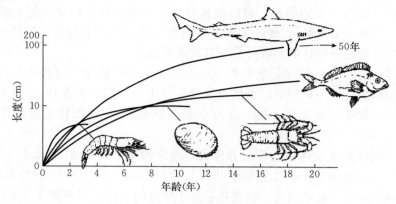

图 5-23 渔业生物生长模式示意图

(引自 King，2007)

三、长度频率法

个体在其生活史中不断生长，每间隔一年，其平均长度和体重相差一级，同一群体中，通常包含不同年龄组，因此个体可分为若干个体长组。当测得大量随机样品的体长数据后，即可绘制出体长频率分布图。如果繁殖是非连续进行的，体长频率分布图中即可观察到一系列的高峰与低谷；且繁殖如果以一个规律的周期进行，如一年一次，每一个高峰即代表着一个年龄组（图 5-24）。在繁殖周期已知的情况下，生长曲线即可通过每个年龄组的分布位置进行估计。

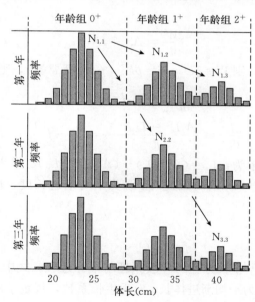

图 5-24 三个年龄组、连续三年样品的体长频度分布示意图

(引自 King，2007)

等时间间隔采样时，通常使用 Ford - Walford 定差图法进行参数的估算。推导过程如下：t_0 为 0 时，公式（5-2）变换为

$$L_t = L_\infty (1 - e^{-kt})\qquad(5-2)$$

$$L_\infty - L_t = L_\infty e^{-kt} \qquad\qquad (5-3)$$

用 L_{t+1} 替换上式中的 L_t，二式的差为：

$$
\begin{aligned}
L_{t+1} - L_t &= L_\infty(1-e^{-k(t+1)}) - L_\infty e^{-kt} \\
&= -L_\infty e^{-k(t+1)} + L_\infty(1+e^{-kt}) \\
&= L_\infty e^{-kt}(1-e^{-k})
\end{aligned}
$$

将公式（5-3）代入上式得：

$$L_{t+1} - L_t = (L_\infty - L_t)(1-e^{-k})$$
$$L_{t+1} = L_\infty(1-e^{-k}) + L_t e^{-k}$$

用 L_{t+1} 对 L_t 作图表现上式的线性形式，则线的斜率 b 为 e^{-k}，y 轴的截距 a 为 L_∞ $(1-e^{-k})$，因此可计算得到 $k = -\ln[b]$，$L_\infty = \dfrac{a}{1-b}$。

以图 5-25 鲭为例进行生长方程的拟合。以 0.5 cm 为间隔划分出体长组，峰值出现在 17 cm、24 cm、29 cm、33 cm 和 35 cm 处。假设其繁殖以年为周期，即可认为每一个峰值是前一个峰值生长一年后的结果（表 5-5）。据表 5-5 定差可算得 $k = 0.35$，$L_\infty = 40.87$。当特定年龄的体长已知时，可进一步估算出 t_0。仍以鲭为例，变换生长方程得 $t_0 = t + (1/k)\left[\ln\left(\dfrac{L_\infty - L_t}{L_\infty}\right)\right]$，已知首个峰值组年龄为 1.5，即 $t = 1.5$，$L_t = 17$，将求得的 k 与 L_∞ 代入上式即可求得 $t_0 = -0.036$。

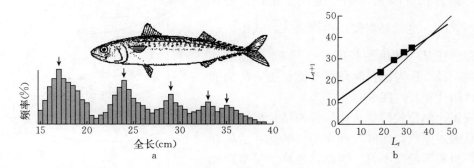

图 5-25　鲭生长估计示意

a. 体长频度分布图［峰值出现在 17 cm、24 cm、29 cm、33 cm 和 35 cm 处（箭头标示）］

b. Ford-Walford 定差图法示意（斜率为 0.702 3，y 轴截距为 12.166）

（引自 King，2007）

表 5-5　鲭年间体长增长

（引自 King，2007）

L_t	L_{t+1}
17	24
24	29
29	33
33	35

用这种方法鉴定鱼类年龄有一定的局限性。渔具对渔获物有一定程度的选择性，如拖网、围网、张网、钓具等，都有其限制性的一面，在所捕获的总渔获物中很难包括各个长度组（或年龄组）的鱼类。鱼群在各个渔场，所处的季节时期并不是按体长或年龄的自然数目成比例混合着。老年鱼进入衰老期，生长缓慢，甚至停止生长，因此不免出现长度分布的重叠现象。所以不容易根据长度分布曲线来确定高龄鱼的年龄组成。鱼类在生长发育过程中，因饵料的丰富与否，水温的适宜状况，都直接影响鱼体的大小。

随着计算机技术的发展，众多程序使得计算简化很多，诸如 ELEFAN、MIX 以及 MULTIFAN 相继出现，在 FAO 的渔业评估中得到广泛应用（Pauly 等，1981；MacDonald 等，1985；Fournier 等，1998）。

四、逆算法

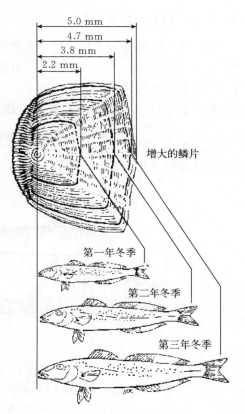

图 5-26　鳞片径与鱼体长示意图
（引自 King, 2007）

鱼体鳞片、耳石等钙质硬组织的生长与体长的生长之间，通常存在一定的相关关系。因此，可利用硬组织上的环纹增量来逆算鱼体在之前生命过程中任一年份的长度。早在 1901 年，华尔特（Walter）首先发现鳞片的轮纹与鱼体长度成正比关系。同年，挪威学者李安（Lea）和戴尔（Dahl）发展了这一发现，他们认为鱼类鳞片的增长随年龄而增加，鳞片长度与鱼体的长度成正比例，公式为：$L_n = \dfrac{r_n}{R} L$ 。这就是李安正比例公式，式中，L_n 为鱼体在已往某一年度的长度；r_n 与 L_n 为相应年份的鳞片半径；L 为捕获时鱼体实测长度；R 为捕获时鱼体鳞片半径（图 5-26）。

李安正比例公式假定鱼体体长与鳞片增长直线相关，且通过原点，即鳞片在出生（孵化）后就开始生长，与实际情况不符，因此其逆算结果常存在误差。罗查李（Rosa Lee，1912）发现李安正比例公式逆算出的鱼体长度往往小于实测数值，且在高龄鱼体上表现得更为显著，这被称为罗查李现象或李氏现象（Lee's phenomenon）。在挪威鲱上可明显观察到此现象，用 2 龄鱼求出 L_1 为 9.3 cm，用 3~5 龄鱼求出 L_1 为 7.3~7.6 cm，用 6 龄鱼求出的 L_1 仅为 6.5 cm。罗查李将鱼体鳞片出现时的长度引入李安正比例公式，修正为：$L_n = \dfrac{r_n}{R}(L-a) + a$，此即为罗查李公式。

后经进一步研究，许多学者认为，硬组织与体长的增长并非呈直线关系，改为引入幂指数、抛物线、双曲线等模型进行研究，但仍未完全消除罗查李现象的影响。其可能是选择性死亡（size-selective mortality）的结果，这种选择性死亡可能源于自然因素，也可能由于捕捞技术。因为捕捞总是倾向于选择生长快速的个体，因此一个特定年龄的较小个体有较高的存活率；且硬组织的生长与鱼体不是完全同步的，如小个体、生长快的个体反而具有较大的耳石。

Campana（1990）引入鱼体捕获时体长与耳石半径、鱼体孵化时体长与耳石半径两个参考点，使体长与耳石半径关系函数穿过这两个参考点，有效校正了生长效应造成的误差：$L_n = L_{cpt} + (R_n - R_{cpt})\left(\dfrac{L_{cpt} - L_{0p}}{R_{cpt} - R_{0p}}\right)$。此即为线性生物学截距公式（Linear Biological Intercept），式中，L_{cpt} 为捕获时鱼体体长；R_{cpt} 为捕获时耳石半径；L_{0p} 为孵化时鱼体体长；R_{0p} 为孵化时耳石半径（Campana，1990）。

 思考题

1. 简述鱼类年龄与生长的研究在渔业上的意义。
2. 简述年轮形成的一般原理。
3. 简述常用的年龄鉴定材料并比较其优缺点。
4. 简述常用的年轮验证方法。
5. 如何计算生长方程？
6. 简述常用的年龄替代方法。

第六章 鱼类的性成熟、繁殖力及其研究方法

第一节 鱼类的性成熟过程与生物学最小型

一、鱼类的性成熟过程

鱼类开始性成熟的时间是种的属性，是各种鱼类在不同环境条件下，长期形成的一种适应性。它有较大的变化幅度，在一个种群范围内也有变化。研究鱼类成熟的过程，对群体变动趋势的估计，以及资源的合理开发利用有着重要意义。

同一种群内，鱼的性腺成熟的迟早首先同个体达到一定体长有关。Fulton 认为，鱼类性成熟开始的时间为鱼体达到最大长度的一半时才开始。因而鱼体生长越快，其性成熟的时间就越早。生长较快的个体比生长缓慢的个体性成熟年龄较低。因此，个体年龄不同，当大致达到性成熟体长时，就开始性成熟。现以东海带鱼为例，简述其性成熟过程的主要变化（罗秉征等，1983）。

东海北部带鱼种群，早春鱼群在 180 mm 肛长以下者主要为性未成熟个体。从 150 mm 开始出现正在成熟个体，3 月尚未发现有成熟者。随着卵巢的发育，开始出现正在成熟鱼的肛长组逐渐前移。在 4 月肛长 200 mm 的鱼中，约有 5％性成熟，大量成熟的长度组在 240 mm 左右。龚启祥等（1984）对东海带鱼卵巢变化的研究也表明，3—4 月第 4 时相卵母细胞成为卵巢中的主要组成部分。5—7 月，未成熟鱼（Ⅱ期）和正在成熟鱼（Ⅲ期和Ⅳ期早期）减少，成熟和产卵带鱼（Ⅳ期后期及Ⅴ期及产后个体）大量增加。6—7 月肛长 170 mm 左右者，有 15％左右开始性成熟，肛长 200 mm 以上者全部为成熟和正在成熟的个体。从 7 月开始，出现卵母细胞退化吸收的个体，8—10 月逐渐增多，成熟率则逐渐降低，8—9 月分别为 38％和 18％，10 月降至约 1％，说明生殖期即将结束。11 月至翌年 2 月，残余的第 3 时相、第 4 时相卵子经过退化、吸收后，卵巢进入Ⅱ期，不久后发育成为Ⅲ期。

带鱼开始性成熟的体重（纯体重）也具有非同时性，到一定重量时才能成熟。3—6 月开始出现正在成熟个体的体重组为 20～50 g，7—10 月为 80～120 g。性成熟鱼开始出现的体重组 4—6 月为 80～100 g，7—10 月为 100～120 g，在此重量以上者为完全成熟。

带鱼的世代成熟过程较短，当年较早出生的个体，同年 8 月（年龄约半年）部分个体即可达到性成熟。从 1979 年早生世代（1 龄早生群）的成熟过程可以看出（表 6-1），它们到翌年春、夏季绝大多数个体已进入成熟阶段或达到成熟。1979 年晚生世代到翌年 7 月出现成熟个体。夏、秋季大多数个体达到成熟。同一世代尽管出生的时间不同，但全部达到成熟时所需的时间却均为 1 年左右。

在同龄鱼的成熟过程中，达到或将要达到性成熟的鱼体长度，均较性未成熟者大，不论年龄大小，各年龄鱼的成熟比率均随鱼体的增长而逐月增加（图 6-1）。带鱼的出生时间虽不同，但初次达到性成熟的鱼体大小却基本一致（约为 180 mm）。可见，带鱼性成熟与长度的关系较之年龄更为密切。

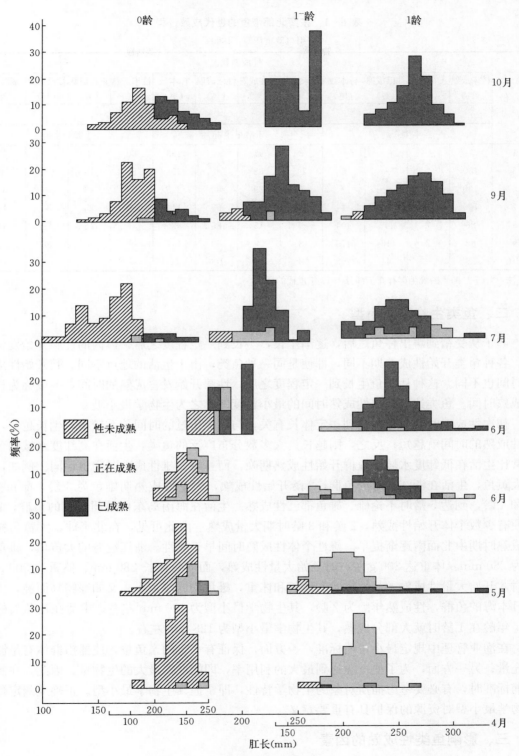

图 6-1　带鱼性成熟与生长的关系

（引自罗秉征等，1983）

表 6 - 1　东海北部带鱼的世代成熟过程

（引自罗秉征等，1983）

月　份	性成熟状况											
	性未成熟 (%)	正在成熟 (%)	性已成熟 (%)	标本数 (尾)	性未成熟 (%)	正在成熟 (%)	性已成熟 (%)	标本数 (尾)	性未成熟 (%)	正在成熟 (%)	性已成熟 (%)	标本数 (尾)
	1980 年世代				1979 年世代							
	当年生 0 龄				1 龄早生群				1 龄晚生群			
4	——	——	——	——	3	97	——	198	96	4	——	55
5	100	——	——	6	11	83	6	393	82	18	——	115
6	100	——	——	7	1	39	60	205	57	43	——	69
7	100	——	——	4	——	5	95	114	25	25	50	12
8	86	7	7	104	——	15	85	82	5	12	83	41
9	82	2	16	176	3	4	93	147	8	4	88	50
10	59	——	41	105	——	——	100	56	——	——	100	16

注：4—7 月的 1 龄晚生群补充了部分 1978 年世代的样本。

二、鱼类生物学最小型

卵子从受精到孵出仔鱼之后，逐渐生长，生长到一定程度之后，体内的性腺开始发育成熟。各种鱼类开始性成熟期不同，即使是同一种鱼类，由于生活的地点不同，其开始性成熟的时间也不同。这种从幼鱼生长到一定程度之后，性腺开始发育成熟的时间，一般称为初次性成熟时间。鱼类达到初次性成熟时间的最小长度即称之为生物学最小型。

初次性成熟时间与鱼体达到一定体长有关，与其经历过的时间关系较小。生长越快，达到性成熟的时间就越短；反之，则越长。大多数分布广泛的鱼类，生活在高纬度水域的鱼群通常比生活在低纬度水域的鱼群开始性成熟期晚，而且雌、雄性成熟时间也不同。例如，同是大黄鱼，生活在浙江沿海的鱼群，2 龄开始性成熟，大量性成熟期雄鱼为 3 龄，雌鱼为 3 龄和 4 龄，到达 5 龄时不论雌、雄鱼都已性成熟。生活在海南岛东面硇州近海的鱼群，1 龄时便有少数个体开始性成熟，2 龄和 3 龄时期大量成熟。由此可见，在北半球，大黄鱼初次性成熟时期由北而南逐渐提早。雄性个体性成熟时间早于雌性。浙江近海的大黄鱼，雄鱼体长为 250 mm、体重达 200 g 左右时开始大量性成熟，而雌鱼体长 280 mm、体重达 300 g 左右时才开始大量性成熟。其性成熟的体长和体重，雄鱼均比雌鱼小。又如绿鳍马面鲀，生活在日本海的鱼群，性成熟年龄为 2 龄，其生物学最小型为 190 mm 左右；生活在钓鱼岛的鱼群，年龄在 1 龄时就大部分成熟，其生物学最小型为 128 mm 左右。

在渔业管理中规定最小可捕标准，一方面，保证有一定的亲鱼量，使捕捞群体有足够的补充量；另一方面，为了使资源达到最大的利用率，即能取得最大的生物量。因此，在制定可捕标准时，有必要考虑捕捞对象的生物学特性，即掌握其生物学最小型。正确地测定鱼类生物学最小型对资源的保护具有重要意义。

三、影响鱼类性成熟的因素

鱼类生长的好坏，直接与性成熟相关，决定鱼类性成熟的因素是很复杂的，包括鱼类本身及外界环境等多方面的因素。

（一）水温

同一种鱼，当生长在不同的温度地区，或虽在同一温度地区而水体中的食物及水质条件等不同时，也可以出现不同的成熟年龄。一般地说，在平均温度高，光照时间长，食物丰富和水质条件（如溶氧、pH及某些营养盐类）优良的水体中成熟比较早。一般南方地区的鱼要比北方地区的鱼早熟1～2年，如20世纪70年代以前南海的大黄鱼，达到性成熟的最小个体仅为1龄，而浙江沿海的大黄鱼开始性成熟的年龄为2～5龄，多数为3龄。这一特点与各地的气候对鱼类生长发育的影响有关，南方地区的鱼生长速度快，性成熟也早。因此，温度与性成熟的迟早有关是不难理解的。在鱼类繁殖过程中最明显的温度关系是鱼类产卵的温度阈，每一种鱼在某一地区开始产卵的温度是一定的，一般低于这一温度时就不能产卵。

（二）饵料

当环境发生显著的恶化，如饵料不足、饵料矛盾十分尖锐时，鱼类初次性成熟的年龄就会推迟。如里海的拟鲤，在第二次世界大战期间因渔业停顿，群体数量大增，饵料就发生了尖锐的矛盾，鱼类生长逐渐迟缓，结果性成熟年龄由3龄推迟到5龄；后来渔业恢复，群体数量下降，营养条件有了改善，性成熟年龄又恢复到3龄。由此可见，鱼类在良好的饵料条件下，由于生长强度大，会较快地达到性成熟规格，并会有较大的怀卵量，就是说鱼群会有较高的繁殖力。而在饵料条件恶化时，生长强度下降，性成熟延迟，怀卵量减少，而使群体繁殖力降低。

浙江近海大黄鱼性腺发育与饵料基础的季节变化有很大关系。从大黄鱼成鱼的性腺成熟系数周年变动可看出，自1—6月成熟系数逐月增大（1月平均为0.6%，6月为5.5%），性腺处于发育成熟阶段。在这时期，鱼体的营养首先要满足性腺发育成熟的需要，所以这时摄食并不引起体重的增加，生长速度呈缓慢状态，体重和丰满度一般也有所下降。入夏生殖期结束后，成熟系数迅速下降（7月仅为0.6%），排卵后性腺处于恢复时期，此时营养（摄食）使鱼体的生长速度迅速上升，体重有明显增加，秋季（10—11月）性腺大部分处于恢复和缓慢发育阶段，但由于有部分生殖个体在成熟，所以这个季节食物保障程度高，摄食强度大，但体重仍增加不快。

（三）光照

光照时间的长短与鱼类卵母细胞的发育成熟有密切关系。许多鱼类都是在昼夜交替的清晨或傍晚开始产卵，也可以说明光线与产卵行为有密切关系。如鳗鲡的产卵时间都在黎明之前。黑暗可使鱼类脑垂体的分泌机能衰退，性腺萎缩，就好像脑垂体切除后所引起的影响一样。但当恢复光亮时，脑垂体机能很快恢复，而且往往显出机能亢进，性腺可加速发育。因此，光照对性腺的作用是通过脑垂体的分泌而起的。有研究（Kuoet等，1975）通过光照和温度控制来诱导鲻卵巢成熟，认为光照因子与鲻卵巢卵母细胞、卵黄的形成有关。

影响鱼类性成熟的因素除了以上几点外，水域的盐度、水流速度、水质、透明度等条件，有时对性腺发育也是十分必需的。咸淡水生长的鲻每当生殖季节，都到近海产卵，在人工繁育过程中，必须经过海水过渡的阶段，这是促使鲻性成熟必不可少的条件。鱼类性成熟并非受单一环境因素的影响，而是若干因素的综合作用。

在鱼类性腺发育过程中，除了外界环境因素的影响之外，十分重要的方面是鱼体本身神经系统和内分泌腺脑垂体的作用。脑垂体分泌的促性腺激素是直接控制性腺发育成熟的首要生理因素。许多外界环境因素对性腺发育成熟的影响，都是通过脑垂体的分泌作用完成的。

四、性比

性比是指鱼群中雌鱼与雄鱼的数量比例，通过渔获物中的雌、雄鱼数量之比来表示。

适当的雌、雄鱼比例对繁殖的有效性是非常重要的。保持一定的性比，会使后代得到不断的繁荣。因此，性比是生物学特性的具体表现之一。

生活栖息地区和季节不同，鱼类的性比会发生变化。例如，栖息于东海的海鳗，冬季雌鱼多于雄鱼，春季则雄鱼多于雌鱼，夏秋季节相近；而栖息于日本九州地区的海鳗，冬春季节性比的变化也很大，但是与东海的海鳗相反。

性比也随鱼群中个体大小的不同而发生变化。例如，东海的黄鲷，在个体较小的阶段，雌鱼占 70%；体长达 210～220 mm 时，雌鱼占 50%；高龄阶段，雌鱼只占 10%～20%。又如大黄鱼平均体长小于 280 mm 的个体中，雄鱼占多数；体长 280～360 mm 的个体中，性比等于 1∶1；大于 360 mm 的个体中则雌鱼居多。

鱼类的性比也随着生活阶段的不同而变化。例如，东海的小黄鱼，2—3 月、5—8 月，雌鱼比雄鱼多；10 月至翌年 1 月雌、雄比例接近。在产卵场中一般性比为 1∶1。

生殖期间，鱼类的总性比一般是接近于 1∶1。在生殖过程中的各个阶段却稍有变化。生殖初期，一般是雄鱼占多数，生殖盛期比例基本相等，生殖后期雄鱼的比例又逐渐增加。在产卵群体中，往往是在小个体的鱼中，雄鱼占多数；大个体者，以雌鱼居多。这是由于雄鱼性成熟早，因此参加到产卵群体中也较雌鱼为早，而雄鱼寿命一般较短，所以在大个体鱼（高龄鱼）中，雄鱼的数量较少。这对于种群繁荣来说，有着重要的意义。因为雄鱼死亡早，能保证后代和雌鱼得到大量的饵料。

但是，在生殖季节中，聚集在产卵场的产卵鱼群，两性比例也常出现相差悬殊的情况，有时雄鱼多得多。这与不同鱼种的生物学属性和产卵场环境有关。如对我国沿海大黄鱼的 5 个主要生殖鱼群的性比分析表明（表 6 - 2），全部是雄多于雌，大约呈 2∶1 关系。很多学者认为，大黄鱼在流速甚急的水域中产卵，这样的性比与保证卵子受精率、提高后裔数量有一定关系，是对繁殖条件具有适应性的一种属性。

表 6 - 2　大黄鱼 5 个主要生殖鱼群的性别比例

（引自《渔业资源生物学》，1997）

生殖鱼群	吕泗洋	岱衢洋	猫头洋	官井洋	硇州
♂（%）	66.0	72.82	81.86	69.11	69.96
♀（%）	34.0	27.18	18.14	30.89	30.04
总数量（尾）	2 370	5 814	1 803	2 289	4 434

总之，鱼类性比的形式多种多样，是不同鱼类对其生活环境多样性的适应结果。这在渔业资源的研究中，具有较大的意义。

五、鱼类性腺成熟度的时期划分及其量度

（一）目测等级法

判断鱼类的性腺成熟度是水产资源调查研究中的最常规项目之一，常用和实用的方法是目测等级法。在实际工作中，用目测等级法所观察的结果可以满足研究的基本需要。

　　用目测等级法划分成熟度等级标准时，主要是根据性腺外形、色泽、血管分布、卵与精液的情况等特征进行判断。历史上，不同国家采用的标准并不完全相同。如日本学者将鱼类的性腺成熟度划分为五期，即休止期、未成熟期、成熟期、完全成熟期和产卵后期；苏联学者通常采用六期划分法；欧美学者通常采用稍加改进的 Hjort（1910）判断大西洋鲱性腺成熟度的标准，这一标准得到国际海洋考察理事会（ICES）的采用，并称为国际标准或 Hjort标准，此标准将鱼类性腺成熟度划分为 7 个等级。总体而言，无论用什么标准划分鱼类性腺成熟度都应该考虑以下几点要求：

　　1. 成熟度等级必须正确地反映鱼类性腺发育过程中的变化。

　　2. 成熟度等级应该按照鱼类的生物学特性来制定。

　　3. 为了确定阶段的划分，在等级中必须顾及肉眼能看见的外部特征及肉眼看不到的内部特征的变化。

　　4. 划分等级不应过多，以适应野外工作。

　　我国的渔业资源研究中目前所采用的标准基本是 K. A. 基谢列维奇（1956）的鲤科鱼类的性腺成熟划分标准，并作了较大修改。标准将鱼类性腺成熟度划分为六期：

　　Ⅰ期：性腺尚未发育的个体。性腺不发达，紧附于体壁内侧，呈细线或细带状，肉眼不能识别雌雄。

　　Ⅱ期：性腺开始发育或产卵后重新发育的个体。狭长的细带已增粗，并能辨识出雌雄。生殖腺小，只占腹腔的一小部分。卵巢呈细管状或扁带状，半透明，分支血管不明显，呈浅红肉色，卵巢膜较精巢膜坚韧，肉眼不能看出卵粒。精巢扁平稍透明，呈灰白色或灰褐色。

　　Ⅲ期：性腺正在成熟的个体。性腺已较发达，卵巢体积增大，占整个腹腔的 1/3～1/2。肉眼可以明显看出，卵巢内充满不透明的稍具白色或浅黄色的卵粒，卵巢大血管（生殖动脉）明显增粗。卵粒互相粘连成团块状，切开卵巢挑取卵粒时，卵粒很难从卵巢上脱落下来。

　　精巢的前部较扁平，后部收缩，表面呈灰白色，或因分支血管分布而呈浅红色。压挤精巢，不能挤出精液。

　　Ⅳ期：性腺即将成熟的个体。卵巢已有很大的发展，占腹腔的 2/3 左右，其分支血管也能明显看出。卵粒显著，呈圆形。切开卵巢膜，卵粒彼此易分离，有时能看到少量半透明卵。卵巢呈橘黄色或橘红色，轻压鱼腹无成熟卵粒流出。

　　精巢也显著增大，呈白色。挑破精巢或轻压鱼腹能有少量精液流出，精巢横断面的边缘略呈圆形。

　　Ⅴ期：性腺完全成熟。即将或正在产卵的个体，卵巢饱满，充满体腔。卵大而透明，对鱼腹部稍加压力，卵粒即行流出。切开卵巢膜，卵粒就各个分离。

　　精巢体积也有最大发展，呈乳白色，充满精液。压挤精巢或对鱼腹稍加压力，精液即行流出。

　　Ⅵ期：产卵排精后的个体。性腺萎缩、松弛、充血，呈暗红色，体积显著缩小，只占体腔一小部分。卵巢套膜增厚，卵巢、精巢内部常残留少数成熟的卵粒或精液，末端有时出现瘀血。

　　根据不同鱼类的情况和需要，还可以对某一期再划分为 A、B 期，如 V_A 期、V_B 期。

如果性腺成熟度处于相邻的两期之间，就可写出两期的数字，中间加"-"号。如Ⅲ-Ⅳ期、Ⅳ-Ⅲ期等（比较接近于哪一期，就把哪一期写在前面）。对于性腺中性细胞分批成熟、多次产卵的鱼类，性腺成熟度可根据已产过和余下性细胞的发育情况来记录，如Ⅵ-Ⅲ期，表明产卵后卵巢内还有一部分卵粒处于Ⅲ期，但在卵巢外观上具有部分Ⅵ期，也就是排过卵的卵巢特征。

（二）组织学划分法

鱼类卵子的发生要经过增殖、生长和成熟这几个时期。随着季节的变化或性周期的运转，在卵巢的组织发育过程中，可以观察到处在不同发育阶段（时相）的生殖细胞。组织学切片观察是研究鱼类性成熟过程的重要手段（Adebiyi 等，2013），下面以中国东海成熟带鱼卵巢组织变化为例，略加说明。

1. 第 1 时相

这是处于卵原细胞阶段或由卵原细胞向初级卵母细胞过渡的阶段。主要见于未成熟的卵巢。卵原细胞的细胞质很少，是各时相中体积最小的。在带鱼中其细胞形态不一，多为梨形，也有椭圆形或不规则形。卵径为 21.7～57.8 μm，胞质较为均匀，被染成紫色显嗜碱性。整个卵母细胞的外周仅见一薄层质膜。胞核较大，呈圆球形，其直径可达 14.4～28.9 μm，着色甚浅而透亮（图 6-2）。

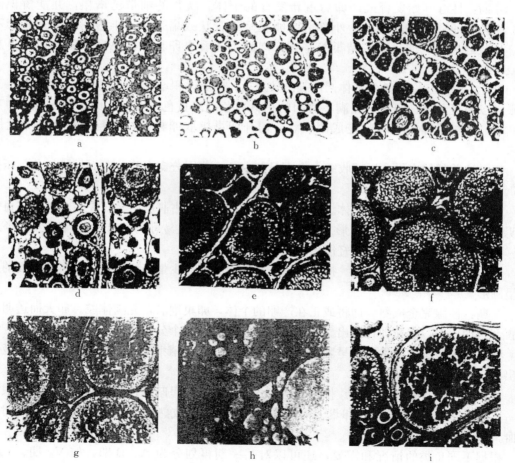

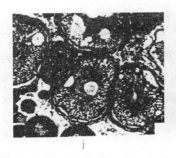  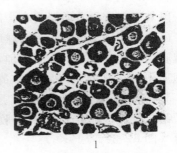

j　　　　　　　　　k　　　　　　　　　l

图 6-2　带鱼卵巢组织切片

a. Ⅱ_A，肛长 117 mm，8 月　b. Ⅱ_A，肛长 143 mm，8 月　c. Ⅱ_B，151 mm，6 月　d. Ⅲ_C，180 mm，4 月

e. Ⅲ_D，179 mm，5 月　f. Ⅲ_E，189 mm，7 月　g. Ⅳ_F，212 mm，4 月　h. Ⅳ_F，248 mm，8 月

i. Ⅳ_G，215 mm，7 月　j. Ⅴ_H，230 mm，7 月　k. Ⅵ_I，172 mm，7 月　l. Ⅶ_J，243 mm，10 月

a～c. 性未成熟　　d～h. 正在成熟　　i～l 已成熟

（引自罗秉征，1983）

2. 第 2 时相

即处在小生长期的初级卵母细胞。其体积较第一时相时大，按其形态变化可分成早期、中期、晚期 3 个阶段：

（1）早期。其形状仍不规则，有梨形、椭圆形等。卵径为 $50.5 \sim 83.0\ \mu m$，胞质呈强嗜碱性，颗粒状分布，染色均匀。胞核近圆球形，核径 $28.9 \sim 43.3\ \mu m$。在同一切片中，核膜内缘可看到有 8～27 个圆球形核仁。整个卵母细胞外周包有一薄层滤泡质。

（2）中期。细胞外形椭圆形，排列松散，体积明显增大，卵径可达 $75.8 \sim 115.5\ \mu m$。胞质出现分层现象：靠核的内层，胞质呈块状分布；靠近细胞膜的外层，胞质较均匀被染成浅紫色，即形成圆环状的生长环结构。胞质分层是划分第 2 时相早期和中期的标志之一。卵母细胞外周的单层滤泡膜较前明显（图 6-2）。

（3）晚期。随着卵母细胞内生长环的不断扩大，细胞的体积明显增大，卵径为 $118.8 \sim 144.4\ \mu m$，整修胞质在切片中成网状。核膜内缘的核仁数为 13～34 个。

第 1 时相和第 2 时相的卵母细胞在性成熟的带鱼卵巢中终年大量存在，尤以在产后卵巢及退化卵巢中数量最多，在Ⅲ、Ⅳ、Ⅴ期卵巢中也有相当数量。

3. 第 3 时相

即处在大生长期早期的初级卵母细胞。细胞大多呈圆球形，排列松散，直径为 $145.6 \sim 407.7\ \mu m$。在其早期，近细胞膜的胞质皮质部分出现一层大小不等的液泡，其内含物被染成浅紫色。在整个卵母细胞的外周，包有一层被染成紫色的放射带，与此同时，在放射带的外周出现一薄层被染成浅火黄色的胶质膜（次级卵膜）。卵核一般呈圆球形，核径 $72.8 \sim 87.4\ \mu m$。第 3 时相卵母细胞发育至中期时，胞质中的液泡从胞质外层向内渐增至数层。当胞质中的液泡增多后，在卵核周围的胞质内出现许多小油滴。以后小油滴体积增大成为小油球。在第 3 时相卵母细胞晚期，整个卵母细胞都被液泡与油球所充满。在油球与液泡之间的胞质中出现一些被染成浅黄色的卵黄颗粒。卵母细胞外周的两层滤泡膜很明显，但形态不一（图 6-2）。

4. 第 4 时相

即大生长期晚期的初级卵母细胞。由于卵黄物质的不断积聚，卵母细胞的体积迅速增大，以其形态变化及卵径大小，可分早期、中期、晚期3个阶段：

(1) 早期。卵母细胞为圆球形，卵径349.4～436.8 μm。卵黄颗粒在核周围油球层之外的胞质中出现后，数量不断增加，且迅速向胞质的外周部分扩散。开始时卵黄颗粒与液泡在胞质中混杂排列，以后随卵黄颗粒数量增多、体积增大，液泡渐被挤向胞质的外围部分，其体积也迅速变小，构成质膜内缘的皮质液泡层。与此同时，在放射带的外周又出现了第二层胶质膜结构。两层胶质膜形成后，其厚度迅速增加，而放射带的厚度进一步减薄（图6-2）。

(2) 中期。卵母细胞的体积继续增长，卵径达480.5～655.2 μm。胞质中的卵黄膜颗粒明显增大，其直径为5.7～18.6 μm，而且不断向核周围油球层内扩散，最终布满整个胞质。与此同时，原仅位于核周围的油球也渐渐从核周围移向胞质的其他部分，卵核位于卵母细胞中央，核膜波纹状。放射层已很薄，内外两层胶质膜的厚度基本相等。卵母细胞外周的两层滤泡膜细胞皆成扁平状。

(3) 晚期。卵母细胞已基本长足，卵径728.0～859.0 μm。胞质中的卵黄粒已经合成板块状；无数小油球合并成几个大油球，一般位于卵母细胞的中央。卵核形态不规则，并开始移向卵母细胞一侧，整个卵母细胞出现极性。质膜外周的放射带已经基本消失。内外两层胶质膜已增厚至最终大小。两层滤泡膜很薄，胞核小。

5. 第5时相

即已达成熟阶段的卵细胞。卵径786.2～975.5 μm。胞质内的卵黄颗粒因水合化而相互融合；油球合并成一个特大油球，其直径可达233.0～378.5 μm。卵母细胞从第4时相末到第5时相，卵膜中内层胶质膜已发育完善。整个内层胶质膜，各有7～10条明暗相间排列、与质膜相平行的明带与暗带结构。卵母细胞已从滤泡膜中脱出，成游离状态（图6-2）。

（三）卵径分布法

从卵细胞发育趋势而言，随着性腺发育，卵径也趋增大。因此，如能逐月测定卵巢内卵径大小的频率分布变化，即可判断鱼类的产卵

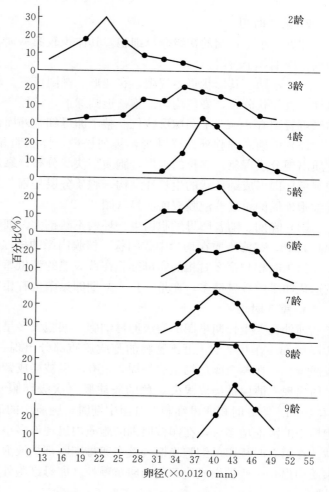

图6-3　不同年龄高眼鲽的卵径分布

（引自陈大刚，1991）

类型、产卵期以及随鱼体大小变化的规律。如石岛渔场高眼鲽产卵群体的卵径分布表明，该鱼在 4 月、5 月产卵，属于一次排卵类型，且随年龄增长，卵径分布趋势也随之上升（图 6-3）。

（四）性成熟系数法

除了上述几点可判断性腺发育程度之外，性腺重量的变化也意味着性腺发育的状况，也可以作为性腺发育的一个指标。由于性腺重量与鱼体的大小密切相关，性腺的绝对重量不适宜于相互比较。为了消除鱼体重的影响，通常采用性成熟系数来判断性腺发育程度，即性腺重量与纯体重的千分比（或百分比）：

$$性成熟系数（‰）＝（性腺重量／纯体重）×1\,000$$

随着性腺的发育成熟，性成熟系数逐渐增加；当生殖结束时，性成熟系数显著降低。鱼类性成熟系数周年变化图可清晰显示鱼类性成熟的过程与特点。鱼类由性未成熟过渡到性成熟的转折阶段，由于卵巢的重量比鱼类体重增长得更迅速，因此，成熟系数逐步上升；当卵巢长期处于单层滤泡期（Ⅱ期）时，即使鱼类的体长与体重增加，成熟系数也不会发生太大变化。

如黄渤海小黄鱼的雌性个体的性成熟系数，于 5 月产卵期中达到最高峰，为 123.2‰；产卵后因卵巢重量减少，故 6 月的性成熟系数剧降到 8.1‰；9 月达全年的最低点；10 月以后又逐渐增大，但变幅较小；翌年 2 月又开始迅速升高（图 6-4）。雄鱼的成熟度变化趋势与雌鱼相似，唯升、降变幅较雌鱼略小，时间也略早。

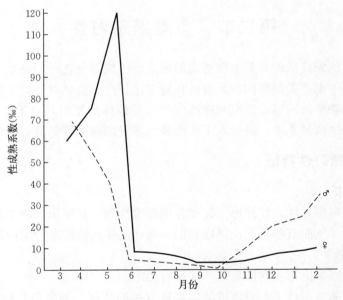

图 6-4　小黄鱼性成熟系数的变化
（引自陈大刚，1991）

徐恭昭等（1962）对浙江近海大黄鱼性成熟与成熟系数的关系进行了研究，得出该海域大黄鱼的性成熟与性成熟系数之间的关系（表 6-3）。从表 6-3 中可以看出，成熟系数达到 0.8 以上的浙江近海大黄鱼个体基本上已经成熟，但雄性的成熟比例比雌性高。

表 6 - 3　浙江近海大黄鱼性成熟与成熟系数的关系

（引自徐恭昭，1962）

性别与成熟状况		成熟系数（%）——0.2——0.4——0.6——0.8——1.0——1.2——							样本数（尾）
♀	性未成熟 性成熟	$\frac{二}{二}$	$\frac{二}{二}$	$\frac{100}{—}$	$\frac{56}{44}$	$\frac{19}{81}$	$\frac{4}{96}$	$\frac{—}{100}$	105
♂	性未成熟 性成熟	$\frac{39}{—}$	$\frac{98}{2}$	$\frac{82}{18}$	$\frac{40}{60}$	$\frac{—}{100}$	$\frac{4}{94}$	$\frac{—}{100}$	214
♂＋♀	性未成熟 性成熟	$\frac{99}{1}$	$\frac{99}{1}$	$\frac{94}{6}$	$\frac{48}{52}$	$\frac{14}{84}$	$\frac{4}{96}$	$\frac{—}{100}$	482

鱼类性腺成熟系数的变化一般具有以下规律：

1. 性成熟系数特征随不同鱼种而异。其种间变化体现在值的大小和年度变化规律。大多数北半球的鱼类，在春季成熟系数达到最大，夏季最小，秋天又开始升高；而一些秋冬季产卵的鱼类（如一些鲑科鱼类），最大性成熟系数是在秋季。

2. 性成熟系数个体变异很大，且随年龄和体长的增加而稍有增加。

3. 分批产卵鱼的最大性成熟系数一般都比一次产卵鱼类的最大成熟系数稍小一些。一次产卵鱼类在产卵后性成熟系数剧烈下降，而分批产卵鱼类性成熟系数保持在高水平的时间要更长些。

第二节　鱼类繁殖习性

水产资源群体的繁殖活动是其生命活动的最主要组成部分之一，是增殖群体保存物种的最主要的活动。每一水产资源群体所具有的独特繁殖特性是群体对水域生活条件的适应属性之一。作为基础生物学的内容，研究和探索水产资源群体的繁殖，对于正确解决人工繁殖、杂交育种，进而解决苗种来源，进行人工放流和开展资源保护等都具有很重要的意义。

一、鱼类繁殖习性特征

（一）雌雄异体

鱼类一般都是雌雄异体，在外形上较难鉴别雌雄性别，甚至用生物学测定也归纳不出它们之间的根本异同。然而有些鱼类也可以利用一系列的外部特征来辨明性别的属性。

（二）雌雄异形

鱼类的雌雄异形系由第一性征和第二性征所决定。

第一性征是指那些与鱼类本身繁殖活动直接有关的特征，如雌鱼具卵巢，雄鱼具精巢。此外，板鳃鱼类雄鱼具腹鳍变化而来的鳍脚，鳉鲅类雌鱼生殖乳突伸长而形成的产卵管，鳉雄鱼具臀鳍前部的鳍条特化而形成的交配器（图 6 - 5）等均可作为区别性别的第一性征。

第二性征是指那些与鱼类本身繁殖活动并无直接关系的特征。如雄鱼与雌鱼的大小区别。

鱼类雌雄异形主要表现在大小、鳍、鳞片、体型等方面。

雄鱼与雌鱼的大小区别是最常见的第二性征。大多数场合下，同年龄的鱼，雌体一般比雄体大一些，以保证种群有较高的繁殖力。这种差异是由于雄鱼成熟早和寿命稍短所产生的，在生长速度上则表现出显著的性别差异。某些鲤科和鲟科的鱼类，其雌鱼平均只比雄鱼长若干厘米，而有些种类则相差悬殊，有所谓短小型雄鱼的出现。如一种康吉鳗的雌鱼，体重可达 45 kg，而雄鱼体重却未超过 1.5 kg。

鮟鱇目角鮟鱇亚目的深海种类表现出令人惊奇的两性异形现象。它们有寄生在雌鱼体上的雄鱼，其雄鱼以口部固着在雌体上，并依赖雌鱼体液摄取营养，同时两鱼的血管也彼此相通，所以雄鱼的一切器官，除生殖器外，均已退化。一尾雌鱼的腹部有时可能附着着若干尾雄鱼，如体长 1 030 mm 的角鮟鱇（*Ceratias holboelli*）雌鱼的腹部附着 2 尾体长 85 mm 和 88 mm 的雄鱼。

相反地，也有少数种类的雄鱼稍大于雌鱼，如黄颡鱼（*Pelteobagrus fulvidraco*）、棒花鱼（*Abbottina rivularis*）等。一般在雄鱼保护自己后代的鱼类才有此现象。这是一种防御本身免遭敌害侵袭的生物学特性。

还有其他方面的雌雄异形。不少鱼种的背鳍和臀鳍出现雌雄差异，如美尾鮨（*Calliurichthys japonicus*）雄鱼的第 1 至第 2 鳍棘特别延长。银鱼雄体的臀鳍上方有一列鳞片，而雌鱼则无此现象；有些鱼类在繁殖季节时雄鱼在体型上也发生很大变化，如大麻哈鱼（*Oncorhynchus keta*）在进行溯河产卵洄游期间，其头部背面向上耸起，吻和下颌显著变长，两颌弯曲成钩状，并长出巨齿（图 6-6）。细鳞大麻哈鱼（*Oncorhynchus gorbuscha*）的雄鱼背部还有明显隆起，故又被称作驼背大麻哈鱼。

有些鱼类雌雄泄殖孔的结构不同。如真鲷雌鱼在肛门之后有较短的生殖乳突和生殖孔，其后还有一泌尿孔；而雄鱼在肛门之后只有一

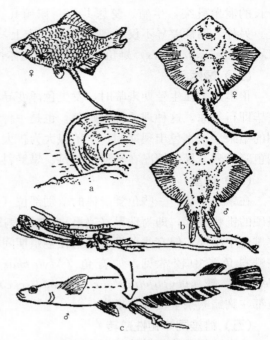

图 6-5　鱼类的外部生殖器官
a. 鳒鲽的产卵管　b. 鳐的鳍脚　c. 郝氏鳍的生殖足
（引自陈大刚，1997）

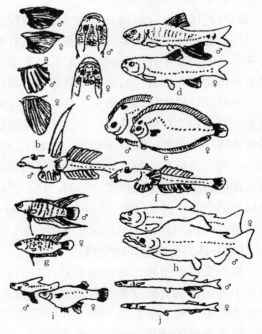

图 6-6　几种雌雄异形的鱼类
a. 白鲢的胸鳍　b. 青海湖裸鲤的臀鳍　c. 沙鳢的头部
d. 马口鱼　e. 海鲆　f. 鮨　g. 圆尾斗鱼
h. 驼背大麻哈鱼　i. 食蚊鱼　j. 银鱼
（引自孟庆闻，1987）

较长的泄殖乳突，生殖、泌尿共用一尿殖孔。罗非鱼（*Oreochromis mossambicus*）也是如此。另外，两性差异不仅表现在外部构造上，而且在一些内部结构上也有差异，如拟鮟鱇（*Lophiodes caulinaris*）雄鱼的嗅球比相同体长的雌鱼大 2~3 倍，嗅板也多一些。

（三）婚姻色

很多鱼类在生殖期来临时，发生色泽变异，或者颜色变深，或者出现鲜艳的色彩，生殖完毕即行复原，这种现象称婚姻色，也是一种第二性征。它的出现是血液中分布的性激素作用的结果。婚姻色出现期间，生殖腺大为扩大，同时第二性征也达到最大发育程度。生殖期间色彩激烈变异的情况在鲑科、鲤科、攀鲈科、雀鲷科、隆头鱼科等鱼类中常见。

（四）珠星

在繁殖季节，一些鱼类身体的个别部位（如鳃盖、鳍条、吻部、头背部等处）出现白色坚硬的锥状突起，即为珠星（追星）。它是表皮细胞特别肥厚和角质化的结果。珠星大多仅在雄鱼中出现，但有些种类雌雄鱼在生殖期间皆有出现，只不过雄鱼的较为繁盛。这一特征在鲤科鱼类中较常见，如青鱼（*Mylopharyngodon piceus*）、草鱼（*Ctenopharyngodon idellus*）、鲢（*Hypophthalmichthys molitrix*）、鳙（*Hypophthalmichthys nobilis*）四大家鱼都在胸鳍鳍条上出现珠星。

（五）雌雄同体和性逆转

鱼类一般是雌雄异体，但有些鱼类在同一鱼体内具有卵巢和精巢，这种现象称"雌雄同体"。如鲻科、鲷科和锥牙鲈科的一些鱼类均有这种现象。它们都是海水鱼类，而且都生活在热带和亚热带水域中。

雌雄同体现象一般可分为同时性和非同时性两种类型。

同时性雌雄同体的鱼类，性腺同时具有卵巢和精巢，它们能同时发育成熟。一般来说，这些鱼是不会发生自体受精的。但就是发生自体受精，卵子仍能正常发育。在自然情况下，每个个体时而完成雌性的功能，时而完成雄性功能，如锯鲈（*Serranus seriba*）。

非同时性雌雄同体的鱼类，性腺同样具有卵巢和精巢，但不同时发育成熟，存在性转换现象。有些鱼类在低龄阶段，卵巢部分达到最大发育程度，而雄性特征不活动。这种个体就像雌性那样活动着，其卵巢经过一次或几次产卵活动之后即行退化，而精巢则开始发育起来。一些石斑鱼类、鲷科、锥牙鲈科鱼类均属此类型，属雌性先熟的性转换性质。有一些鱼类，在低龄阶段像雄性那样活动着，而在高龄时转为雌性，这种性转换性质属雄性先熟。如鲷科鱼类中的柄斑双臼鲷（*Diplodus annularis*）、七带片牙鲷（*Pagellus mormyrus*）、横带双臼鲷（*Diplodus sargus*）属此类型。

（六）体外受精与体内受精

体外受精是指雌、雄生殖细胞（卵子和精子）都排到体外（通常是淡水和海水），并在水中相结合而完成受精过程。这种受精方式不仅存在于无脊椎动物中，而且也存在于脊椎动物中。绝大多数鱼类的受精都采取这种方式。保证体外受精顺利进行的条件一般是：精子和卵子必须在相同时间内处于一定的空间；精子与卵子的结合必须在短时间内完成。

体内受精是指精子到雌体内与卵子结合而完成受精过程。仅有少数的鱼类采取这种方式。

二、鱼类繁殖期、排卵方式与产卵类型

（一）鱼类繁殖期

鱼类的繁殖期依种以及种内的不同种群而异，它们各自选择在一定季节中开始产卵活动，以保证种族的延续。就黄渤海而言，该水域中，周年都有某些鱼类在产卵（表6-4）。

表6-4　黄渤海鱼类出现时间与产卵期

（引自陈大刚，1997）

鱼名	2	3	4	5	6	7	8	9	10	11	12	1
白斑星鲨				● ● ♀:♂		○ /// ♀>♂						
阔口真鲨						● ♀<♂						
中国团扇鳐				● ●	● ● ●	○						
孔鳐		///●● ///////////										
光魟				●○ /// ♀>♂		○ ♀<♂						
鳓				● ● ♀:♂	● ○ ♀>♂					▲		
远东拟沙丁鱼				● ● ♀:♂								
青鳞鱼				● ● ♀>♂	● ● ♀>♂	● ○ ♀>♂						
斑鰶				● ● ♀<♂	● ● ♀<♂							
鳀				● ●	● ●							
中颌棱鳀				● ● ♀>♂	● ● ♀>♂							
赤鼻棱鳀			● /// ♀:♂	● ● ♀>♂	● ●	● ○ ♀<♂						
黄鲫			● ♀>♂	● ● ♀:♂			▲					
凤鲚	//▲//	▲										
大银鱼	●	●										
长蛇鲻				● ● ♀:♂	● ○ /// ♀<♂							
扁颚针鱼				● ●								
鱵				● ● ♀:♂								
海龙			●● ♀<♂									

（续）

鱼名	月份											
	2	3	4	5	6	7	8	9	10	11	12	1
日本海马				●● ♀>♂								
油魣				●● ♀:♂	●●	●						
赤眼棱鱼	▲		●	●○ ♀>♂								
鲈	▲		/////	▲ ♀>♂					●●	○		
细条天竺鲷				////// ♀:♂	●● ♀<♂	●● ♀<♂	●●					
多鳞鱚					● ♀>♂	● ♀>♂						
沟鲹					●●● ♀>♂	●● ♀>♂	▲	▲				
斜带髭鲷				/////// ♀:♂	●● ♀>♂	●● ♀<♂	●					
横带髭鲷				●● // ♀>♂	●● ♀<♂	●○						
棘头梅童			● ♀>♂	●●		● ♀>♂	○					
小黄鱼				●● ♀:♂								
鮸			●									
白姑鱼				●● ♀>♂	● ○ ♀<♂	○ //// ♀>♂		▲				
黄姑鱼				●●	●●	●○						
叫姑鱼				●●	●● ♀:♂	●● ♀>♂						
黑鲷				●●								
真鲷				●● ♀>♂	●							
绵鳚	//////	//////		● /////// ♀:♂						●●		
短鳍鲔			●●	●●●	○							
鲱鲔				● ///// ♀:♂		○						
带鱼				●● ♀>♂		▲/////	●●▲	▲	▲	▲		
鲐				●●	●							
蓝点马鲛				●● ♀<♂	● ♀<♂							

（续）

鱼名	月份											
	2	3	4	5	6	7	8	9	10	11	12	1
银鲳			▲	●　● ♀>♂	●　● ♀:♂	▲	●▲	▲		▲		
矛尾刺虾虎鱼	● ♀:♂	●● ♀>♂										
尖尾虾虎鱼		●	●●	●　● ♀>♂								
钝尖尾虾虎鱼			●●									
黑鲷	▲ ♀>♂			● ♀>♂								
单指虎鲉					●　● ♀>♂	●　● ♀<♂						
日本鬼鲉					●　● ♀>♂	●　● ♀<♂						
短鳍红娘鱼				●								
绿鳍鱼				●　● ♀>♂	●　○							
六线鱼										●	●　● ♀>♂	
鲻				●　● ♀:♂	○	○/// ♀:♂						
鳄鲬				●	●　●							
赵氏狮子鱼				● ♀>♂								
细纹狮子鱼										●●●　● ♀>♂	●　●	
牙鲆	▲	▲	●　● ♀:♂	●　●	●　● ♀>♂	▲///						▲
桂皮斑鲆				///////// ♀:♂		▲///		●●				
高眼鲽			● ♀>♂	●								
木叶鲽	○ ♀>♂	///// ♀>♂				///// ♀>♂	●	●●	●●	○		
黄盖鲽	● ♀<♂	●　●	●　○ ♀>♂	○ ♀<♂	○							
油鲽	●　● ♀<♂	●● ♀	●	▲								
石鲽			///////// ♀<♂							●　● ♀>♂	●　●	
条鳎				●　● ♀:♂	●　●							
宽体舌鳎					●　● ♀:♂	●　●						

（续）

鱼名	月份											
---	2	3	4	5	6	7	8	9	10	11	12	1
半滑舌鳎						——		●●	●●			
								♀>♂				
焦氏舌鳎	——			●●		●●						
				♀:♂		♀>♂						
短吻舌鳎			●●	●●	●○	○						
	♀>♂	♀>♂	♀>♂	♀>♂	♀	♀>♂						
三刺鲀						○////						
绿鳍马面鲀				●●	○	○						
				♀:♂	♀<♂							
虫纹东方鲀				●●		——						
				♀>♂	♀:♂							
铅点东方鲀			●●	○	////							
			♀:♂									
红鳍东方鲀			●●	●	——							
			♀>♂									
弓斑东方鲀						●●						
黄鮟鱇			●●///	●●						——		
			♀:♂									

注：—— 出现期；●● 繁殖期；○ 产后；♀:♂ 雌雄比；▲ 幼殖；//// 索饵期。

从表 6-4 可见，产卵季节依种而异，产卵持续时间也不尽相同。现仅以比目鱼类为例，油鲽（*Microstomus achne*）、黄盖鲽（*Pseudopleuronectes yokohama*）的产卵期为 2—4 月；牙鲆的产卵期为 4—6 月；高眼鲽（*Cleisthenes herzensteini*）、尖吻黄盖鲽（*Pseudopleuronectes herzensteini*）的产卵期为 4—5 月；条鳎的产卵期为 5—6 月；宽体舌鳎（*Cynoglossus robutus*）为 6—7 月；木叶鲽（*Pleuronichthys cornutus*）的产卵期为 8—10 月；半滑舌鳎（*Cynoglossus semilaevis*）的产卵期为 9—10 月；石鲽（*Platichthys bicoloratus*）的产卵期为 11—12 月。故几乎周年都有比目鱼类在产卵。但总体而言，本水域中鱼类的产卵期有两个高峰：一为春、夏季，即升温型产卵的鱼种最多，数量最丰。另一高峰在秋季，属降温型产卵的鱼种，但无论种类或是数量均不及春、夏季。余下在盛夏或是隆冬季节产卵的鱼种则更少，前者多属暖水性种类，后者则为冷水性地域分布种。此外，就是同一鱼种的产卵期也因地而异，如同是斑鰶的产卵期，黄渤海在 5—6 月，福建沿海在 2—4 月，南海北部在 11 月至翌年 1 月，日本列岛在 5—6 月。

（二）排卵方式

鱼类的生殖方式极其多样，可以归纳为下列 3 种基本类型。

1. 卵生

卵生（oviparity）指鱼类把成熟的卵直接产在水中，在体外进行受精和全部发育过程。有的种类，其亲体对产下的卵并不进行保护。由于卵未受到亲鱼保护，就有被敌害吞食殆尽的可能性，因此这些鱼类具有较高的生殖力，以确保后裔昌盛。大多数海洋鱼类属于这种情况。如翻车鲀（*Mola mola*）1 尾雌鱼的生殖力可达 3 亿粒卵。还有些鱼类对产下的卵进行保护，能使鱼卵不被敌害吞食。进行护卵的方式不尽相同。有些种类如刺鱼科、斗鱼科、乌鳢（*Ophiocephalus argus*）等在植物中、石头间、沙土中挖巢产卵，而后由雄鱼（偶尔也由雌鱼）进行护巢，直到小鱼孵出为止；有些种类如天竺鲷在口中育卵，直到小鱼孵出；有些鱼类在腹部进行育卵。另外，某些板鳃鱼类（如虎鲨、真鲨、猫鲨、鳐等）也是卵生的，但是卵是在雌鱼生殖道内进行体内受精，而后排卵至水中，无须进行第二次受精即可完成发育。

2. 卵胎生

卵胎生（ovoviviparity）这种生殖方式的特点在于卵子不仅是在体内受精，而且还是在雌鱼生殖道内进行发育。不过正在发育的胚体营养依靠自身的卵黄而进行，母体不供应胚体营养，仅提供呼吸方面的支持。如白斑星鲨（*Mustelus manazo*）、鼠鲨（*Lamna ditropis*）、虹、鳐等和硬骨鱼类中食蚊鱼（*Gambusia affinis*）、海鲫（*Ditrema temmincki*）、剑尾鱼（*Xiphophorus hellerii*）等都是这种生殖方式。

3. 胎生

在鱼类中也有类似哺乳动物的胎生繁殖方式，称之为胎生（viviparity）。胎体与母体发生循环上的关系，其营养不仅依靠本身卵黄，而且也靠母体来供应。如灰星鲨（*Mustelus griseus*）、条尾鸢虹（*Aetoplatea zonura*）等。

（三）产卵类型

不同种类的卵巢内卵子发育状况差异很大，有的表现为同步性，有的表现为非同步性，反映出不同的产卵节律，因此形成了不同的产卵类型。鱼类的产卵类型决定着资源补充的性质，与鱼类群体的数量波动形式关系密切。

如果按卵径组成和产卵次数分可把产卵类型分为：单峰，一次产卵型；单峰，数次产卵型；双峰，分批产卵型；多峰，一次产卵型和多峰连续产卵型（川崎，1982）。通常是根据Ⅲ-Ⅳ期卵巢内卵径组成的频数分布及其变化来确定产卵类型（邱望春，1965；唐启升，1980）（图6-7）。由于卵巢内发育到一定大小的卵子（如有卵黄的第4时相的卵母细胞）仍有被吸收的可能，仅采用卵径频数法来确认产卵类型有时难以奏效，因此还需要有组织学切片观察的方法加以证实（李城华，1982）。

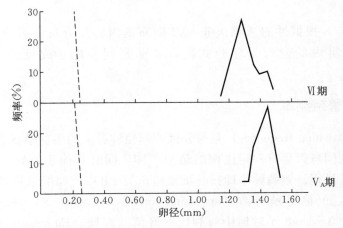

图6-7 黄海鲱Ⅳ-Ⅴ_A期卵巢内卵径组成（单峰，一次产卵型）

（引自唐启升，1980）

　　关于我国沿海主要经济鱼类带鱼的排卵类型，一些研究者根据对带鱼卵母细胞发育变化和细胞学观察的结果，认为带鱼属多次排卵类型（双峰，分批产卵型）（李城华，1982；杜金瑞等，1983；龚启祥等，1984）。南海北部的马六甲鲱鲤（*Upeneus moluccensis*）、条尾鲱鲤（*Upeneus bensasi*）等也属于这种类型（图6-8）。

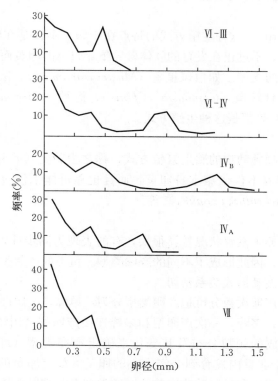

图6-8　带鱼卵巢内卵径的分布频率

（引自杜金瑞，1983）

　　李富国（1987）根据性腺成熟度Ⅲ-Ⅵ期卵巢内卵径分布没有突出的高峰，认为鳀的卵细胞在卵巢内的发育是序列式的，并非是同步的、成批的，属多峰连续产卵型。

三、鱼类的繁殖频率

　　繁殖频率（spawning frequency）是与分批产卵鱼种有关的生物学概念。对于分批产卵鱼类来说，繁殖期间每天会有一定比例的亲鱼产卵，同时其他亲鱼处于产后或产前的能量积累与性腺发育过程。繁殖频率即指分批繁殖鱼类1 d中产卵的亲鱼数量占整个成熟雌鱼数量的百分比，也称繁殖分数（spawning fraction）（Lasker等，1985；Somarakis等，2004）。例如，1990—1998年对地中海和比斯开湾欧洲鳀（*Engraulis encrasicolus*）的研究表明，其繁殖频率在6%～36%波动，显示出明显的海域与年际变动（Somarakis等，2004）。

第三节　鱼类的繁殖力及参数测算

一、鱼类繁殖力的相关概念

（一）鱼类个体繁殖力

又称个体生殖力，系指一尾雌鱼在一个生殖季节中可能排出卵子的绝对数量或相对数量。但因在调查研究中往往难以实测，故多采用相当于Ⅲ期以上的卵巢（即卵子已经积累卵黄颗粒）的怀卵总数或其相对数量来代替。

鱼类的个体繁殖力可以分为个体绝对繁殖力和个体相对繁殖力。

1. 个体绝对繁殖力

个体绝对繁殖力是指一个雌性个体在一个生殖季节可能排出的卵子数量。实际工作中常遇到两个相关术语，即怀卵量与产卵量，前者是指产卵前夕卵巢中可看到的成熟过程中的卵数，后者是即将产出或已产出的卵子数，两者实际数量值有所差别。如邱望春（1965）等认为，小黄鱼产卵量约为怀卵量的90%左右。

从定义的角度看，"产卵量"更接近于"绝对繁殖力"；但是在实际工作中，卵子计数多采用重量取样法，计算标准一般由Ⅳ-Ⅴ期卵巢中成熟过程中的卵子卵径来确定，如黄海鲱卵子的卵径为1.10 mm（唐启升，1980），这样计算出的绝对繁殖力又接近于"怀卵量"。可见，我们获得的"绝对繁殖力"实际上是一个相对数值。这个相对数值接近实际个体绝对繁殖力的程度，取决于我们对产卵类型的研究程度，即对将要产出卵子的划分标准、产卵批次以及可能被吸收掉的卵子的百分比等问题的研究程度。近年来，随着研究的不断进展，对产卵量的研究已经有了相对精确的估算方法（Armstrong等，2001）。

2. 个体相对繁殖力

个体相对繁殖力指一个雌性个体在一个生殖季节里，绝对繁殖力与体重或体长的比值，即单位重量（g）或单位长度（mm）所含有的可能排出的卵子数量。相对繁殖力并非是恒定的，在一定程度上会因生活环境变化或生长状况的变化而发生相应的变动。因此，它是种群个体增殖能力的重要指标，不仅可以用于种内不同群体的比较，也可用于种间的比较，比较单位重量或体长增殖水平的差异。如表6-5所列，黄海、东海一些重要渔业种群单位重量的繁殖力有明显差异。

表6-5　个体相对生殖力的比较

（引自唐启升，1991）

种群	单位重量卵子数量（粒/g）	作者
辽东小黄鱼	171～841	丁耕芜等，1964
东海大黄鱼	268～1 006	郑文莲等，1962
黄海鲱	210～379	唐启升，1980
东海带鱼	108～467	李城华，1983
东海马面鲀	674～2 490	宓崇道等，1987

（二）鱼类批次繁殖力

鱼类繁殖力还有一个重要的概念，即批次繁殖力。批次繁殖力是描述分批产卵鱼类繁殖力特征的重要术语，指一尾分批产卵的鱼在一次产卵活动中产出的卵子数量（Murua 等，2003）。批次繁殖力是应用产卵量方法评估亲鱼资源量的生物学参数之一，在渔业科学研究中具有重要的研究意义。

二、鱼类个体繁殖力的变化规律

从众多的研究中可以发现，鱼类的繁殖力随着体重、体长和年龄的增长而变动。例如，带鱼个体绝对繁殖力随鱼体长度和体重的增长而提高，并随着鱼体长度和体重的增长繁殖力增加的幅度逐渐增大，绝对繁殖力与肛长和体重呈幂函数增长关系（邱望春等，1965；李城华，1983；杜金瑞，1983）。从图 6-9 可以看出，带鱼绝对繁殖力随体重增长而提高比随长度增长而提高要显著得多，如长度 190～210 mm 和体重 50～150 g 的繁殖力基本一致，而在此以后繁殖力依体重的增幅逐渐大于依长度的增幅。同时，从图 6-9 中还可看出，同一年龄的带鱼绝对繁殖力随长度与体重增长均比不同年龄的同一长度和同一体重组的增长明显。即带鱼个体绝对繁殖力与体重最为密切，其次是鱼体长度，再次为年龄。

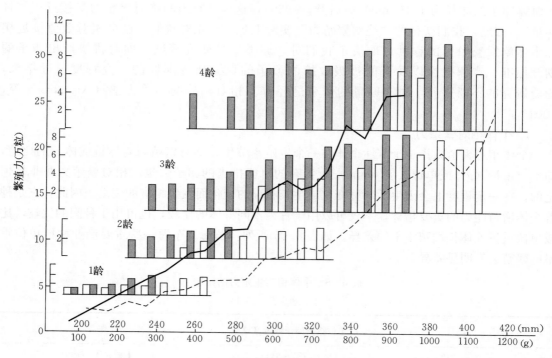

图 6-9　东海带鱼个体繁殖力与鱼体长度、体重和年龄的关系
（引自邓景耀，1991）
注：图中黑框表示体长，白框表示体重。

带鱼个体相对繁殖力 r/l 的变化规律与个体绝对繁殖力一样，均依肛长、体重和年龄的增加而增加。而 r/w 与肛长和体重的关系显然不同于 r/l 与肛长和体重的关系，后者呈不规

则波状曲线。说明 r/w 并不随肛长或体重的增加而有明显变化，因此较稳定。带鱼系多次排卵类型，第一次绝对排卵量（r_1）也依长度、体重或年龄增加，但排卵量均少于第二次绝对排卵量（r_2）（图 6 - 10a，b）。例如，台湾海峡西部海域带鱼的 r_1 值为 15.3～117.6 千粒，平均 37.4 千粒；r_2 为 18.4～156.6 千粒，平均为 57.1 千粒（杜金瑞，1983）。

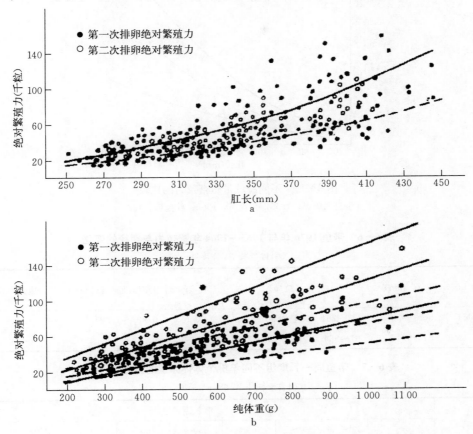

图 6 - 10　台湾海峡西部海区带鱼个体分次绝对繁殖力与肛长、体重的关系

a. 与肛长的关系　b. 与体重的关系

（引自杜金瑞等，1983）

对于许多鱼类来说，其不同种群或群体繁殖力是不同的；同一种不同生殖季节生殖鱼群其繁殖力通常也存在差别。如分布在不同海域的带鱼种群繁殖力表现出显著的差异。从图 6 - 11 可以看出，以台湾海峡西部海域种群的繁殖力最高，东海带鱼次之，分布在渤海的种群其繁殖力最低。就上述 3 个海域（不包括南海与北部湾带鱼）的带鱼群体而言，可以代表 3 个不同类群，台湾海峡西部群大致相当于台湾浅滩北部种群或定居性生态种群（朱耀光，1985），其他两类群分别为东海-粤东群和黄渤海群。

不同年份，带鱼繁殖力的变动是很大的，1976 年个体绝对繁殖力的增长率是 1963—1964 年的 86%，而 1976 年的卵径则明显减小。同一长度组的繁殖力同样反映了不同年度的变动（表 6 - 6、表 6 - 7）。鱼类繁殖力的变化规律是种群变动的最主要指标，繁殖力在一定范围内适应性地变化着，它反映着生物物种与环境的关系。

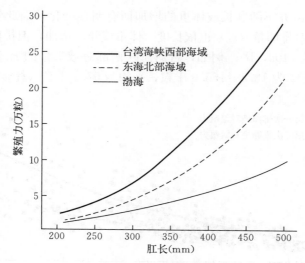

图 6-11　不同海域带鱼繁殖力的比较

（引自邱望春，1965；张镜海，1966；杜金瑞，1983）

表 6-6　带鱼 1976 年与 1963—1964 年繁殖力与卵径的变化

（引自李城华，1983）

年份	r/l（粒/mm）	r/w（粒/g）	第 4 时相卵母细胞直径（mm）	成熟卵径（mm）
1963—1964	50～655	52～261（一般为 90～160）	0.925～1.325	1.525～1.825
1976	61～964	61～964（一般为 150～300）	0.44～0.86	0.9～1.30

表 6-7　带鱼同一长度组不同年份个体怀卵量的变化（万粒）

（引自李城华，1983；1988）

年份	肛长组								
	210～220 mm	220～230 mm	230～240 mm	240～250 mm	250～260 mm	260～270 mm	270～280 mm	280～290 mm	290～300 mm
1963—1964	2.2	1.8	1.7	2.2	3	3.1	2.9	3.2	3.3
1976	2	3.4	2.9	4.3	4.6	5.7	5.8	5.7	8.0
1978	3.64	4.03	4.76	5.48	5.78	6.54	8.01	8.79	11.07

三、鱼类个体繁殖力的调节机制

鱼类繁殖力的变化规律是鱼类种群变动中最重要的规律，种和种群繁殖力的变动，在食物保障不同时，是通过物质代谢的变化进行自动调节的，这是变化着的生活环境中，调节增殖度和控制种群数量以便相应于其食物保障的重要适应性。

（一）因不同年龄和鱼体大小而引起的繁殖力变化

大多数鱼类的繁殖力与鱼体重量的相关比与体长的相关性密切，而与体长的相关性又比与年龄的相关性密切。

鱼类达到性成熟年龄后，随鱼体的生长，繁殖力不断增加，直至高龄阶段才开始降低。

低龄群的相对生殖力一般最大，高龄个体并不是每年都生殖。这是因为初次生殖的个体卵子最小，相对繁殖力较高，而后的较长时间里，随着鱼体的生长，繁殖力的提高一般较缓慢。高龄鱼阶段，鱼体进入衰老期，其卵粒被吸收的数量增加，鱼体机能下降，同时受所处环境的影响，往往出现生殖季节不产卵的现象。

（二）鱼类繁殖力由于食料供给率的不同而有变异

鱼类繁殖力的形成过程较明显分成两个时期，第一时期是生殖上皮生长时期，该种群所具有的总的个体繁殖力就在这一时期形成。形成繁殖力的第二时期，是由于食物保障变化所引起的生殖力和卵子内卵黄积累的显著变化。因此，鱼类生殖力年间的变动，与生殖前索饵季节的索饵条件有关。

同一群体的繁殖力，在饵料保障富裕的条件下，调节繁殖力的主要方式是加快生长，鱼体越肥满卵细胞发育越良好，卵数就越多，其繁殖力相对地提高。相反，当遇到饵料贫乏的年份，部分卵细胞就萎缩而被吸收，其繁殖力就降低。

（三）个体繁殖力随着鱼体的生长而变化

个体繁殖力随鱼类生命周期的转变一般可分为 3 个阶段，即繁殖力增长期、繁殖力旺盛期和繁殖力衰退期。在繁殖力增长期，繁殖力迅速增加；旺盛期繁殖力增长节律一般较稳定，但繁殖力达到最大值；衰退期繁殖力增长率下降。例如，浙江岱衢洋的大黄鱼，2～4龄和部分 5 龄鱼，繁殖力较低，属开始生殖活动的繁殖力增长期。5～14 龄鱼的繁殖力，随着年龄的增加而加大，是繁殖力显著提高的旺盛期。约在 15 龄以后，繁殖力逐渐下降，是繁殖力衰退期，是机体开始衰退在性腺机能上的一种反映。

（四）同种不同种群繁殖力的差异

同一种类生活在不同环境中的种群，甚至种群内部相对独立的不同群体，繁殖力是不同的。不同群体生活环境差异越大，其繁殖力的差别就越大。例如，鲱（*Clupea harengus*）栖息于北太平洋水域的种群，与栖息于北大西洋的种群繁殖力迥然不同。

生活于同一海域，个体同样大小，或年龄相同的鱼，若生殖时间不同，其繁殖力也会变异。如浙江迁海的大黄鱼，春季生殖鱼群的繁殖力就比秋季生殖鱼群的繁殖力高。

对海洋鱼类相近种类来说，分布在偏南方的类型同样具有高繁殖力的特点。其种类繁殖力的增长，是通过提高每批排卵数量来达到的。因此，相近种类繁殖力表现出从高纬度至低纬度方向逐渐增加的现象，这一情况在非分批生殖的种类研究中很明显。

四、鱼类繁殖生物学参数的测算

不同鱼类的繁殖力变化很大。如软骨鱼类的宽纹虎鲨（*Heterodontus japonicus*）、伊氏锯尾鲨（*Galeus eastmani*）只产 2～3 粒卵，而鲀形目的翻车鱼可产 3 亿粒卵。那些产卵后不进行护卵、受敌害和环境影响较大的鱼类一般怀卵量都比较大，如真鲷怀卵量一般为 100万粒左右，福建沿海的真鲷怀卵量最高达 234 万粒，鲻（*Mugil cephalus*）怀卵量为 290 万～720 万粒，鳗鲡（*Anguilla japonica*）怀卵量为 700 万～1 500 万粒。通常海洋鱼类的繁殖力比淡水鱼类和溯河性鱼类高。产浮性卵的繁殖力最高；其次是产沉性卵的鱼类；生殖后进行保护或卵胎生的鱼类，其繁殖力最低。

计算卵子的方法也有多种，有计数法、重量比例法、体积比例法、利比士（Reilish）法等。卵粒计数法多用于数量少的大型卵粒，如鲑鳟类、鲶类等；一般鱼类通常应用重量比例法测算。而对于分批产卵鱼类，其批次繁殖力的测算则更加复杂。

（一）个体绝对繁殖力的测算

鱼类个体绝对繁殖力的测算方法主要有重量比例法和体积比例法。

1. 重量比例法

在进行生物学测定以后，取出卵巢，称其重量，然后根据卵粒的大小，从整个卵巢中取出 1 g 或少于 1 g 的样品，计算卵粒数目。如果卵巢各部位的大小不一则应从卵巢不同部位取出部分样品，并算出其平均值（如前、中、后三部位各取 0.2~0.5 g），然后用比例法推算出全卵巢中所含的卵粒数。公式为：

$$E = \frac{W}{w} \times e$$

式中，E 为绝对繁殖力（粒）；e 为样品卵数（粒）；W 为全卵巢重量（g）；w 为取样重量（g）。

计算个体繁殖力时，应注意须用第Ⅳ期成熟度的卵巢，而不应用第Ⅴ期的，因为它可能已有一部分卵子被挤出体外。选取的一部分作为计算用的卵子，须注意其代表性。另外，繁殖力的计算，最好是采用新鲜的标样，有困难时，也可以用浸制在 5% 甲醛溶液中的标样进行。

2. 体积比例法

利用局部卵巢体积与整个卵巢体积之比，乘以局部体积中的含卵量，即可求出总怀卵量来。求卵巢和局部卵巢的体积时用排水法。公式为：

$$E_i = \frac{V}{U} \times e$$

式中，E_i 为卵巢总怀卵量（粒）；V 为卵巢的体积（mL）；U 为卵巢样品的体积（mL）；e 为卵巢样品中的含卵量（粒）。

选取的局部卵巢使用辛氏溶液（Simpson）浸渍，将卵全部分离吸出，计其数量。由于卵巢不同部位的卵粒大小往往不同，因此需要在卵巢上的不同部位采取几部分卵块进行计数，得到的结果较为准确。

（二）鱼类批次繁殖力的测算

批次繁殖力（batch fecundity）是分批产卵鱼类的重要繁殖生物学参数，其评估主要使用两种方法：核移位法和水化卵法（王腾等，2013）。

1. 核移位法

核移位卵是指卵母细胞中核已经偏离中央位置，向动物极移动的卵。核移位卵一般会在24 h 内排出，因此通过测算卵巢中所有核移位卵的数量，可以得到鱼类批次繁殖力的数量（Lasker，1985）。

核移位卵较其他更早期阶段的卵要大。不同鱼类的核移位卵具有不同特点，如白腹鲭（*Scomber japonicus*）和竹荚鱼（*Trachurus trachurus*）的核移位卵在透射光下比其他非水化卵要透明，而且卵的最外边存在一圈来自卵黄颗粒溶解的透明带（Dickerson 等，1992；Riga 等，1997）；沙丁鱼（*Sardina pilchardus*）的核移位卵与其他卵一样不透明，但是其卵内存在 1 个大的脂肪滴，在偏振光下可以很清楚地看到这个脂肪滴，从而将其与其他卵区分开来（Ganias 等，2004）。因此，如何辨别核移位卵是实施这个方法的关键，也是难点。

2. 水化卵法

水化卵是卵母细胞在卵巢中发育的最后阶段，由卵黄颗粒吸水融合而形成，一般存在于产卵前的 12 h 内（Lasker，1985；Dickerson 等，1992），因此其数量可代表鱼类的批次繁殖力大小。水化卵在解剖镜的透射光下非常透明，是已成熟待产的体积最大的卵，在卵巢中很易辨认。由于水化卵存在时间相对较短，因此采集含水化卵的卵巢较为困难，甚至需要分时段去确定水化卵存在的时段（Cater 等，2009）。使用水化卵法测定鱼类批次繁殖力，需要首先确定带有水化卵的样品卵巢中尚无卵粒已经产出，通常是进行组织学切片，观察其中是否有产后滤泡的存在，只有那些没有产后滤泡的卵巢才可用于水化卵的计数，以免低估批次繁殖力。鱼类的左右卵巢，及同一卵巢的不同部位水化卵的分布都可能是不均匀的，因此需要对不同部位进行采样（Lasker，1985）。

水化卵法是评估批次繁殖力最常用的方法。尽管水化卵一般在 12 h 内会产出，但也存在少量被吸收的可能（Murua 等，2003），这样可能会高估批次繁殖力。同时，也有研究发现有些鱼类同一批卵由于发育并不完全同步，会需要一到数天时间随成熟时间先后产出（Shiraishi 等，2009）。这种现象在相关研究中宜加以关注。也有研究发现，豹纹鳃棘鲈（*Plectropomus leopardus*）水化卵巢中同时存在水化卵和核移位卵，并采用组织切片观察获得两种卵的相对比例，继而采样统计全部水化卵和核移位卵的总数量，作为批次繁殖力（Cater 等，2009）。

（三）鱼类繁殖频率的测算

繁殖频率指分批产卵鱼类中，一天中产卵的亲鱼数量占整个成熟雌鱼数量的百分比。早期曾使用卵径分布频率来估算繁殖频率，但研究证明此方法存在较大误差（Hunter 等，1981）。繁殖频率的估算一般常用以下方法：

1. 产后滤泡法

产后滤泡法是目前研究繁殖频率使用最广泛的方法。产后滤泡是指鱼类产卵过后，依然存在于卵巢中的、原来包裹水化卵的滤泡，是鱼类刚产过卵的标志。产后滤泡会逐渐被鱼体吸收，因此产卵后随时间延续，产后滤泡会呈现不同形态，可以凭其形态特征来鉴定产后滤泡的年龄（即产卵后所经过的时间），并估测鱼类的繁殖频率（Lasker，1985）。

产后滤泡法应用的关键是产后滤泡年龄的鉴定，这涉及要建立产后滤泡不同吸收阶段的形态学年龄标准。这个形态学年龄标准随鱼种、群体、环境（特别是温度）等因素不同而不同，因此不具有通用性。研究显示，有些鱼类产后滤泡不到 1 d 就吸收完，如鲣（*Katsuwonus pelamis*），而黄鳍金枪鱼（*Thunnus albacores*）则需 1 周多。繁殖期饥饿的个体或近繁殖期结束的个体，卵巢中可能会出现一种闭锁小泡，是卵黄卵直接被鱼体吸收而形成的，其与产后滤泡吸收后期从形态上很难区分（Lasker，1985）。此外，包埋材料的种类也可能对产后滤泡的形态带来影响。这些都给产后滤泡法的研究带来了难度。

建立产后滤泡的形态学年龄序列，首先面临的问题是确定开始产卵的时间。虽然饲养法可以精准确定目标鱼种 24 h 内的产卵规律，但开展人工饲养的鱼种是很有限的，大量的鱼种需要其他方式解决。除少数鱼类外，大部分鱼类种群繁殖是同步的，因此一种方法是在繁殖季节分时段连续对鱼类进行采样，来确定鱼类繁殖高峰期（Ganias 等，2003）。繁殖高峰期确定后，每隔几个小时采样和记录产后滤泡的形态学变化，从而确定不同形态变化的产后滤泡年龄（图 6 - 12）。

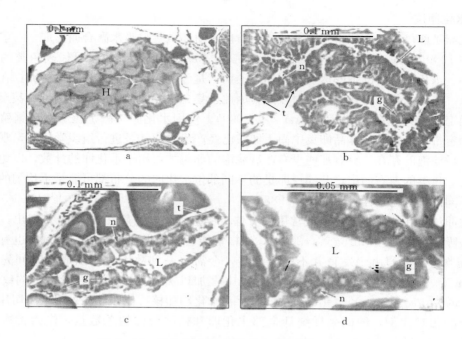

图 6-12　北方鳀 "0" 日龄产后滤泡（产后 0～6 h）

a. 产后滤泡产生　b. 形成不到 1 h　c. 形成时间 1～6 h　d. "0" 日龄滤泡放大图

（引自 Lasker, 1985）

注：g 为颗粒上皮细胞层；t 为膜结缔细胞层；L 为滤泡内腔；H 为滤泡；n 为滤泡膜。

　　评估繁殖频率时，每次采样一般不少于 10 尾，以年龄为 1 d 的产后滤泡个体数占样品总数的百分比来评估繁殖频率。一些研究表明，由于亲鱼产卵时的集群，以及捕捞网具可能会刺激亲鱼产卵，0～24 h 的产后滤泡一般会高估繁殖频率（Korta 等，2010）。因此，更多是以年龄为 12～36 h 或 24～48 h 产后滤泡来评估繁殖频率，或以几个时段的平均值来确定最后的繁殖频率。

2. 水化卵法与核移位法

　　水化卵法系评估具水化卵个体占整个雌性成熟亲鱼的数量百分比。核移位法与此类似，即评估含核移位卵的个体占整个雌性成熟亲鱼的数量百分比。通常认为这两种方法的精确度不高。有学者认为，由于产卵群体的集群、样品采集的随机性，以及水化卵采集需要特定时间，加上核移位卵与水化卵在鱼体内可能不到 1 d 就分别转化为水化卵或产出，对 1 d 繁殖的亲鱼数量代表性不足等因素，这两种方法具有较大局限性（Lee 等，2005；Ganias，2008；Lasker，1985）。近年来，有学者采用卵母细胞生长法研究大西洋沙丁鱼（*Sardina pilchardus*）繁殖频率，其特点是不需做组织学切片，所需样品少，可附带计算批次繁殖力，主要观察卵母细胞繁殖循环开始和结束时的卵径及生长率，已取得初步成功（Ganias 等，2011）。

五、鱼类种群繁殖力及其概算方法

　　由于生长状况、性成熟年龄、群体组成、亲体数量等因素的变化，个体繁殖力有时还不能准确地反映出种群的实际增殖能力。种群繁殖力系指一个生殖季节里，所有雌鱼可能产出的卵子总数。历史上，对种群繁殖力概算采用了一个近似公式：

$$E_p = \sum N_x \cdot \overline{F}_x$$

式中，E_p 为种群繁殖力；N_x 为某年龄组可能产卵的雌鱼数量（尾）；$\overline{F}_x$ 为同年龄组的平均个体繁殖力（粒）。

在单位重量繁殖力比较稳定的情况下，种群繁殖力也可用个体相对繁殖力与产卵雌鱼的生物量乘积来表示。

从黄海鲱的研究实例来看，黄海鲱 2 龄鱼基本达到全面性成熟，1、3 龄第一次性成熟所占比重较小，可忽略不计，产卵群体的性比比较接近 1∶1，其个体繁殖力随年龄而变化，结合逐年世代分析，该鱼的种群繁殖力列表计算如下（表 6-8）。

表 6-8　黄海鲱种群繁殖力

（引自陈大刚，1991）

年龄	平均怀卵量（万粒）	1962 年		1970 年		1972 年	
		产卵雌鱼（万尾）	种群繁殖力（亿粒）	产卵雌鱼（万尾）	种群繁殖力（亿粒）	产卵雌鱼（万尾）	种群繁殖力（亿粒）
2	3.07	3 337.50	10 246.13	6 487.15	19 915.55	70 598	213 735.86
3	4.90	5 724.55	28 050.30	1 996.60	19 783.34	493.8	2 419.62
4	5.45	302.45	1 648.35	3 215.05	17 522.02	585.25	2 419.62
5 以上	5.43			246.90	1 340.67	831.8	4 516.67
合计		9 364.50	39 944.78	11 945.70	48 561.58	72 508.85	226 861.76

注：产卵雌鱼=（当年产卵群体资源量 N_x－产卵群体渔获量 C_x）/2。

从表 6-8 可见，黄海鲱的种群繁殖力依年份有很大波动，为 4 亿～22.7 亿粒，这是受产卵群体的优势世代强弱的影响。如 1972 年的 2 龄鱼即 1970 世代非常强盛，致使该年种群繁殖力猛增。其他鱼种也皆有不同程度的波动，其变幅大小视鱼种而异。至今，在黄海鲱资源大幅衰退的背景下，其资源早已不复昔日盛况，种群繁殖力走向枯竭。

第四节　鱼类产卵量评估

鱼类产卵量评估，是鱼类繁殖季节在产卵场开展鱼类浮游生物与环境综合调查的基础上，通过数学建模预测鱼卵在产卵场的时空分布，从而对目标经济鱼种单日或全年的产卵总量进行估算。鱼类产卵量评估的研究目的，是利用群体产卵量结合鱼类繁殖生物学参数，评估特定海域经济鱼类产卵群体的资源量。

鱼类产卵场产卵量的评估包括日产卵量评估和年产卵量评估。

一、日产卵量评估

日产卵量评估方法（daily egg production method，DEPM）主要应用于分批产卵的鱼类。这些鱼类由于分批产卵，难于准确评估其个体在一个生殖季节里的产卵量。20 世纪 70 年代末期，出于对更加直接、精准的渔业群体资源量评估的需求，美国加利福尼亚西南渔业中心的研究人员研发了日产卵量评估方法，并将日产卵量评估结果进一步应用于美国加利福尼亚沿岸鳀亲鱼资源量的评估。20 世纪 80 年代，该方法迅速在世界范围内得到推广，大量应用于秘鲁、韩国、南非等地的鳀群体，加利福尼亚的沙丁鱼；进入 90 年代，广泛应用于大西洋、地中海及南美智利等地的鳀，黍鲱（*Sprattus sprattus*），大西洋鲭（*Scomber scombrus*），竹荚鱼，以及首次用于底层经济鱼种澳大利亚和新西兰的金赤鲷（*Pagrus auratus*）（Stratoudakis 等，2006）。在一些海区，日产卵量评估作为群体资源量（SSB）评估的常规手段已连续开展多年（Somarakis 等，2004）。日产卵量方法已经成为独立于渔业调查之外的、评估渔业群体资源量的最常用方法之一（Bernal 等，2011a，b；Bernal 等，2012）。

鱼类产卵场日产卵量的估计涉及诸多环节。

（一）鱼卵分期标准

在日产卵量的研究过程中，需要对采集到的卵进行发育阶段鉴定，以最终实现其个体年龄鉴别。为研究方便，鱼类卵期发育过程可分为 6 期标准（Simpson，1959）。开展鱼类产卵量评估，必须对采集的样品进行分期鉴定和计数。以中国沿海蓝点马鲛（*Scomberomorus niphonius*）为例，其卵期的 6 期发育特征标准见图 6 - 13（姜屹倩等，2016）。

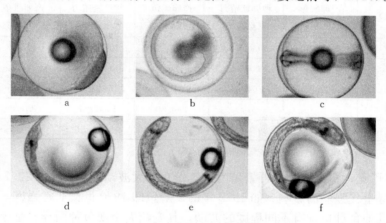

图 6 - 13 蓝点马鲛胚胎发育时期

a. I_A 期 b. I_B 期 c. Ⅱ 期 d. Ⅲ 期 e. Ⅳ 期 f. Ⅴ 期

（引自姜屹倩等，2016）

I_A：从开始受精，经过连续分裂直至产生一个细胞团，直至囊胚晚期（图 6 - 13a），油球在此时期多分裂为 2～4 个，且大小不等。

I_B：胚盘持续发展，可见一个印戒（可能是胚环），直到胚体的原始条纹出现（图 6 - 13b），油球在此时期继续呈分裂状态。

Ⅱ：原肠胚形成阶段，从原始条纹的第一个迹象，直至胚孔关闭，此时胚体约占整个卵黄体的 1/2（图 6 - 13c），油球在此时期继续呈分裂状态。

Ⅲ：出现增长的尾巴，直到胚胎敷于卵黄体圆周的 3/4 左右，有发展的眼睛结构和色素斑（图 6 - 13d），多个分裂的小油球在此阶段合并为 1 个大油球，未见分裂的油球。

Ⅳ：出现增长的尾巴，直到胚胎充满整个鱼卵，并且胚胎首尾相连（图 6 - 13e），此时期只见 1 个大油球。

Ⅴ：尾部增长越过头部，眼睛的色素沉积开始，这个阶段结束时，仔鱼孵化（图 6 - 13f），此时期只见 1 个大油球。

（二）鱼类胚胎发育模型与鱼卵年龄鉴定

鱼类胚胎发育受诸多环境因素影响，其中影响最大的是温度，鱼类胚胎发育模型即指不同温度下鱼卵从受精到孵化的速度变化。产卵场环境，特别是水温具有显著的时空变化，采样时不同时间和位置的环境水温往往有显著差异。在日产卵量研究中，胚胎发育模型则被用来对不同站位采到的鱼卵进行年龄鉴定。

鱼类胚胎在不同温度下的发育速度是种的生物学属性，通常胚胎发育模型系在实验室内，在不同温度梯度下对受精卵进行培养获得。以蓝点马鲛为例（姜屹倩等，2016），在 5 个温度梯度（12 ℃、15 ℃、18 ℃、21 ℃、24 ℃）下对蓝点马鲛胚胎的发育过程的试验观察结果表明，12 ℃时，蓝点马鲛胚胎未完成发育，胚胎发育的最高临界水温为 24 ℃，最适水温是 15～21 ℃，胚胎发育所需时间与水温成负相关关系（图 6 - 14）。这些数据可以为蓝点马鲛卵子的年龄鉴定提供温度校正支持。

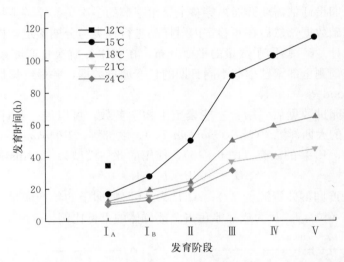

图 6 - 14　不同温度下胚胎从 I$_A$ 期至 V 期过程中发育到各阶段末所需时间

（引自姜屹倩等，2016）

（三）鱼类日产卵量估算

传统的产卵场日产卵量估算基于一个死亡率指数模型（Alheit，1993）：

$$P_t = P_0 e^{-zt}$$

式中，P_t 为 t 龄卵子的数量（粒）；P_0 为日产卵数量（粒）；z 为日死亡率；t 为卵子年龄（产出后经过的时间）（h）。

由于鱼卵死亡率的估算较为困难，近年来也有很多研究采用一种代用方法，即直接用 I$_A$ 期卵子数量代表日产卵量 P_0，而忽略这一阶段鱼卵死亡的影响（Li 等，2017）。获得日产卵量数据 P_0 后，还需建立一些数学模型，对整个产卵场水域不同面积单元的日产卵量进行预测，然后将预测结果用于整个产卵场区域的日产卵量估算（彩图 19）。

（四）根据鱼类日产卵量估算群体资源量

在获得产卵场日产卵量估算数据后，结合鱼类繁殖生物学参数，可以进行产卵群体资源量的评估。其模型公式为（Somarakis 等，2004）：

$$SSB = P_0 A / [(R/W)SF]$$

式中，SSB 为产卵群体资源量（t）；P_0 为单位面积 0 龄卵子的日产卵量（粒）；A 为产卵场面积（km^2）；R 为雌性个体所占比例（以重量计）（%）；W 为成熟雌鱼平均体重（g）；S 为每日产卵个体占全部雌性个体的比例（繁殖频率）；F 为批次繁殖力。

要实现产卵群体资源量评估的研究目标，需要在鱼类浮游生物调查与室内实验分析基础上，对公式中涉及的各个生物学参数进行估算。鱼类浮游生物外业调查从空间上需要覆盖目标鱼种群体的产卵场；从时间上，要在繁殖盛期进行。为保障数据的代表性与精度，站位设置往往较为密集，调查核心区域站位间距可达 $2\sim3$ n mile。在鱼卵与仔鱼调查采样的同时需要对海域物理环境，主要是对水温和盐度进行调查；同时开展成鱼调查。

二、年产卵量评估

年产卵量评估方法（annual egg production method，AEPM）系对鱼类群体的全年产卵量进行估算。年产卵量评估需要开展纵穿整个繁殖季节的多次鱼类浮游生物调查，获取鱼卵与产卵场环境的基础数据，然后在实验室内对样品进行种类与分期鉴定，根据鉴定结果和环境参数建立模型估计"0"龄卵子数量的平面分布，在获得各航次日产卵量评估结果的基础上，通过数学模型预测全部繁殖季节不同日期的日产卵量数据，并最终累加得到目标群体的年产卵量（Lockwood 等，1981）。

获得鱼类年产卵量数据后，结合一些繁殖生物学参数，可以进一步评估产卵群体资源量。如对爱尔兰海的大西洋鳕（*Gadus morhua* L.）、欧洲鲽（*Pleuronectes platessa* L.）和欧洲鳎（*Solea solea* L.）的研究（图 6-15），使用的评估模型为（Armstrong 等，2001）：

$$SSB = AEP/(F_r \cdot R \cdot 10^6)$$

式中，SSB 为产卵群体资源量（t）；AEP 为 "0" 龄卵子的年产卵量（百万粒）；F_r 为年平均相对繁殖力（粒/g）；R 为成熟雌鱼占全部群体的重量比例。

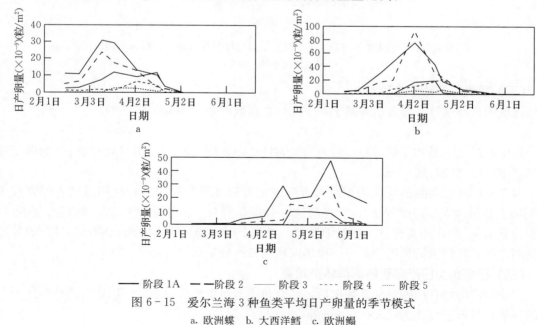

——— 阶段 1A — — 阶段 2 —— 阶段 3 ···· 阶段 4 ······ 阶段 5

图 6-15 爱尔兰海 3 种鱼类平均日产卵量的季节模式

a. 欧洲鲽　b. 大西洋鳕　c. 欧洲鳎

（引自 Armstrong 等，2001）

思考题

1. 试述鱼类性成熟过程的一般规律及影响鱼类性成熟的主要因素。
2. 试述鱼类性腺成熟度的时期划分及性腺各发育时相的基本特征。
3. 鱼类的繁殖习性有哪些主要特征?
4. 试述鱼类主要繁殖生物学参数的测算方法。
5. 试述鱼类日产卵量与年产卵量的应用及评估方法。

第七章 鱼类的摄食生态及其研究方法

第一节 鱼类的食物组成、食物网和食性类型

一、食物组成

食物组成是指鱼类摄食饵料生物的种类组成及其在食物中所占的相对比例和重要性。饵料基础作为鱼类最重要的生活条件之一，是构成鱼类种间关系的第一性联系，饵料保障状况，直接制约着鱼类的生长、发育和繁殖，影响着种群的数量动态乃至渔业的丰歉。

在鱼类群落中，无论是种内还是种间，本质上都表现为营养相关，通过这种营养相关，鱼类和群落各生物成员之间构成了一个相互依存、相互制约的有机整体，从而实现包括鱼类在内的整个群落与外部环境之间的物质循环和能量流动（殷名称，1995）。因此，对鱼类食物组成和摄食生态的研究，是了解鱼类群落乃至整个生态系统结构和功能的关键所在，是海洋生态学研究的主要组成部分，还是改造海洋生态系统、提高水域生产力和进行多鱼种渔业管理的基础。

总体来说，鱼类的食谱是十分广泛的，也是十分复杂的：水生植物类群，从低等单细胞藻类到大型藻类以及水生维管束植物；水生动物类群，几乎涉及无脊椎动物的各个门类乃至脊椎动物的鱼类自身；腐殖质类，也是某些底食性鱼类的重要饵料。

但就不同鱼种而言，其食物组成却千差万别。有的以水层中的浮游生物为食；有的则以水域中的虾、蟹、头足类乃至自身的幼鱼为食而成为水中的凶猛肉食者；有的却偏爱水底有机腐屑，成为腐殖消费者。鱼种不同，其饵料的广谱性也存在巨大差别，这是鱼类物种长期适应与演化的结果。

二、食物网

生物群落种间的营养相关并非单向的食物链关系，而是由许多长短不一的食物链彼此交叉，纵横联系构成的一种网状结构，称为食物网（food web）。生物群落各成员之间正是通过这种食物网关系，构成了相互依存、相互制约的有机整体。鱼类是海洋食物网中的一个重要成员，也是人类利用的主要对象之一，因此以鱼类为中心研究海洋食物网具有重要的理论和现实意义。

食物网是鱼类摄食生态研究的重要内容之一，该研究对于阐明海洋鱼类的食物联系，了解海洋鱼类的种间关系，探讨海洋生态系统的能量流动和物质循环，提高水域生产力都具有重要的理论和实践意义。海洋鱼类食物网及其营养动力学过程还是海洋生态系统动力学研究的重点内容之一，能够为研究生物资源优势种的交替机制和资源补充机制提供理论依据。

湖泊中、海洋中食物链中最低级的一环是水生植物，即浮游植物和底栖藻类（包括高等维管束植物），它们是初级生产者；其次是摄食植物的动物，是初级消耗者，即草食性动物；再次是捕食这些动物的动物，是次级消耗者，属二级捕食动物……依此类推；最后是异养性

细菌，也称还原者。还原者能把湖泊中、海洋中动植物尸体、碎屑分解还原成浮游植物生长繁殖所需要的营养盐类。这样，从营养盐经过一系列环节，最后又还原成营养盐，形成了一个封闭环，故又称为食物环。这种食物环的存在不仅是湖泊、海洋生物的生存条件，而且也是维持整个水域物质转换和能量流动的重要结构。查明这些关系，对开发湖泊或海洋生物资源有极为重要的意义。

当食物链内一个环节转入另一个环节时，都伴随着一定的消耗。从能量角度来看，存在一定的转化率。例如，浮游植物被浮游动物所摄食，转换为浮游动物机体，其转化率经过推算约为10%。浮游动物为小型鱼类所摄食，组成小型鱼类的机体，其转化率约为10%；而小型鱼类被大型鱼类所摄食，其转化率约为10%。这就是说，要组成食物层次上高一阶层动物一个单位机体时，约需要消耗食物层次低一级动物的10个单位机体能量。由此可见，距离食物链第一环节越近，即处于食物层次越低级的生物，其数量就越多。这种情况犹如一座金字塔，越上一级其数量越少，这就是所谓金字塔定律，如图7-1所示。

世界渔获量组成中以中上层鱼类所占比重最大（图7-2）。在食物层次中，最低级的浮游植物和浮游动物以及幼体类，数量十分庞大，它们维持着产量巨大的中上层鱼类，由此才能支持其他肉食性鱼类和掠食性鱼类的生存。

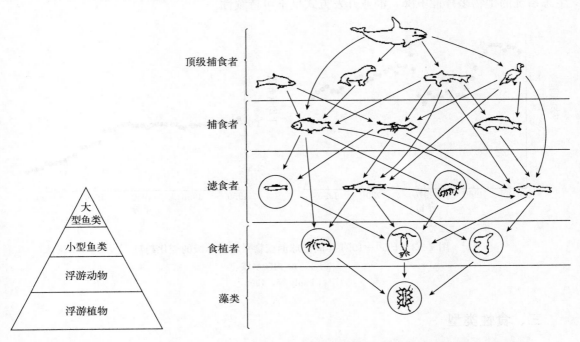

图7-1　鱼类食物金字塔
（引自陈大刚，1997）

图7-2　可捕获海洋生物资源和初级生产者间的食物网
（引自陈大刚，1997）

营养级的概念最早是由Lindeman（1942）提出的，指的是食物链上按能量消费等级划分的各个环节。海洋植物属于第一营养级，也称自营养级；草食性动物属于第二营养级；低级肉食性动物属于第三营养级；中级肉食性动物属于第四营养级；高级肉食性动物属于第五营养级。由于鱼类摄食的饵料生物是多种多样的，有时它们的营养级并不能完全用整数来表示，而是用中间数值来表示。营养级的计算公式为：

$$TL = 1 + \sum_{i=1}^{s} (K_i \times I_i)$$

式中，TL 为鱼类的营养级；K_i 为饵料生物 i 的营养级；I_i 为饵料生物 i 在鱼类食物中所占的比例；s 为饵料种数。

营养级是海洋食物网结构的重要组成部分，渔获物的平均营养级可以作为评价海洋生态系统可持续利用的生态指标，因此对鱼类营养级的研究具有重要的理论和实际意义。营养级是鱼类食物网研究的一项重要内容，它可以用来描述鱼类在能量流动过程中所处的营养水平，营养级越大，其营养水平就越高。鱼类营养级的变化能够反映出鱼类摄食饵料生物种类和数量的变化情况，鱼类群落平均营养级的变化能够反映出鱼类群落结构的变化情况。

根据 FAO 提供的渔获统计数据，Pauly 等（1998）研究发现，全球渔获物平均营养级在 1950—1994 年间每 10 年下降约 10%（图 7-3）。基于种群的上岸渔获量与生态系统中的资源量相关的假设，Pauly 认为平均营养级的下降表明捕捞使生态系统中食物网的营养级下降，并提出著名的"捕捞导致海洋食物网平均营养级下降（fishing down marine food webs）"观点，即渔获物从长寿命、高营养级的种类逐步向短寿命、低营养级的种类转变，生态系统的生物多样性下降，渔业开发方式呈不可持续性。

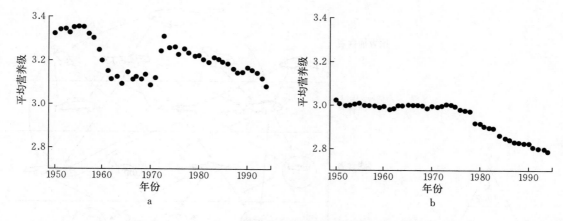

图 7-3　1950—1994 年间全球渔获物平均营养级的变化趋势

a. 海洋　b. 内陆水域

（引自 Pauly 等，1998）

三、食性类型

Root（1967）最早提出功能群（guild）（或称同资源种团）的概念。功能群是指以某种相似的方式利用同种资源的物种集合，其分类依据是物种在生态系统中所处的功能和地位，而不是分类地位。自然生物群落可以看成是具有不同功能地位的功能群所组成的生物社会。功能群的主要特征是它由一群生态特征相似的物种所组成，彼此之间的生态位有明显的重叠，同一功能群内的物种比不同功能群内的物种之间有着更为密切的联系。因此，对功能群的划分有利于简化复杂的生态系统。功能群的划分方式有许多，如可以根据物种对食物资源、空间资源的利用方式以及生理特征等方面的相似性来划分。其中，根据物种对食物资源利用的相似性来划分"营养功能群（trophic guild）"即食性类型的研究，正受到越来越高的重视。

由于鱼类食物的广谱性，绝大多数水生生物都能被鱼类吞食，所以鱼类的食物十分多样。当然，在自然界并不存在某种鱼类能吃遍所有的动物、植物种类，也很难发现某种鱼类专吃一种个体。通常我们可以发现，鱼类能够吃几十种甚至上百种的种类，这些还与鱼类的咀嚼器官、觅食方式有密切关系。因此，依据鱼类的摄食特点可将其划分为以下几种：

（一）依据鱼类所摄食的食物性质划分

1. 草食性鱼类

以水生植物性饵料为营养，又可按主食性质分四类：

（1）以摄食浮游植物为主的鱼类。如斑鰶、沙丁鱼、白鲢等。该类型的鱼鳃耙十分密集，适宜过滤浮游单细胞藻类，肠管发达便于吸收营养。如斑鰶的鳃耙约285条，肠管长度为体长的3～8倍。

（2）以摄食周丛生物为主的鱼类。该类型的鱼口吻突出，便于摄食附着于礁岩上的丝状藻类，如突吻鱼、软口鱼等。

（3）以摄食高等水生维管束植物为主的鱼类。这类鱼咽喉齿强壮发达，肠管较长适宜啃吃水草等。如草鱼咽喉齿呈栉状，与基枕骨三角骨垫进行研磨，能把植物茎叶磨碎，切割以利于消化，肠管为体长的3～8倍，且淀粉酶的活性高。

（4）以腐殖质、碎屑为食的鱼类。如鲻，口端位，具有发达肌胃，像鸟类的砂囊以研磨单细胞藻类。梭鱼的鳃耙为61～87条，肠管为体长的3倍以上。

2. 动物食性鱼类

以动物性饵料为主，鳃耙稀疏，肠管较短。它们又可分为：

（1）以摄食浮游动物为主的鱼类。如太平洋鲱、鳀、黄鲫、鲐等。鲱的鳃耙63～73条，消化管较长，它们以磷虾、桡足类、端足类为食。

（2）以摄食底栖动物为主的鱼类。如鲆鲽类、舌鳎类、虹鳐类，它们的饵料很丰富，牙齿形态多样化，有铺石状、尖锥状、犬牙形、臼齿形或喙状。鳃耙数和肠管的长度介于食浮游动物与食游泳动物之间。

（3）以游泳性鱼类为食的鱼类。如带鱼、蓝点马鲛、大黄鱼等，它们主食游泳虾类、小型鱼类，牙齿锐利，肠管较短，消化蛋白酶活性极高。

3. 杂食性鱼类

以植物性或动物性饵料为食，口型中等，两颌牙齿呈圆锥形、窄扁形或臼齿状。鳃耙中等，消化管长度小于食植性鱼类，消化碳水化合物的淀粉酶和蛋白酶均较高，有利于消化生长。

（二）依据鱼类所摄食的食物生态类型划分

1. 以浮游生物为食的鱼类

这一类型的鱼类分布广泛，产量极高，体型以纺锤形为主，游泳速度快，消化能力强，生长迅速的小型、中型鱼类占绝大多数，如鲱科、鳀科、鲹科等。

2. 以游泳生物为食的鱼类

这一类型的鱼类个体较大，游泳能力很强，口大型，消化酶十分丰富，生长快速，专门追觅稍小的鱼类、头足类和虾、蟹类。它们的渔业价值颇高，如带鱼、石首鱼类、鲷科鱼类等。

3. 以底栖动物为食的鱼类

这类鱼类鱼群疏散，不能形成密集的群体。它们的牙齿变化较大，为适应多样性的底栖无脊椎动物类型而特化，如鲆、鲽、魟、鳐、鲷等。

（三）依据鱼类所摄食的饵料种数划分

1. 广食性鱼类

为广泛觅食各种饵料生物的鱼类，很多杂食性的鱼均属此类，如大黄鱼摄食对象近 100 种，带鱼的饵料在 40～60 种，还有其他鱼类。

2. 狭食性鱼类

分布于某一特定水域的鱼类，专门猎食某些植物或动物性的饵料，其口器和消化功能较为特化，难以适应外界环境条件的剧烈变化，如咽管鱼、颌针鱼、海龙、海马等。

（四）依据鱼类捕食性质划分

1. 温和性鱼类

一般以小型浮游植物、浮游动物、小型底栖无脊椎动物或有机碎屑、动物尸体等为食的鱼类，如鲻、梭鱼、鳗、沙丁鱼等。

2. 凶猛性鱼类

这类鱼牙齿锐利，游泳迅速，以追捕其他比自己小的鱼类、无脊椎动物为生，如常见的带鱼、海鳗以及噬人鲨，后者体长可达 12 m，性极凶残，牙齿呈尖锐三角形，边缘还有细小的锯齿，能撕咬大型鱼类或哺乳动物。

（五）依据鱼类摄食的方式划分

1. 滤食性鱼类

专门以过滤细小的动、植物为食的鱼类，它们以口型大、鳃耙细密、牙齿发育较弱为特点，食物直接从口咽处进入胃肠消化，如鳗、虱目鱼等。

2. 刮食性鱼类

此鱼类以独特的牙齿和口腔结构，专门刮食岩石上的生物，门牙特别发达，如鲀科、鹰嘴鱼等。

3. 捕食性鱼类

此鱼类以游泳迅速、牙齿锐利为特点，能迅速、准确追食猎物并一口吞入胃中，如带鱼、海鳗。

4. 吸食性鱼类

它们以特化的口腔形成圆筒状，专门将食物和水一同吸入口腔中，造成吸引流，将小型动植物饵料吸入胃中，如海龙、海马等。

5. 寄生性鱼类

以其寄主的营养或排泄物来养育自己，如鲫以专门吞食大型鱼类排泄物或未完全消化的食物为生。角鮟鱇的雄鱼以寄生在雌鱼体上吸取营养为生。

第二节　鱼类摄食的选择性与更替现象

一、摄食的相对稳定性和可塑性

进行鱼类食性分析时，往往因时间、地点以及食物组成的不同，出现或多或少的变化。

有些鱼类的食物组成比较稳定，变化程度很少，如摄食浮游动物的鱼类，无论在什么地点或什么时间都以追觅浮游动物为食，这就显示了其对食物的稳定性。有些鱼类的食物组成变化较大，常因为海域的不同、季节的变化有较大可塑性，特别是游泳能力强的鱼类，由于活动空间大，季节变化强烈，食物的变化十分明显。鳀、遮目鱼无论在什么场所和时间，它们的食物变化很少，是稳定性的表现；而带鱼、小黄鱼常随着时间和地点的不同出现食物组成的变化，呈现可塑性。依据鱼类食物的稳定性程度，又分为以下两种。

1. 高稳定性鱼类

这一类型的鱼类通常以浮游生物为食，它们常组成巨大的群体进行摄食活动。

2. 高可塑性鱼类

这一类型的鱼类多数属于杂食性鱼种，特别是近底层，活动海区大，活动能力强的种类，食物十分复杂，如带鱼、小黄鱼等。

二、摄食的选择性

大量研究表明，许多海洋鱼类并不是毫无区别地摄食任何饵料生物，而是具有一定的选择性。鱼类对周围环境中存在一定比例关系的各种饵料生物，具备有选择地摄食能力，而这种选择能力是依据鱼类对饵料生物的喜好和环境中饵料生物的丰度及易得性来决定的。其中，喜好性是鱼类长期适应摄食某种饵料生物所形成的固有特性，它既取决于鱼类本身的形态、生态和生理学特点，也取决于饵料生物的形态和生化特点；易得性则是饵料生物和鱼类在生境中相互形成的一种时空关系特性，鱼类和饵料生物各自的形态、感觉能力、行为和生态学适应都是易得性的基础。此外，易得性还强烈地受到环境因子的影响，如水文、气象等因子都会对饵料生物的易得性产生一定的影响。食物选择性的研究对了解鱼类种间食物关系具有重要的理论意义，而且在生产上也有一定的现实意义。

国内外学者在该领域都进行过许多研究。例如，Buckel 等（1999）研究了美国东部陆架海域的当年生鲭（*Pomatomus saltatrix*）对饵料生物的选择性，发现鲭对浅湾小鳀的选择性最高，因为浅湾小鳀在该海域数量较多且个体较小，适合于鲭捕食。虽然自然海域中饵料生物的丰度会对鱼类的食物选择性产生影响，但是鱼类对饵料生物的喜好性也是影响食物选择性的因素之一。西班牙学者 Olaso 等（2000）研究了威德尔海东部尖棘鲈科鱼类对饵料生物的选择性，发现尽管该海域多毛类的数量很丰富，但尖棘鲈科的鱼类却很少摄食，而它们对端足类的选择性却很高。作者认为这与尖棘鲈科鱼类的摄食习性有关，它们喜好捕食小型、移动的饵料生物。此外，不同个体大小的鱼类对食物的选择性也不同，因为随着体长的不断增大，鱼类的摄食行为、栖息海域以及对饵料生物的喜好程度都会发生较大的变化。Lukoschek 和 McCormick（2001）研究了澳大利亚蜥蜴岛沿岸海域似条斑副绯鲤（*Parupeneus barberinus*）对饵料生物的选择性，作者发现由于栖息海域、摄食行为和饵料大小等综合因素的影响，使得小个体的似条斑副绯鲤对介形类的选择性较高，而大个体的似条斑副绯鲤则对双壳类和蟹类的选择性较高。

由于鱼类和饵料生物的丰度是在不断变动的环境中，因此在研究食物选择性时需要对鱼类及其饵料生物同步取样，才能客观地评价鱼类对饵料生物的选择性。然而，由于环境中饵料生物组成的研究缺乏统一的标准，且不易获得充分的准确数据，加之其他因素，如鱼类的饥饿程度、游泳能力等对鱼类摄食的影响，因此对食物选择性的研究仍然是鱼类摄食生态研究的难点之一。

三、食性更替现象

鱼类在不同生活阶段所进行的摄食活动或行为，是由鱼类生物学特征所决定的，特别是口器的结构和发达程度出现了阶段性的变化及选择。这种摄食器官的变化，与生理要求和环境条件的转换等因素相适应。因此，鱼类的食性也就随着生长、季节、栖息海域、年份，甚至昼夜而变化。这些有规律性的食性更替现象，包括食物组成和摄食量的大小都有不同。

（一）食性随鱼类生长的变化

随着鱼类的生长发育，体长逐渐增大，口器逐渐发育完善，摄食物料生物的种类和个体大小也会随之而发生变化。有时，鱼类不同体长之间的食性差异甚至比相同体长不同鱼种之间的差异更大。鱼类的食性发生体长变化，意味着其摄食物料生物的范围扩大且数量增加，这对于鱼类的生存和繁殖后代都有积极的意义。这种变化主要反映了鱼类在个体发育不同阶段的摄食形态学适应（如口裂大小、游泳速度、捕食能力等）和生理要求的变化。此外，栖息水域的变化也会对食性的体长变化产生一定的影响。

鱼类摄食器官（如上下颚、口裂和鳃耙等）的变化是导致食性发生体长变化的主要因素之一。例如，加拿大学者 Tanasichuk 等（1991）发现，随着口裂的增大和游泳速度的加快，大个体的太平洋无须鳕（*Merluccius productus*）和白斑角鲨（*Squalus acanthias*）摄食太平洋鲱（*Clupea harengusi*）的比例有明显的增加。孟田湘（2001）发现鳀在仔、稚鱼阶段，浮游植物并不是其主要饵料生物，但是当鳀转入幼鱼期后，随着鳃耙数目的增加，其滤食的浮游植物开始增多。Lukoschek 和 McCormick（2001）发现，随着个体的增长，似条斑副绯鲤摄食饵料生物的个体也在不断地增大。Morato 等（2000）认为，个体较大的鱼类摄食器官发育完善且捕食能力较强，因此它们摄食饵料生物的体长范围和种类都有所扩大，这就增强了它们对外界环境变化的适应能力。

鱼类生理特性的变化也是导致其食性发生体长变化的因素之一。法国学者 Letourneur 等（1997）研究了印度洋西南部珊瑚礁海域一种小型热带鱼——黑高身雀鲷（*Stegastes nigricans*）的摄食习性，发现该鱼种在成鱼期是草食性的，而在稚鱼期却是肉食性的。这是因为鱼类在稚鱼期的消化系统尚未发育完善，它们对海藻类的消化、吸收能力较弱。此外，在稚鱼期摄食蛋白含量较高的动物性饵料也有利于鱼类的快速生长。生理特性的变化不仅会影响鱼类食物组成的体长变化，还会影响其摄食强度的变化。德国汉堡大学的 Adlerstein 等（2002）发现，北海黑线鳕的成鱼与幼鱼相比，空胃率较高，作者认为这可能与成鱼的消化速率较高有关。

此外，栖息海域和水层的改变也能导致鱼类食性发生体长变化。加拿大学者 Bowering 和 Lilly（1992）发现，中等个体（20～69 cm）的美洲拟庸鲽（*Reinhardtius hippoglossoides*）摄食了大量的毛鳞鱼（*Mallotus villosus*），而小个体（<20 cm）和大个体（>69 cm）的美洲拟庸鲽则几乎不摄食这种鱼类，这是因为毛鳞鱼与中等个体的美洲拟庸鲽在空间分布上存在较大范围的重叠。加拿大学者 Orr 和 Bowering（1997）在研究中发现，戴维斯海峡小个体的美洲拟庸鲽主要分布于北纬 67°以北的浅海水域，而大个体的美洲拟庸鲽则游向北纬 65°以南水深超过 500 m 的深海水域，作者认为该鱼种随个体生长而进行水平洄游的生活习性是导致其食性发生体长变化的主要原因。

　　鱼类食性的体长变化，对于扩大种群的饵料基础，满足不同发育阶段对饵料质和量的生理要求，保证生长发育是有利的。尤其在饵料资源供应不足的情况下，不同体长的鱼类摄食的饵料生物种类和比例不一，意味着整个种群的饵料基础得到扩大，从而保证了种群度过饵料不足的困难时期，有利于它们的繁衍和生长。

（二）食性随季节的变化

　　鱼类食性的季节变化，实际上反映了鱼体代谢强度、摄食行为以及水域环境中饵料生物的季节变化，是鱼类对外界环境变化的一种适应性行为，这种变化是一种极为常见的现象。Morato 等（2000）发现，黑尾副锯鲷食物组成的季节变化与环境中饵料生物丰度的季节波动十分吻合，作者认为该鱼种属于机会主义捕食者（opportunistic predator），它能够根据海区内优势饵料生物的波动来调整自身的摄食，因此对环境变化有较强的适应能力。李军（1994）发现，渤海鲈（*Lateolabrax japonicus*）的食物组成与其饵料生物的季节变化有关，如它摄食口虾蛄（*Oratosquilla oratoria*）的月份与口虾蛄在渤海数量最大的月份基本吻合。此外，鳀和黄鲫（*Setipinna taty*）于每年 4 月进入渤海，此时鲈将这 2 种鱼类作为重要的捕食对象。薛莹等（2004）发现，黄海中部小黄鱼食物组成的季节变化与其饵料生物的季节波动是相吻合的。鱼类随栖息海域中饵料生物的季节波动而改变其摄食，是海洋生态系统中十分普遍的现象，这是鱼类对周围环境变化的一种适应性行为。然而，有时却有例外情况发生。澳大利亚默多克大学的 Linke 等（2001）发现，虽然鲨鱼湾内饵料生物的丰度发生了一定的季节波动，但是在这里栖息的 6 种鱼类的食物组成却没有变化，作者认为这可能与饵料生物丰度的波动程度不大或是鱼类对某种饵料生物的喜好程度较高有关。

　　鱼类不仅食物组成存在较大的季节变化，其摄食强度也会发生明显的季节变化。Zamarro（1992）发现，美洲拟庸鲽在夏季的摄食强度较高，目的是为越冬和翌年的产卵繁殖积累能量，虽然水温的季节变化会对其摄食强度有一定的影响，但却不是主导因素，因为该鱼种是冷水种，有研究表明 1～6 ℃的水温变化不会影响其新陈代谢的速率。Letourneur 等（1997）发现，黑高身雀鲷在夏季的摄食强度最高，而在其他季节（尤其是冬季）则较低，作者认为产生这种现象的原因有 3 个：首先，该鱼种是草食性鱼类，夏季各种海藻大量繁殖，为其提供了丰富的食物来源；其次，夏季高强度的摄食能够为其越冬和翌年的产卵繁殖积累能量；再次，冬季摄食强度的减弱与水温下降有关，因为水温的下降能够引起该鱼种新陈代谢速率的降低，进而导致其摄食强度的减弱。此外，环境中饵料生物丰度的降低可能也是冬季摄食强度较低的原因之一。Letourneur 等（1997）还发现，个体大小不同的黑高身雀鲷，其摄食强度随季节变化的程度也不一样，大个体（＞8 cm）的鱼类变化最大，中等个体（4～8 cm）的鱼类次之，小个体（＜4 cm）的鱼类变化最小，这是因为小个体的鱼类正处于生长发育阶段，因此需要相对稳定的食物供给。西班牙学者 Olaso 等（2000）发现，鱼类在产卵前期和产卵期的空胃率较高，因为此时发育成熟的性腺占据了较大的（＞25%）体腔空间，因而导致摄食强度的减弱。洪惠馨等（1962）发现，小黄鱼摄食强度开始下降直至最低的时期，与其开始产卵直至产卵高峰期的时期十分吻合，表明小黄鱼的性腺发育会对其摄食强度产生较大的影响。许多鱼类都有类似的现象，如大黄鱼、小黄鱼、鲐和带鱼等。然而，也有例外情况发生。张雅芝（1996）在研究东山湾皮氏叫姑鱼（*Johnius belengerii*）的摄食习性时发现，皮氏叫姑鱼在生殖期间（5—8 月）的摄食活动仍然十分旺盛，其摄食强度高于年平均水平，说明生殖行为对皮氏叫姑鱼的摄食并没有影响。作者还发现，皮氏叫姑鱼的摄食与水温的变化有一定的联系，夏、秋季水温较高，皮氏叫姑鱼的摄食强度较高；而冬、春季水温较低，皮氏叫姑鱼的摄食强度相应下降。

（三）食性随栖息海域的变化

鱼类经常洄游移动于不同的海域之间，而各个海域的饵料生物组成却各不相同，因而导致鱼类的食性就会随栖息海域的变化而变化。丹麦国家渔业研究所的 Pedersen（1999）比较了北海中上层和底层牙鳕的摄食习性，发现中上层的牙鳕主要捕食中上层的大西洋玉筋鱼（*Ammodytes dubius*）和黍鲱（*Sprattus sprattus*），而底层的牙鳕则主要捕食底层的挪威长臀鳕（*Trisopterus esmarkii*）和大西洋鲱（*Clupea harengus*）。鉴于这种情况，作者建议今后对牙鳕的食性进行研究时，应该在中上层和底层同时取样。西班牙学者 Carrassón 和 Matallanas（2001）发现，地中海深海狗母鱼（*Bathypterois mediterraneus*）在水深 1 000～1 800 m 的海域主要以底栖桡足类为食；而在水深 1 800～2 250 m 的海域，由于桡足类数量的减少，它转向摄食大量的糠虾类。张其永和张雅芝（1983）发现，闽南-台湾浅滩二长棘鲷幼鱼的食性与北部湾的有明显不同，前者主要以多毛类、底栖端足类等底栖生物为食，而后者则主要以桡足类等浮游生物为食，二者的食性差异主要反映了两个海区饵料生物组成的差异。

（四）食性的昼夜变化

鱼类食性的昼夜变化通常与鱼类的生活习性、摄食方式以及饵料生物的垂直移动习性有关。美国国家海洋渔业研究机构的 Buckel 等（1999）发现，美国东部陆架海域的当年生鲻（*Pomatomus saltatrix*）在白天通常栖息于水层底部，而它的主要捕食对象——浅湾小鳀（*Anchoa mitchilli*）此时也大量聚集于底层，栖息水层的重合使得鲻摄食了大量浅湾小鳀。林景祺（1962）发现，小黄鱼幼鱼摄食强度的昼夜变化很大程度上与长额刺糠虾（*Acanthomysis longirostris*）的昼夜垂直移动有关。杨纪明和林景祺（1966）发现，烟台及其附近海域鲐摄食强度和食物组成的昼夜变化，与其主要捕食对象——浮游生物的昼夜垂直移动有密切关系。

鱼类摄食方式和感觉器官的不同也会对摄食的昼夜变化产生影响。对于多数中上层和浅水底层鱼类来说，它们主要在白天摄食，视觉在其捕食中具有重要意义；而对于那些在夜间或极低光照下摄食的鱼类，视觉在其摄食中作用不大，它们的眼部大都退化，主要利用嗅觉、味觉、侧线等其他感觉器官摄食。Mackie 等（1980）研究了欧洲鳗的摄食习性，发现欧洲鳗主要利用化学感觉摄食，其视觉不发达，因此它主要在夜间摄食。Linke 等（2001）发现，半带银鲈（*Gerres subfasciatus*）是一种凭视觉捕食的鱼类，白天光线较好的时候，它依靠视觉捕食了大量的桡足类，而到了夜晚光线减弱，它只能依靠其突出的吻部吸食海水底层的饵料生物；而对于棘鳞鲬鲈（*Centrogenys vaigiensis*）来说，视觉在其捕食中不起主要作用，它主要依靠嗅觉等感觉器官捕食，因此它的捕食不受光线强弱的影响，其摄食的饵料生物也没有明显的昼夜变化。

鱼类摄食的昼夜变化还与饵料生物的生活习性有关。Zamarro（1992）发现，美洲拟庸鲽的主要饵料生物大西洋玉筋鱼在白天通常躲藏于底层的泥沙内，夜间则出来觅食，这使得美洲拟庸鲽得以在夜间大量地摄食大西洋玉筋鱼。此外，鱼类摄食的昼夜变化还与其栖息海域的昼夜变化有关。Linke 等（2001）发现，拉氏天竺鲷（*Apogon rueppellii*）在白天栖息于有海藻生长的海域，主要以十足类为食，而在夜晚则游到沙质底的海域，因而摄食了较多的多毛类和糠虾类。有一些凶猛的捕食性鱼类，其摄食没有明显的昼夜变化，它们只进行昼夜间歇性的摄食，如加拿大范库弗峰岛西部海域的太平洋无须鳕和白斑角鲨等。

（五）食性的年间变化

有些鱼类的食物组成还会发生较大的年间变化，这主要反映了水域环境中饵料生物种类和丰度的年间波动。加拿大海湾渔业中心的 Hanson 和 Chouinard（2002）研究了圣劳伦斯湾南部海域大西洋鳕的食物组成在 1959—2000 年的变化情况，发现其摄食的主要饵料生物发生了较大的变化。在 1959—1987 年，磷虾是大西洋鳕最主要的饵料生物，它在食物中所占的重量百分比达到 6%～70%，而在 1990—2000 年，糠虾、钩虾和大西洋鲱则取代磷虾成为大西洋鳕最主要的饵料生物。研究者发现，大西洋鳕食物组成的变化与圣劳伦斯湾南部海域饵料生物的年间波动有着密切的关系，它对磷虾摄食的减少和对大西洋鲱摄食的增加与环境中这 2 种饵料生物的数量变动十分吻合。大西洋鳕是广食性鱼类，其能够根据外界环境的波动而改变其摄食的饵料生物，因而增强了其对外界环境变化的适应能力。杨纪明和林景祺（1966）发现，烟台及其附近海域鲐 1956 年摄食细长脚蛾（*Themisto gracilipes*）的比例比 1955 年高，这与海区中细长脚蛾的数量变动（1956 年＞1955 年）是相符合的。邓景耀等（1997）发现，1992—1993 年与 1982—1983 年相比，渤海许多中、高级肉食性鱼类摄食鳀的比例有所增加，这与渤海鳀资源量的增加有密切关系。

上述研究均表明，海洋生态系统中关键鱼种食物组成的年间变化能够反映出海域中饵料生物丰度的波动情况，因此对关键鱼种的食物组成进行多年连续观测，是了解海区内饵料生物丰度年间变化的一种有效方法。

第三节　鱼类种间食物关系与食物保障

一、种间食物关系

鱼类种间的食物关系是海洋生态系统结构与功能的基本表达形式，初级生产力的能量通过食物链-食物网转化为各个营养层次生物的生产力，形成生态系统的资源产量，并对生态系统的产出以及资源种群的动态产生影响。因此，对鱼类种间食物关系的研究，是海洋生态学研究的主要组成部分，是改造海洋生态系统，提高水域生产力和进行多鱼种渔业管理的基础。鱼类种间的食物关系能够反映出同一生态系统中的各个鱼种之间的相互密切程度，因此该研究还是了解鱼类群落结构稳定性及其变化机制的重要途径之一。自 20 世纪 70 年代以来，世界上许多国家都相继开展了对鱼类种间食物竞争关系的研究。

Schoener（1974）和 Ross（1986）认为，栖息于同一海域的各种鱼类，为了减少种间竞争，通常会对食物、空间和时间等资源进行分化（resources partitioning），其中食物资源是最有可能被分化的资源。各个鱼种通过摄食不同种类或不同数量的饵料生物，从而实现对食物资源的分化，这有利于缓和它们对食物资源的竞争。通过对鱼类种间的食物重叠进行研究，能够了解鱼类对食物资源的分化情况以及种间食物竞争的程度。若鱼类种间食物重叠程度较高，就意味着不同的鱼种捕食相似的饵料生物，食物资源没有被完全分化，有可能发生食物竞争；反之，若鱼类种间食物重叠程度较低，则意味着不同鱼种捕食的饵料生物存在较大的差别，食物资源被完全分化，种间食物竞争的程度就降低了。

英国学者 Ellis 等（1996）研究了东北大西洋海域 6 种鲨鱼和 4 种鳐的食物重叠。研究表明，虽然这些软骨鱼类的食物范围都很广，但它们的优势饵料生物却各不相同，种间食物重叠程度较低，因而有利于它们在同一海域内共存。美国马里兰大学环境科学中心的 Purcell 和 Sturdevant（2001）研究了阿拉斯加中南部威廉王子湾的 4 种水母和 4 种鱼类之间的食物关系，发现它们之间存在显著的食物重叠，因而有可能发生激烈的食物竞争。西班牙学者 Morte 等（1999）研究了地中海西部沿海 2 种鳞鲬属鱼类之间的食物关系，发现 2 种鱼类最小体长组之间的食物重叠程度较高，因为它们都摄食了较多的糠虾类和端足类。此外，2 种鱼类在秋季的食物重叠程度较高，因为它们在秋季都摄食了较多的糠虾类和虾类。这种食物重叠随鱼类体长和季节的变化而变化的现象，是海洋生态系统中一种较为普遍的现象，因此在研究鱼类种间食物关系时，需要考虑到这些因素的影响。

值得注意的一点是，鱼类种间的食物重叠程度高并不意味着一定发生食物竞争，除非是海区内饵料生物的丰度十分有限，或是鱼类转换饵料种类的能力较弱。当环境中饵料资源丰富时，鱼类共同捕食一种或几种优势饵料生物，种间食物重叠程度反而会升高。英国学者 Carter 等（1991）发现，尽管爱尔兰海的 2 种底层鱼类对食物、空间和时间的利用都非常相似，但它们之间并没有发生激烈的种间食物竞争，这是因为它们的主要饵料生物多毛类和双壳类在该海域的数量非常丰富。窦硕增等（1992）研究了渤海 4 种比目鱼的食物关系，发现虽然它们之间的食物重叠程度较高（均以甲壳类和软体动物为食），但是由于这些饵料生物在渤海的数量多、分布广，因此能够保证这 4 种比目鱼的食物来源，它们之间不会发生激烈的食物竞争。

栖息于同一海域的各种鱼类表现出各种行为和生理上的适应，以便摄食该海域特定的饵料生物，从而实现对食物资源的分化。澳大利亚默多克大学的 Platell 等（1998）在研究澳大利亚西南沿海的 2 种羊鱼科鱼类的食物关系时发现，斯氏拟绯鲤（*Upeneichthys stotti*）常在接近海底的水层摄食，且喜好摄食游动的底上动物，如糠虾类和虾类等；而蓝点拟绯鲤（*Upeneichthys lineatus*）则紧贴着海底摄食，且喜好摄食缓慢移动的饵料生物，如双壳类和多毛类等。摄食喜好的不同是造成二者食性差异的主要原因。刘晓娜（1996）发现，栖息于太湖和洪湖的淡水鱼类在长期进化过程中逐渐形成了与栖息环境相适应的摄食感觉器官，如黄颡鱼（*Pseudobagrus fulridraco*）视觉不发达，但具有触须且嗅囊发达，它主要依靠触觉和嗅觉觅食，因此摄食了较多的底栖无脊椎动物；而红鳍鲌（*Culter erythropterus*）视觉发达且游泳能力强，因此能够凭借其敏锐的视觉发现饵料生物，并快速游动追逐饵料生物，摄食感觉器官的不同是造成二者食性差异的主要原因。此外，摄食方式的不同也能够导致种间的食性差异。Linke 等（2001）发现，半带银鲈和黑斑绯鲤（*Upeneus tragula*）都栖息于沙质海底，半带银鲈主要利用其突出的吻部摄食位于海底表面和泥沙中的多毛类，而黑斑绯鲤则依靠其灵敏的触须去捕食位于泥沙中的多毛类。种间食物组成的相似性在某种程度上还反映了鱼类分类学上亲缘关系的远近。例如，Linke 等（2001）发现同一属或同一科的鱼类，由于其摄食方式、形态特征和感觉器官等方面的相似性，使得它们的食物组成也较为相似。

摄食器官的差异也是导致鱼类种间食性差别的主要因素之一。鱼类在长期演化过程中，形成了一系列适应各自食性类型和摄食方式的形态学特征。一般来说，每种鱼类对其喜好的饵料生物都有特定的形态学适应。例如，以鱼类为食的鱼类通常具有较宽的口裂、锋利的牙齿、短而稀疏的鳃耙以及较短的消化道；而以小型饵料生物为食的鱼类则具有相对较小的口裂和牙齿、长而密集的鳃耙以及较长的消化道。摄食器官的差异导致了鱼类对食物选择性的不同，从而有利于它们在同一海域内共存。陈大刚等（1981）研究了黄渤海比目鱼类的消化器官与其食性特征的关系，发现比目鱼类消化器官的形态与其食性是统一的，如牙鲆（*Paralichthys olivaceus*）等以鱼、虾类为主食的掠食性鱼类，一般都有较大的口，锐利的牙齿，尖长的鳃耙，硕大的胃体和粗短的肠管等；而黄盖鲽（*Pseudopleuronectes yokohamae*）等以小型虾类、沙蚕等底栖生物为食的鱼类，则具有较小的口，较小的牙齿，宽短的鳃耙，中等大小的胃体和细长的肠管。

此外，栖息小生境（microhabitat）的不同也能够导致鱼类种间的食性差异。例如，Linke 等（2001）利用多元统计分析的方法研究了澳大利亚鲨鱼湾 6 种鱼类的食物关系，发现栖息于沙质海底的鱼类摄食了较多的多毛类，而栖息于有海藻生长海底的鱼类则主要以十足类为食，这主要是因为海底不同底质的饵料生物组成存在一定的差别。

二、食物保障

鱼类食物的保障是指水域中不仅具有为鱼类所提供的饵料种类，而且具有保证鱼类可以进食的状况。消化吸收这些食物用以营造有机体本身，从而保证鱼体新陈代谢过程的进行，促进鱼类的生长发育，称作食物保障。

（一）鱼类食物的保障状况

鱼类种群数量和生物量与该种类的食物保障有密切关系。鱼类食物保障受下列因子制约：水域中食物的数量和质量及其可获性能，索饵季节的长短，索饵鱼类的数量、生物量及质量。鱼类种群对食物基础产生影响，而食物基础保证种群的生长、性腺发育、鱼体的丰满度、种群内个体的异质性等。

（二）鱼类食物保障还与非生物条件有关

1. 水温

如英格兰湖一年中水温高于 14 ℃的天数越多，该年淡水鲈的生长就越快，因为在适宜的温度范围内，适当的增温，能促使饵料生物的生长和繁殖，从而增加食物的丰富程度，同时也促进鱼类新陈代谢的提高。因此，鱼类就能加快生长。反之，若水温比正常年度偏低，就会降低鱼类的新陈代谢速率，引起鱼类生长缓慢。

2. 光照

光照的长短和强弱也影响鱼类的活动，特别是中上层鱼类。如当光照高于 0.1lx 时，江鳕才有可能摄食小赤梢鱼。

3. 波浪

当风暴袭来影响浅海引起巨浪时，浅海只有 8～10 m，巨浪袭来从底层至表层都受影响。一些摄食底栖生物的鱼类，如白眼鳊便会停止摄食活动，立即上浮到表层。

4. 风力

适当的风力可影响陆上昆虫的分布，如英格兰每年在 5 月、8 月、9 月为风季，昆虫受风力的吹刮，使小溪、池塘、湖泊的食物有所增加，这对淡水鲑的生长发育十分有利。我国舟山地区浅海处，每年秋季由于风力的影响，陆上的昆虫纷纷被刮入浅海区，使该海区的昆虫数量急剧增加，增加了鱼类的食物，特别是幼鱼阶段的食物得到补充。

5. 海流

海水影响着食物的分布，如秘鲁鳀的群体数量与浮游生物的分布、数量多寡密切相关。若热带暖流进入秘鲁外海渔场，从而导致该渔场浮游生物量的下降，渔获量就减少。如

1970 年秘鲁鳀的年产量高达 1 300 万 t，它主要分布于秘鲁外海，摄食丰富的浮游生物，生长发育十分迅速。而 1972 年由于厄尔尼诺异常海流的入侵，浮游生物受到影响，水域的生产力下降，秘鲁鳀的产卵率也大大下降，只有常年的 1/7，导致捕捞量大幅度下跌，1975 年为 331.9 万 t，1980 年下降到 82.3 万 t。

6. 底质

底质不同，底栖动物的分布和数量也不同，导致鱼类捕食所消耗的能量大小也不同。鱼类觅食所消耗的能量与代谢的高低有密切关系。如沙质地、泥质地、岩石地、深海区等不同，饵料生物栖居的地方也不同，鱼类的觅食活动所消耗的能量自然也就不相同。

（三）影响食物保障的生物因素

1. 鱼类种间食物关系

可通过食物的分歧或食性的分化来协调。例如，于桥水库同是以底栖动物为食，主要 7 种饵料对象不同。鲤主吃羽摇蚊幼虫；鲫主吃多足摇蚊幼虫和红德永摇蚊幼虫；棒花鱼主吃长趾摇蚊幼虫。

凶猛鱼类生存的数量多寡会对某些经济鱼类构成一种压力。在长期的演化过程中，被食鱼类就会产生适应性。如黑龙江流域与苏联欧洲水域的鱼类相比较：苏联欧洲水域和西伯利亚水域的凶猛鱼类占渔获量的 10%～20%，而黑龙江占 30%。刺鳈鲅的背鳍上有刺比无刺的鱼相对较少受到凶猛鱼类的残害，因为鱼的背刺是防卫武器，它随鱼体的增长而增大，很多凶猛鱼类不能吞食，它就得以繁殖壮大。

还有一些鱼类能产生毒素，如毒腺分布于胸鳍基部的有鲶、黄颡、鲴科鱼类。还有一些鱼类毒腺分布于肌肉、血液、皮肤或生殖腺中，如东方鲀属的鱼类。有些热带鲱科鱼类往往在繁殖时形成大群体，且有的鱼种肌肉具毒腺，如斑点青鳞鱼。有的鱼类则具相当发达的甲片或骨板以防御凶猛动物，如角箱鲀。

属于同一食物范围的幼鱼，主要是通过错开摄食同类的时间差来解决。渤海一年四季都有鱼类在产卵，产卵期不同，彼此错开，这就有利于种族的繁衍。低纬度的鱼类生态区系复杂，鱼种数较多，其食谱差异程度比高纬度大，经长期演进，低纬度区的种类大大超过高纬度区的种类。

种间食物组成相近，反映鱼类食物竞争的规模或程度。如果一种鱼摄食某一类食物，而在另一种鱼中则没有出现，说明两者在食物上不存在竞争。如果两种鱼的食物完全一致，其竞争指数则为 100。这种 0～100 的竞争指数的大小，反映竞争的紧张程度。不同鱼种之间的竞争程度可按年度、季节、海域或不同体长进行计算。不同动物区系复合体中，种间食物关系表现出尖锐的矛盾。往往在动物区系组合分布区交接的地方，由于不同组合的个体要求相同的食物对象，于是使矛盾更加激烈。

2. 鱼类种内食物关系

种间关系的存在直接依赖于种内个体间的关系。在种的形成过程中就形成了一定的种内关系。应该把这些特征看作是种对其生活条件的适应。它们从下列几方面来适应：

（1）随年龄变动而改变食物组成，以保证不同年龄个体对食物成分数量及质量的要求。如黑龙江瓦氏雅罗鱼，5～10 mm 个体食物只由两类生物组成，而成鱼则由 12 类生物组成。如果摄食地点改变，食物成分也会发生变化。如黑海半溯河性的鳊幼鱼，在河流中的食谱由 12 种成分组成，而在海中索饵的成年鳊则由 6 种成分组成，这与饵料生物的丰度有关系。

（2）年龄不同，索饵地点分开，从而使种群食物保障相应提高。如海鲽孵出幼鱼后，由孵出地点转移到沿岸，然后再沉到水底营底栖生活。此后再迁到较深的地方。各龄组索饵地区有差别，这样使食物的矛盾减少。

（3）在早期发育阶段，鱼类的食物组成存在很大的相似性。但早期发育阶段时间短，从而缓和了食物紧张程度。

（4）同一发育阶段，相等大小鱼群中，往往不同性别的鱼类在食物组成中有差别。如乌苏里鮠雄鱼食物中浮游类明显多于毛翅类，雌鱼食物中比较接近 1∶1 或毛翅类略多。角鮟鱇雄鱼寄生在雌鱼体上，以吸取其体液为生。

（5）种群食物保障恶化时，形成一系列扩大饵料基础的适应。这些适应反映在以下几个方面：

① 扩大同龄鱼个体大小的差异和形态结构上的变异，从而达到同龄鱼能更多利用其他种类的饵料。亲鱼食物保障降低时，它的卵子大小不均一，这样鱼体孵化过程有早有晚。整个孵化期延长，推迟了仔鱼开始觅食的时间。

② 食物保障低，较少摄食的雌鱼产出的卵粒，其孵出胚胎大小多数不同。当它们孵化后转入外界营养时，较小的个体摄食饵料种类与较大个体摄食饵料种类不一致，这样就扩大了饵料对象。

③ 食物保障恶化到一定程度时，种群原先生长基本一致的个体，在生长速度上开始出现差异。生长迅速的那部分个体提前转入下一发育阶段，从而扩大了食物种类，甚至一些种类个体出现小型化。

④ 食物保障下降，种群内个体与食性相关的形态出现差异，从而扩大摄食对象。白鲢种群内鳃耙较少的个体摄食一些饵料种类，而鳃耙数目较多的个体则以另一些种类的饵料为食。

鱼类种群还可以通过索饵场变更、扩大范围、索饵期延长等方式来扩大饵料对象。数量变动不显著的鱼类如鲽，索饵范围变动不明显，但数量多的年份，索饵区域扩大，数量少的年份索饵区域则缩小。鱼类集群索饵洄游，也是种群提高食物保障的重要适应。群体比单个鱼类更易发现食物对象。集群鱼类摄食活动一般比分散的个体更强烈，结群时能使鱼体在寻找食物时，消耗较少能量以提高食物保障。

某些凶猛鱼类当饵料不足时，会吞食本种幼小个体，它对提高食物保障有以下 3 方面的适应意义：

第一，乌鳢吞食同种小幼鱼，小幼鱼又摄食桡足类、枝角类及摇蚊幼虫。乌鳢成鱼不能利用这些浮游动物及底栖生物。由于吞食幼鱼而利用了浮游动物及底栖生物，从而保证种群生存。

第二，幼鱼直接或经过无脊椎动物间接以本种亲鱼的尸体作为饵料，如红大麻哈鱼在堪察加湖生殖之后，尸体留在湖里越多，水中磷酸盐含量越高。翌年湖中作为红大麻哈鱼幼鱼饵料的浮游生物量就增加。

第三，许多鱼类在出现丰产世代、高龄鱼食物保障不足的情况下，吞食本种幼小个体及受精卵，这是扩大饵料基础及调节其数量的一种适应。

三、摄食量

摄食量（food consumption）是全面研究鱼类摄食生态的必要内容，也是评估水域饵料资源利用和鱼类生产力、建立水域生态系统物质循环和能量流动模型的重要基础。该研究有助于了解饵料生物的数量变动机制，有助于对生态系统中能量流动的定量认识，同时对实施多鱼种资源评估和渔业管理模式都具有重要的推动作用。因此，对鱼类摄食量的研究具有重要的意义。鱼类摄食量的研究始于 20 世纪 30 年代，美国生物学家 Bajkov 于 1935 年最早发表了鱼类摄食量的研究方法，从那时起世界各国的学者都开展了大量的有关鱼类摄食量的研究。

在西北大西洋的底层渔业资源面临全面崩溃的时候，那里的渔业生态学家逐渐认识到，以往的单鱼种渔业管理模式没有考虑到捕捞对象与其他种类之间的相互关系和影响，因此难以达到预期的渔业管理目标，于是开始探讨多种类的资源评估和管理模式。相比之下，东北大西洋的渔业生态学家自 20 世纪 80 年代中期起，就发展并完善了许多多种类渔业生态系统模型（如 ECOPATH、ECOSIM、MSVPA 等），其特点是将鱼类作为一个海洋生态系统的主要组成部分，研究在复杂生态环境中多鱼种的数量变动规律。这些模型在应用时，所需的一个重要参数就是鱼类被捕食的死亡量。因为捕食死亡是导致鱼类死亡的主要原因之一，如在西北大西洋，有些鱼类由于被捕食所引起的死亡已经等于甚至超过捕捞所导致的死亡。显然，以前对鱼类食性的定性描述已经不能满足现代渔业管理模式的需要，需要对捕食者与被捕食者之间的食物定量关系进行研究。

随着海洋生态系统，尤其是食物网营养动力学和渔业管理科学的不断发展，鱼类摄食量的研究已由单鱼种水平逐渐延伸到多鱼种甚至是整个鱼类群落的水平。

（一）单鱼种摄食量

自 20 世纪 80 年代以来，鱼类摄食生态研究的重点逐渐转移到摄食量的研究上来，许多学者都相继开展过对鱼类摄食量的研究。其中，英国阿伯丁大学的 Hislop 等（1991）通过分析近 2 万个牙鳕的胃含物样品，研究了 1981 年北海整个牙鳕种群对主要饵料鱼类的摄食量。结果表明，牙鳕对 7 种主要饵料鱼类的总摄食量为 73 万 t 左右，而且这些饵料鱼类主要是 1 龄以下的幼鱼，其中大西洋玉筋鱼和挪威长臂鳕是北海最重要的两种饵料鱼类。Buckel 等（1999）研究发现，美国东部陆架海域当年生鲦在 1994 年 9 月对浅湾小鳀的摄食量为 60 亿～68 亿尾，占浅湾小鳀资源量的 2%～22%，作者指出关于捕食对浅湾小鳀资源量变动以及鱼类群落结构的影响，还有待进一步的研究。姜卫民（1996）研究了黄海细纹狮子鱼（*Liparis tanakae*）对饵料生物的年摄食量。结果表明，整个细纹狮子鱼种群在 1985 年对鳀的摄食量为 12 万 t 左右，约占 1985 年鳀资源量的 5%。作者认为如果考虑到其他鱼类对鳀的捕食，那么鳀被捕食的生物量是相当可观的。郭学武等（1999）发现渤海斑鰶（*Konosirus punctatus*）对饵料生物的年摄食量为 16 万 t，这意味着渤海斑鰶每年可把 16 万 t 的海洋沉积物通过摄食搬运离开海底。

许多研究都表明，捕食会对饵料鱼类的资源量产生较大的影响。Bowering 和 Lilly（1992）研究了栖息于拉布拉多南部和纽芬兰东北部陆架海域美洲拟庸鲽对毛鳞鱼的摄食量，结果表明，美洲拟庸鲽在 1981—1984 年间对毛鳞鱼的年摄食量为 10 万～20 万 t，而毛鳞鱼在同时期的资源量是 26 万～85 万 t，作者认为捕食将对毛鳞鱼的资源量产生较大的影响。

英国南极调查小组的 Everson 等（1999）研究了南乔治亚岛近海海域鳄头冰鱼（*Champsocephalus gunnari*）与其主要饵料生物南极磷虾（*Euphausia superba*）和主要捕食者南极毛皮海狮（*Arctocephalus gazella*）之间的数量变动关系。鳄头冰鱼曾是该海域主要的捕捞对象之一，然而自 1990 年以来，尽管没有对其进行大规模的商业捕捞，它的种群数量仍然呈现明显的下降趋势。该研究发现，南极毛皮海狮对鳄头冰鱼的捕食是导致其数量下降的主要原因，虽然南极磷虾丰度的下降会对鳄头冰鱼的生长状况产生影响，但却不至于引起其种群数量的下降。

（二）多鱼种摄食量

要了解整个鱼类群落的能量需求及其对饵料生物的捕食压力，仅对单鱼种的摄食量进行研究是不够的，需要对整个鱼类群落的食物消耗量进行研究。例如，Yamamura 等（1998）研究了日本北部仙台湾海域整个底层鱼类群落在 1989—1992 年对太平洋磷虾的摄食量。研究表明，87 种底层鱼类中有 24 种鱼类都摄食太平洋磷虾，它们对太平洋磷虾的年摄食量为 4 300～12 802 t，占太平洋磷虾商业捕捞量的 15%～64%。作者认为对太平洋磷虾的商业捕捞将对底层鱼类群落的食物供给产生较大的影响。英国阿伯丁大学的 Daly 等（2001）研究了英吉利海峡 23 种鱼类对头足类的摄食量，发现尽管头足类不是这些鱼类的主要饵料生物，但是由于捕食鱼类的数量巨大，它们的捕食仍然会对头足类的种群数量产生较大的影响。另外，由于被捕食的头足类多数都在补充体长以下，因此捕食还会对头足类的补充量产生影响。薛莹等（2007）应用 Eggers 模型计算了黄海中南部带鱼、小黄鱼、黄鮟鱇、细纹狮子鱼等 23 种鱼类对饵料生物的摄食量，发现这些鱼类在秋季对饵料生物的总摄食量约为 309 万 t，其中太平洋磷虾、中华哲水蚤、细长脚䖳、脊腹褐虾和鳀是黄海中南部被摄食量最高的 5 种饵料生物。

鱼类自身也是被捕食的对象之一，其他凶猛鱼类的捕食，会对其资源量和补充量产生较大的影响。在西北大西洋的许多海域，由被捕食所造成的鱼类死亡甚至超过了由捕捞所导致的死亡。美国罗得岛大学的 Tsou 和 Colli（2001）运用多鱼种实际种群分析（MSVPA）的方法研究了乔治滩 8 种鱼类的捕食对鱼类资源补充量的影响。研究表明，大西洋鳕和银无须鳕（*Merluccius bilinearis*）是该海域最主要的 2 种捕食者，而银无须鳕幼鱼和大西洋鲱则是该海域最主要的 2 种饵料鱼类，它们之间存在密切的捕食与被捕食关系。作者还发现捕食死亡是该海域鱼类死亡的主要原因，因此作者建议今后在对鱼类资源量作中长期预测时，应该考虑到捕食死亡对鱼类资源量的影响。

（三）摄食量与饵料生物生产量的关系

鱼类群落的摄食量与饵料生物生产量之间存在密切的关系，若饵料生物的生产量远大于鱼类群落的摄食量，则鱼类的捕食不对饵料生物的数量产生较大的影响，激烈的食物竞争不会发生；反之，若饵料生物的生产量小于或等于鱼类群落的摄食量，则饵料资源不能满足鱼类的食物需求，激烈的食物竞争就有可能发生。由此可见，对鱼类群落的摄食量与饵料生物生产量之间关系的研究，有助于了解生态系统营养物质的平衡和流动以及鱼类种群数量变动的机制。

自 20 世纪 90 年代起，有关鱼类群落的摄食量与饵料生物生产量之间关系的研究开始逐渐增多。澳大利亚塔斯马尼亚大学的 Edgar 和 Shaw（1995）研究了澳大利亚南部浅海整个鱼类群落的摄食量与饵料生物生产量的关系。研究表明，甲壳类是该鱼类群落最重要的食物来源，而甲壳类的生产量却小于鱼类的摄食量，因此作者认为该海域鱼类的种群数量将受到饵料生物生产量的限制，鱼类种间将会发生激烈的食物竞争，而该海域鱼类生长状况的下降和死亡率的增高也证实了这一推论。英国阿伯丁海洋实验室的 Greenstreet 等（1997）将现场采集的鱼类胃含物资料与室内模拟实验法测得的排空率数据相结合，计算了北海整个鱼类群落在 4 个季节对饵料生物的摄食量。研究发现，北海整个鱼类群落对饵料生物的年摄食量为 5 540 万 t，约是其总生物量的 5 倍。作者还将北海鱼类群落的摄食量与饵料生物的生产量做了比较，发现饵料生物的生产量大于其被摄食的生物量，因此作者认为北海的饵料生物供给能够满足鱼类群落的食物需求。

第四节　鱼类摄食生态的研究方法

一、食物组成

研究鱼类食物组成的方法主要有胃含物分析法、稳定同位素分析法、脂肪酸分析法、分子生物学分析法等。

（一）胃含物分析法

在鱼类摄食生态学中，胃含物分析法是研究鱼类食物组成的传统方法，至今仍在广泛应用。该方法通过对鱼类个体肠、胃中的饵料生物进行种类鉴定、计数、称重等作食性的定量分析。

1. 胃肠样品的采集

用于研究分析用的鱼类肠胃样品必须严格要求标准化，以保证分析结果的可靠性。

（1）样品应力求新鲜。当场捕获的刚死亡个体，即捕到鱼类后，就立即进行样品的采集，以免时间过长胃含物继续酶解影响分析精度。

（2）样品要具有较强的代表性。应使用能真正代表所研究目标群体的样品。在进行鱼类的胃肠内含物分析时，取样样品大小要齐全。定置网、鱼笼、延绳钓捕捞的样品一般较缺乏代表性，仅可供参考；而拖网、围网、流网等捕捞的样品则较有代表性，可选用分析。因为定置网或鱼笼等工具捕获的样品，由于相隔时间较长，胃肠内的食物大部分已消化或排泄，严重影响食物的精确度，而延绳钓等工具所捕获的样品，鱼类的空胃率较高。据比较，钓具捕捞的样品的空胃率比拖网高 2～4 倍。在大数量的鱼群中取样，一般用流动性的渔具捕捞较好，如拖网、围网以及流网，电捕样品也可。

2. 胃含物样品的分析

这是一项十分认真、细致的分析工作。由于鱼类的消化能力很强，我们要及时分析胃含物处于半消化之前的状况或未消化的状况，这样我们就能较好地进行饵料生物种类、数量的分析工作。

在鉴定胃含物之前，需要了解该海域的饵料生物样品的种数、重量及其他参数，这样就能顺利地进行分析、比较。肉食性的鱼类可依据鳞片、耳石、舌颌骨、匙骨、鳃盖骨、咽喉齿、颅骨、鳍条的形状、大小鉴定饵料生物的种类。草食性鱼类或以浮游生物为食的鱼类，可依据水草的茎、叶、果实、种子、浮游动物的外形、附肢、口器、刚毛等的大小和数量分别鉴定其原来的饵料生物。进行食物的鉴定工作，可由浅入深，逐步深化。

3. 食物组成的定量分析方法

（1）饵料生物个体计数法。以个体为单位，计算鱼所吞食各种饵料生物的数量，然后把这些同类的个体数相加，计算出每一种类的总个数与所占的百分比。

（2）出现频率法。指某种饵料生物在所检测的胃含物样品中出现的次数，而不计算其总数量，最后求出饵料生物占全部检测样品的百分比。出现频率仅表明鱼类对某种饵料生物的喜爱程度，其缺点是未能反映食物成分的数量和营养价值。

（3）视野计算法。这是一种分析食浮游植物的鱼类或食浮游动物的鱼类胃含物的一种方法。先从胃含物中挤出 $0.1\sim0.2\,g$ 食糜，盛入已知的试管内，如果是 $0.1\,g$ 就加 $1\,mL$ 蒸馏水，稀释摇匀，再用移液管吸取一滴于玻片上，用 $22\,mm\times22\,mm$（或 $18\,mm\times18\,mm$）盖玻片盖好，放在显微镜下计算 20 个视野（可以计算较多的视野）。为了准确性，可计算 $3\sim5$ 次或更多次，求出平均值。

这种方法表示相对数量的比较，提供一个相对的概念，它不反映鱼类个体的大小和摄食的数量以及季节变化情况。

（4）记分法。Hyres 主张利用此法。把胃含物的样品剖开观察，规定其食物的分数，如吃鱼类、头足类、虾类、蟹类，大小情况规定一个分数范围，然后按照整个胃含物的饵料数确定几分，就是几分。对于觅食底栖动物的鱼类较适用，特别是对大型饵料更理想。

这个方法比较主观、简单，没有经过有关仪器的测定，定分数比较主观，容易引起误差。但对大型鱼类食物的分析，有一定积极意义。

（5）体积法。一般采用排水法测定胃含物的总体积或分体积，求出各种类型食物占有的百分比。常用有刻度的小型试管或离心管，先装上 $5\sim10\,mL$ 清水，然后把食物团放于滤纸上吸干，待至潮湿为止。再将食物团放入已知刻度的试管内，将多余水排出，就能精确求出排出的水体积。食物团中各大类饵料生物的成分组成，以出现频率百分数或以个体数量的百分比求出。

这种方法比较复杂，分析时手续烦琐，但能较准确确定体积的大小，再求出重量。由于繁杂，采用此法的人不多。

（6）重量法。以食物团的重量为单位，测定食物各成分的百分比。重量法又可分为两种：一种是当场重量法，将食物团的各种成分分别放入小型天平上直接称出重量来，再依据称出的重量求出百分比。

另一种是更正重量法。首先统计出全部食物团中各成分个体数（残余个体也按完整个体计），然后按预先测定的各成分每个个体的平均重量，换算出该种成分全部个体的重量——更正重量。最后，根据各种食物成分的更正重量总和分别计算它们各自所占的百分比。更正重量常大于当场的重量，这是由于更正重量是将食物的残体也当作完整个体来计算重量。由此可见，更正重量更能接近于吞食物料的实际重量。这种方法既顾及不同种类间个体大小的差别，也顾及同种间个体大小的差别。用这种方法所测得的结果，可与水域环境中浮游生物或底栖动物的生物量进行对照分析。

4. 食物组成的表示方法

用来表示鱼类食物组成的方法有许多，概括起来可分为表格法和图示法两大类。

（1）表格法。所谓表格法就是将描述饵料重要性的各项指数用表格的形式列出。该方法的优点是，在评价每一种饵料生物的重要性时，具有可比较性，而且容易获得和处理。

所用指数可分为单一指数和综合性指数两类。其中，常用的单一指数有出现频率（$F\%$）、个数百分比（$N\%$）、体积百分比（$V\%$）和重量百分比（$W\%$），重量百分比可以用湿重、干重或更正重量百分比表示。

出现频率的计算方法较多，国内学者普遍采用某种饵料生物的出现次数占所有饵料生物出现总次数的百分比或占胃含物样品总个数的百分比来表示；而国外学者则多采用某种饵料生物出现次数占有食物的胃含物样品个数的百分比来表示。出现频率能够反映出鱼类对某种饵料生物的喜好程度，却不能反映出饵料生物的数量和营养价值。

个数百分比是指鱼类摄食某种饵料生物的个数占所有饵料生物总个数的百分比，该指数能够较好地反映出鱼类对某种饵料生物摄食的强度，却忽略了饵料生物个体大小和重量的差别。例如，张其永和张雅芝（1983）在研究二长棘鲷的食性时发现，由于二长棘鲷摄食饵料生物的个体大小悬殊，如一尾犀鳕和一只尖尾海萤（Cypridina acuminata）的重量相差数百倍，如果采用个数百分比，就会误把一只尖尾海萤和一尾犀鳕的营养价值等量齐观，这显然是不符合事实的；张雅芝（1996）在研究东山湾皮氏叫姑鱼的食性时发现，端足类虽然在其食物中的个数百分比最高，但是由于端足类的个体较小且重量轻，从满足皮氏叫姑鱼的营养需求方面来说并不重要。由此可见，个数百分比用于底栖肉食性鱼类的食性分析并不理想，它适合于描述饵料个体大小相近鱼类的食物组成。

重量（或体积）百分比是指某种饵料生物的重量（或体积）占所有饵料生物总重量（或总体积）的百分比，该指数能够反映出饵料生物的营养价值，却容易高估大型饵料生物的重要性。

总之，任何一种单一指数都不能够完整地描述鱼类的食物组成，应该同时使用多个指数进行描述。针对单一指数的不足，有的学者提出了一些综合性指数。所谓综合性指数是指将几个单一指数合并为一个指数，常用的综合性指数主要有以下 3 种：

① 相对重要性指数（index of relative importance，IRI）。

$$IRI = F\%(N\%+V\%) \quad \text{或} \quad IRI = F\%(N\%+W\%)$$

式中，$F\%$、$N\%$、$V\%$和$W\%$分别为饵料生物的出现频率、个数百分比、体积百分比和重量百分比。IRI 值越高，表示饵料生物的重要性就越高。Rosecchi 和 Nouaze（1987）对相对重要性指数做了修改，将其表示为百分数的形式，即 $IRI = IRI \times 100\% / \sum IRI$。

② 优势指数（index of preponderance，I_p）。

$$I_p = V_i O_i / \sum (V_i O_i)$$

式中，V_i为饵料 i 在食物中所占的比例（$V\%$或$W\%$）；O_i为饵料 i 的出现频率。I_p值越高，表示饵料生物越重要。

③ 几何重要性指数（geometric index of importance，GII）。

$$GII = (\sum V_i)_j / \sqrt{n}$$

式中，V_i表示饵料生物 j 的第 i 个单一指数（如$V\%$、$W\%$、$N\%$等）；n 为所用指数的个数。该指数的优点是可以用作图的方法将饵料生物按重要性排序。

例如，韩东燕等（2013）根据饵料生物的重量百分比（$W\%$）、个数百分比（$N\%$）、出现频率（$F\%$）和相对重要性指数百分比（$IRI\%$）对胶州湾六丝钝尾虾虎鱼的食物组成进行了初步研究。分析结果表明，六丝钝尾虾虎鱼摄食的饵料生物包括 14 个类群，其中虾类是其最主要的食物来源（$IRI=43.64\%$），其次是端足类（$IRI=13.62\%$）、桡足类（$IRI=12.06\%$）、腹足类（$IRI=11.71\%$）、双壳类（$IRI=9.65\%$）和多毛类（$IRI=5.84\%$），其余饵料类群的 IRI 均$<5\%$（表 7-1）。从摄食的饵料种类来看，能够鉴定到种的饵料生物有 43 种，其中日本鼓虾的 IRI 最高（30.34%），其次是经氏壳蛄蝓、细螯虾、独眼钩虾、江户明樱蛤、中华哲水蚤、猛水蚤和沙蚕等（表 7-1）。

表 7-1　胶州湾六丝钝尾虾虎鱼的食物组成

（引自韩东燕等，2013）

单位：%

饵料种类	W	N	F	IRI
鱼类	6.32	1.47	3.70	0.66
普氏栉虾虎鱼	4.78	0.65	1.62	0.54
斑尾刺虾虎鱼	1.40	0.09	0.23	0.02
不可辨认鱼类	0.14	0.74	1.85	0.10
虾类	63.80	15.30	34.42	43.64
鲜明鼓虾	1.31	0.09	0.23	0.02
日本鼓虾	42.17	4.52	10.65	30.34
脊腹褐虾	1.07	0.74	1.62	0.18
海蜇虾	0.18	0.65	0.93	0.05
疣背宽额虾	1.45	0.65	1.62	0.21
细螯虾	10.74	4.61	11.57	10.84
戴氏赤虾	0.18	0.09	0.23	0
葛氏长臂虾	0.63	0.65	1.62	0.13
细巧仿对虾	1.89	0.18	0.46	0.06
鹰爪虾	2.87	0.46	0.93	0.19
不可辨认虾类	1.30	2.67	6.71	1.63
口足类	0.67	5.60	0.69	0.04
口虾蛄	0.67	0.37	0.69	0.04
涟虫类	0.20	1.75	3.24	0.39
无尾涟虫	0.20	1.75	3.24	0.39
端足类	4.64	14.93	30.32	13.62
双眼钩虾	0.53	3.04	7.41	1.61
钩虾	1.44	3.96	9.26	3.06
独眼钩虾	2.64	7.74	14.12	8.95
细长脚蛾	0.03	0.18	0.46	0.01
糠虾类	0.21	0.83	1.85	0.12
刺糠虾	0.21	0.83	1.85	0.12
桡足类	0.46	26.08	13.89	12.06
哲水蚤	0	0.28	0.23	0
中华哲水蚤	0.17	12.81	8.33	6.60
猛水蚤	0.28	12.07	7.18	5.41
挪威小星猛水蚤	0	0.37	0.23	0.01
不可辨认桡足类	0.01	0.55	1.16	0.04

（续）

饵料种类	W	N	F	IRI
等足类	0.03	0.28	0.69	0.01
日本浪飘水虱	0.03	0.28	0.69	0.01
介形类	0.01	0.37	0.69	0.02
蟹类	8.07	1.94	4.17	1.28
双斑蟳	1.28	0.65	1.16	0.14
绒毛细足蟹	6.19	1.11	2.55	1.13
仿盲蟹	0.54	0.09	0.23	0.01
不可辨认蟹类	0.05	0.09	0.23	0
腹足类	7.11	11.06	18.52	11.71
中华拟蟹守螺	0.01	0.55	1.16	0.04
广大扁玉螺	0.16	0.55	1.16	0.05
微黄镰玉螺	0.02	0.18	0.46	0.01
红带织纹螺	0	0.09	0.23	0
玉螺	0	0.18	0.23	0
经氏壳蛞蝓	5.02	8.57	13.89	11.52
蓝无壳侧鳃海牛	1.82	0.18	0.46	0.06
硬结原爱神螺	0.02	0.28	0.69	0.01
玫瑰履螺	0	0.09	0.23	0
不可辨认腹足类	0.05	0.37	0.69	0.02
双壳类	3.95	14.47	22.92	9.65
镜蛤	0	0.09	0.23	0
凸镜蛤	0.02	1.29	1.85	0.15
文蛤	0.04	0.37	0.93	0.02
江户明樱蛤	1.16	8.76	13.19	7.98
菲律宾蛤仔	0.03	0.28	0.46	0.01
长竹蛏	0.20	0.09	0.23	0
樱蛤	0.02	0.09	0.23	0
醒目云母蛤	2.35	2.12	4.40	1.20
不可辨认双壳类	0.14	1.38	3.01	0.28
蛇尾类	0.03	0.09	0.23	0
马氏刺蛇尾	0.03	0.09	0.23	0
多毛类	3.97	8.39	16.90	5.84
沙蚕	2.39	5.07	11.57	5.27
索沙蚕	0.30	0.09	0.23	0.01
多齿围沙蚕	0.07	0.09	0.23	0
孟加拉海扇虫	0.32	0.18	0.46	0.01
不倒翁虫	0.50	1.47	3.47	0.42
不可辨认多毛类	0.39	1.47	1.16	0.13
鱼卵	0.02	0.09	0.23	0
其他	0.51	2.58	5.09	0.96

（2）图示法。

① Costello 图示法。

Costello（1990）提出了一种以饵料生物的出现频率和相对丰度为坐标的图示法，运用这种图示法，有关捕食者的摄食策略和饵料生物的重要性都可以通过观察沿着对角线分布的散点来推知（图 7-4）。这种方法克服了以往许多摄食生态研究往往只局限于对食物组成的描述而没有对捕食者的摄食策略做进一步分析的缺点。这里饵料生物的相对丰度指的是某种饵料生物在食物中所占的比例（$W\%$、$V\%$ 或 $N\%$）。如图 7-4 所示，若某种饵料生物分布在图的右上角，则表明该饵料生物是主要饵料，因为它的出现频率和相对丰度都很高；反之，若某种饵料生物分布在图的左下角，则说明这种饵料生物是稀有饵料。若多数饵料生物都分布在图的左上角，则说明该鱼种是狭食性鱼类；反之，若多数饵料生物分布在图的右下角，则表明该鱼种是广食性鱼类。

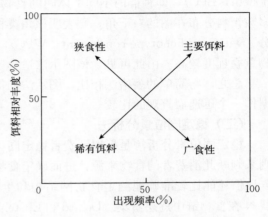

图 7-4　Costello 图示法
（引自 Costello，1990）

然而，这种图示法还存在不足之处。因为在实际中，广食性鱼类的饵料生物并非只局限在图的右下角，它们有可能沿着整个 X 轴分布。因此，该方法有待改进。

② Amundsen 图示法。

针对 Costello 图示法的不足，Amundsen 等（1996）提出了一种改进的图示法（图 7-5）。在描述鱼类的摄食策略方面，该图示法沿着纵坐标轴的方向将鱼类分为狭食性鱼类和广食性鱼类，从而弥补了 Costello 图示法的不足。此外，Amundsen 的图示法以出现频率和特定饵料丰度（prey-specific abundance）为坐标共同构成二维图。所谓特定饵料丰度是指，某种

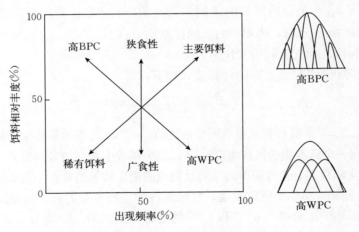

图 7-5　Amundsen 图示法
（引自 Amundsen 等，1996）

注：BPC 表示表现型间成分；WPC 表示表现型内成分。

饵料生物在摄食该饵料生物的捕食者的食物中所占的比例（$W\%$、$V\%$ 或 $N\%$）。该图示法除了可以描述饵料生物的重要性和捕食者的摄食策略，还能够说明鱼类种群摄食的个体间差异。如图 7-5 所示，对于一个广食性的鱼类种群来说，若其多数饵料分布在图的左上角，则表明该鱼类种群的营养生态位宽度存在较高的表现型间成分（between - phenotype component，BPC），即种群内不同个体间的食物组成差异较大，食物重叠程度较低；反之，若多数饵料分布在图的右下角，则表明该鱼类种群的营养生态位宽度存在较高的表现型内的成分（within - phenotype component，WPC），即种群内不同个体间的食物组成差异较小，食物重叠程度较高。由此可见，该图示法适合于研究广食性鱼类的摄食习性。

总之，与简单的表格法相比，图示法的优点在于能够在进一步的数理统计分析之前对数据作一个迅速而直观的比较。

（二）稳定同位素分析法

稳定同位素分析法是根据消费者稳定同位素比值与其饵料生物相应同位素比值相近的原则来判断此消费者的食物来源，进而确定食物贡献；而通过测定生态系统中不同生物的同位素比值还能比较准确地测定食物网结构和生物营养级。Miyake 和 Wade（1967）首次发现 $\delta^{15}N$ 在食物链中逐层富集。Deniro 和 Epstein（1978）证明，动物体内 $\delta^{13}C$ 值与其饵料生物 $\delta^{13}C$ 值十分接近，并预测稳定同位素分析法在动物食性研究的应用前景。杨国欢等（2012）基于稳定同位素方法研究珊瑚礁鱼类的营养层次；李云凯等（2014）介绍稳定同位素技术在头足类摄食生态学研究中的应用；麻秋云等（2015）应用稳定同位素技术构建胶州湾食物网的连续营养谱等。

碳、氮稳定同位素比值用国际通用的 δ 值表示，分别以 VPDB（Vienna Pee Dee Belemnite）国际标准和大气氮作为参考标准。$\delta^{13}C$、$\delta^{15}N$ 分别按以下公式算出：

$$\delta^{13}C = \left(\frac{{}^{13}C/{}^{12}C_{sample}}{{}^{13}C/{}^{12}C_{PDB}} - 1 \right) \times 1\,000$$

$$\delta^{15}N = \left(\frac{{}^{15}N/{}^{14}N_{sample}}{{}^{15}N/{}^{14}N_{air}} - 1 \right) \times 1\,000$$

式中，${}^{13}C/{}^{12}C_{sample}$ 为所分析样品的碳同位素比值；${}^{13}C/{}^{12}C_{PDB}$ 为国际标准物质美洲拟箭石（peedee belemnite limestone，PDB）的碳同位素比值；${}^{15}N/{}^{14}N_{sample}$ 为所分析样品的氮同位素比值；${}^{15}N/{}^{14}N_{air}$ 为标准大气氮同位素比值。

生物种类营养级（$TL_{consumer}$）的计算公式如下：

$$TL_{consumer} = \frac{\delta^{15}N_{consumer} - \delta^{15}N_{baseline}}{\Delta \delta^{15}N} + TL_{baseline}$$

式中，$\delta^{15}N_{consumer}$ 表示捕食者氮稳定同位素比值；$\delta^{15}N_{baseline}$ 表示基线生物氮稳定同位素平均比值；$\Delta\delta^{15}N$ 表示一个营养级的氮富集度；$TL_{baseline}$ 为基线生物（初级消费者）的营养级。一般采用生态系统中常年存在、食性简单的浮游动物或底栖生物等消费者作为基线生物。

例如，麻秋云等（2015）研究发现，胶州湾各种生物种类的碳、氮稳定同位素比值差异较大（图 7-6）。其中，鱼类的 $\delta^{13}C$ 和 $\delta^{15}N$ 跨度都是最大的，分别为 5.23‰ 和 4.43‰。鱼类较大的 $\delta^{13}C$ 和 $\delta^{15}N$ 跨度不仅与种类数较多有关，也与个别种有关，即尖海龙和玉筋鱼，其 $\delta^{13}C$ 和 $\delta^{15}N$ 值均偏低。除此之外的 32 种鱼类，其 $\delta^{13}C$ 值主要集中在 $-20.57‰\sim$ $-17.26‰$，跨度为 3.31‰；$\delta^{15}N$ 值主要集中在 11.39‰～14.11‰，跨度为 2.72‰。浮游生物的碳、氮稳定同位素比值是所有生物种类中最小的（图7-6）。

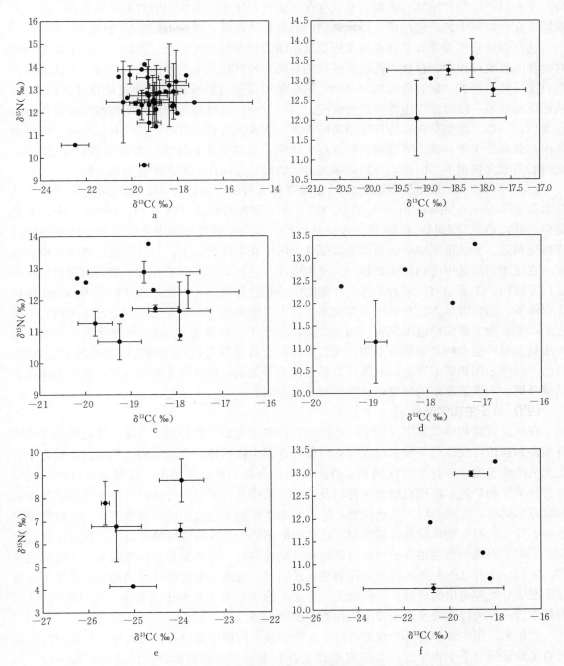

图7-6 胶州湾食物网主要生物种类的碳、氮稳定同位素比值

a. 鱼类 b. 头足类 c. 虾类 d. 蟹类 e. 浮游生物 f. 其他

（引自麻秋云等，2015）

（三）脂肪酸分析法

脂肪酸、氨基酸、单糖等一类特殊的化合物，在生物的摄食活动过程中相对稳定不易变

化，能用于辨别生物饵料的来源，被称为生物标志物。其中，脂肪酸是所有生物体的重要组分，主要以三羧酸甘油酯和磷脂的形式存在。通过对比不同生物脂肪酸组成的差异，可以追踪物质在食物网中的传递路径，指示食物网的有机质来源，进而确定生物之间的营养关系。

选择脂肪酸作为营养学标志物是根据脂肪酸的代谢特点决定的。在许多情况下，生物体对食物的吸收过程中，食物中的脂肪酸被相对保守地同化至消费者体内。相对于消化道内容物只能反映生物被采集时所摄取的食物，脂肪酸可以通过形成储存脂而被储存在生物体内，从而反映最近一段时期内生物的摄食情况。另一方面，通过对生物体内脂肪酸组成进行分析后发现，一些生物类群含有特异性脂肪酸种类，或者含有较高含量的某几种脂肪酸。如细菌体内奇数碳原子数和带支链的脂肪酸占很大比例，而高等生物体内一般都为偶数碳脂肪酸，支链脂肪酸含量很少。因此，奇数碳和支链脂肪酸便可以作为细菌的特异标志物。

Lovern（1935）最早发现脂肪酸同化保守并且可能有示踪作用，他的研究发现，飞马哲水蚤（*Calanus finmarchicus*）的 ^{16}C 和 ^{18}C 多不饱和脂肪酸（PUFA）含量比另外 3 种桡足类的低，而 ^{20}C 特别是 ^{22}C 的 PUFA 含量较高，这与在同样生境中采集的鱼类的脂肪酸组成特征相近。作者推断这些鱼很可能以摄食浮游甲壳类动物为生，并且该脂肪酸组成特点可以一直追溯到浮游甲壳动物的饵料——浮游微藻。之后，许多研究者对于脂肪酸的示踪作用进行了探讨，主要是对一系列的特征性脂肪酸的筛选与验证，目的是建立较通用的脂肪酸标志物体系。脂肪酸标志法在海洋营养关系研究中已经得到了广泛应用，但是该方法仍有不足之处，如食物来源定性范围偏宽（如硅藻类、金藻类或细菌等），进一步细化难度较大；该方法只能对可能食物来源进行示踪，无法对食谱中各来源有机质比例进行准确的定量分析。目前，国内采用脂肪酸标志法对海洋生态系统营养关系进行研究才刚刚起步，许多工作正在陆续开展，未来该领域的研究也必将迎来全面发展。

（四）分子生物学分析法

在鱼类胃含物种类鉴定过程中，传统的物种鉴定主要依靠形态学方法，生物形态表型的可塑性和遗传可变性可导致鉴定误差；另外，许多生物群体存在隐存的分类单元，形态学方法无法准确鉴定，并且生物性别和发育阶段同样会影响形态学鉴定，这些都将导致鉴定误差。分子生物学技术在研究摄食生态以及营养关系中具有明显的优势，可避开许多其他方法的缺点和局限，主要有以下几点优势：①可对小体积的生物组织进行种类鉴定。②对物种的鉴定不受实验对象的年龄和性别限制，在生物的不同生长发育阶段都可以采用该方法进行鉴别。③对于表观相似度很高的物种可以更加准确地判定。④鉴定更加快速而准确，覆盖范围广，GenBank 中 DNA 条形码数据库的建立及完善，有助于更加快速准确地鉴定过去无法通过形态学分类鉴定出的成分。尽管如此，分子生物学技术本身并不能够取代传统的分类学，而是作为一种可以有效鉴定未知生物种类的辅助工具。

近年来，国内外学者开始探索将分子生物学技术应用于摄食习性分析中，并且通过一系列的实验证明分子生物学方法是研究摄食生态和水域食物网营养物质传递的有效手段。如Symondson（2002）综述了多种分子生物学技术在饵料生物种类鉴定方面的应用，包括电泳分析法、PCR 方法等。黄有松等（2014）研究发现，分子生物学技术在桡足类摄食研究中具有强大的效用，意味着利用该方法可以对桡足类及其他海洋生物现场食物组成进行深入系统的研究。席晓晴等（2015）介绍了 DNA 条形码在肉食性鱼类胃含物不可辨认种类鉴定中的应用价值，并展望其在未来分类学发展中的应用前景。未来，随着条形码数据库的不断完善，该技术将更好地为食性分析、食物网的构建提供更加准确的分析依据以及技术支持。

二、摄食强度

摄食强度是鱼类摄食生态研究中的一项重要内容，它能够反映出鱼类摄食节律的变化情况。用于研究鱼类摄食强度的指标主要有摄食率、空胃率、饱满指数和摄食等级等。

摄食率和空胃率的表达式分别为：摄食率＝实胃数×100/总胃数，空胃率＝空胃数×100/总胃数。饱满指数可分为饱满总指数和饱满分指数，其表达式分别为：饱满总指数＝食物团总的实际重量×10 000/鱼体体重，饱满分指数＝食物团中某成分的实际重量×10 000/鱼体体重，若用更正重量代替实际重量，则可以得出更正饱满总指数和更正饱满分指数。上述方法在计算饱满指数时多采用鱼体体重作为分母，而杨纪明和林景祺（1966）在研究鲐的摄食强度时，采用鱼体的纯体重作为分母，作者认为这样可以减小生殖季节鲐体重变化对饱满指数计算的影响。Letourneur 等（1997）采用鱼体体长作为分母计算黑高身雀鲷的饱满指数，作者认为食物重量与鱼体体长之间比其与鱼体体重之间有更好的相关性。

除上述指数以外，还可以根据胃肠的饱满程度，通过目测得到鱼类的摄食等级，有关鱼类摄食等级的划分标准，在《渔业资源生物学》（陈大刚，1997）一书中有详细介绍。现将常用方法介绍如下。

（一）CyloPob（1948）的摄食等级划分

00：无论在胃内或肠内均无食物存在。

0：胃中无食物，肠内有食糜。

1：胃中有少量的食糜。

2：胃中有中等程度的食糜，或占 1/2。

3：胃囊饱满，胃壁未膨大。

4：胃囊充满食糜，胃壁膨大。

（二）Eotopob T. B. 对浮游生物食性鱼类的等级划分

A 级：胃膨大。

B 级：满胃。

C 级：中等饱满。

D 级：少量。

E 级：空胃。

（三）对底栖生物食性鱼类划分如下

0 级：空胃。

1 级：极少。

2 级：少量。

3 级：多量。

4 级：极大量。

三、摄食的选择性

鱼类对食物具有一定的选择能力，这种选择能力是由鱼类对饵料生物的需求和环境中这种饵料生物的多寡及可获性来决定的。通过食物选择指数的计算，能够了解鱼类对某种饵料生物的喜好程度或易得程度。常用的选择指数有：

① Ivlev 选择指数 E。

$$E = \frac{r_i - p_i}{r_i + p_i}$$

式中，r_i 为饵料 i 在鱼类食物中所占的比例（$V\%$、$W\%$ 或 $N\%$）；p_i 为饵料 i 在环境中的相对丰度（$V\%$、$W\%$ 或 $N\%$）；E 的值为 $-1.0 \sim +1.0$。-1.0 表示对某种饵料生物完全不选食或无法获得，$+1.0$ 表示对某种饵料生物总是选食，当 E 值接近于零时则表示随机选食。

② Chesson 选择指数 a_i。

$$a_i = \frac{r_i / p_i}{\sum_{i=1}^{s} r_i / p_i}$$

式中，r_i 为饵料 i 在鱼类食物中所占的比例；p_i 为饵料 i 在环境中的相对丰度；s 为鱼类摄食的饵料种数。当 $a_i = 1/s$ 时，表示随机选食；当 $a_i > 1/s$ 或 $a_i < 1/s$ 时，表示选食或不选食。

以上 2 种食物选择指数都缺少统计性分析，只能说明样本的选择性，而不能说明总体的选择性，因此在统计学上是不可靠的。针对这一点，Manly 等（1993）在计算选择指数 W_i（$W_i = r_i / p_i$）的同时，还计算了其 95% 置信区间（即 95%CI）。作者认为总体的选择指数是位于 $W_i \pm 95\% CI$ 的区间内，若 $|W_i \pm 95\% CI| > 1$ 则说明鱼类选食该饵料生物；若 $|W_i \pm 95\% CI| < 1$ 则说明鱼类不选食该饵料生物。采用这种方法计算的食物选择指数增加了其在统计学上的可靠程度。

四、营养生态位

鱼类摄食生态研究的一项重要内容是对营养生态位（dietary niche）的研究。营养生态位宽度反映了鱼类摄食的特化程度，营养生态位宽度越小［狭食性鱼类（specialist predators）］，说明鱼类摄食的饵料种类越少，其摄食的特化程度就越高；营养生态位宽度越大［广食性鱼类（generalist predators）］，则说明鱼类摄食的饵料种类越多，其摄食的特化程度就越不明显。一般来说，鱼类的饵料保障程度越高，饵料基础越稳定，所摄食的饵料种类就越少；反之，所摄食的饵料种类就越多。从进化的角度看，这两类都是鱼类对其栖息环境以及种间食物竞争的适应，而且各有其优越性和局限性。广食性鱼类的适应能力较强，能够应对复杂多变的外界环境；而狭食性鱼类的适应能力较弱，它们易受外界环境波动的影响。

Krebs（1989）指出，鱼类的营养生态位宽度可以用多样性指数和均匀度指数来研究。多样性指数可以用来表示鱼类对饵料生物的利用范围，该指数的值越高，说明鱼类的食谱越宽，营养生态位宽度越大。而均匀度指数则反映了鱼类对饵料生物的平均利用程度。用于研究营养生态位宽度的多样性指数和均匀度指数主要有以下 4 种：

① Simpson 多样性指数 D。

$$D = 1 - \sum_{i=1}^{s} (p_i)^2$$

式中，s 为饵料种数；p_i 为饵料 i 在食物中所占的比例。

② Shannon - Weaver 多样性指数 H'。

$$H' = -\sum_{i=1}^{s} p_i \ln p_i$$

式中，s 为饵料种数；p_i 为饵料 i 在食物中所占的比例。Shannon - Weaver 多样性指数借用了信息论中的不定性测量法，它能够较好地反映出鱼类食物组成的丰富度（richness）和异质性（heterogeneity），即摄食饵料生物的种类数和个体分配的均匀性。

③ Pielou 均匀度指数 J'。

$$J' = H'/H'_{max} = H'/\ln s$$

式中，H' 为 Shannon - Wiener 多样性指数；H'_{max} 为理论上的最大多样性指数；s 为饵料种数。J' 值越大，说明鱼类的食物组成越均匀。

④ Levins 多样性指数 B 和均匀度指数 Ba。

$$B = \frac{1}{\sum p_i^2} \quad Ba = \frac{B-1}{n-1}$$

式中，p_i 为饵料 i 在食物中所占的比例；n 为饵料种数。均匀度指数 Ba 类似于均匀度指数 J'，都是用来描述鱼类食物组成均匀性的指数。

Marshall 和 Elliott（1997）经比较发现，Shannon - Wiener 多样性指数对于稀有饵料生物很灵敏，因此适合描述鱼类总的营养生态位宽度，而 Levins 多样性指数则偏重于优势饵料生物，因此适合进行种间营养生态位宽度的比较。

五、种间食物关系

研究种间食物关系主要是通过对栖息于同一海域的多种鱼类的食物组成进行比较，进而了解鱼类摄食饵料生物种类和相对数量的差异，揭示鱼类种间的食物关系及其对饵料资源的分化情况。常用的方法如下：

（一）食物重叠指数

食物重叠指数的计算，是进行鱼类种间食性比较的一种常用方法。食物重叠指数的值越高，就说明鱼类种间的食物组成越相似。常用的食物重叠指数有以下 5 种：

① Bray - Curtis 重叠指数 S_B。

$$S_B = 100 \times \left\{ 1 - \frac{\sum_{i=1}^{s} |P_{ik} - P_{jk}|}{\sum_{i=1}^{s} (P_{ik} + P_{jk})} \right\}$$

② Schoener 重叠指数 D_{ij}。

$$D_{ij} = 1 - 0.5 \left(\sum_{i=1}^{s} |P_{ik} - P_{jk}| \right)$$

③ Shorygin 重叠指数 PS。

$$PS = \sum \min(P_{ik}, P_{jk})$$

④ Morisita 重叠指数 C。

$$C = \frac{2 \sum_{i=1}^{s} P_{ik} \cdot P_{jk}}{\sum_{i=1}^{s} P_{ik}^2 + \sum_{i=1}^{s} P_{jk}^2}$$

⑤ Pianka 重叠指数 O_{ij}。

$$O_{ij} = \frac{\sum_{i=1}^{s} P_{ik} \cdot P_{jk}}{\sqrt{\sum_{i=1}^{s} P_{ik}^2 \cdot \sum_{i=1}^{s} P_{jk}^2}}$$

上述各式中，P_{ik}、P_{jk} 为共有饵料 k 在鱼种 i、j 的食物中所占的比例（$V\%$、$W\%$ 或 $N\%$）；s 为饵料种数。

S_B 和 PS 的值为 0～100，0 表示无食物重叠，100 表示食物完全重叠；D_{ij}、C 和 O_{ij} 的值为 0～1，0 表示无食物重叠，1 表示食物完全重叠。以 60（或 0.6）为临界值，重叠指数的值若大于或等于 60（或 0.6），就说明食物重叠显著。D_{ij} 和 C 的值均与样本含量和饵料多样性无关。

在上述指数中，以 Bray - Curtis 指数和 Schoener 指数的应用最为广泛。需要注意的一点是，食物重叠指数的计算值与饵料生物的分类阶元有关，若分类阶元不同，则计算的结果也不同。

（二）统计学方法

统计检验对于鱼类种间食性比较是非常必要的，国内外学者在研究鱼类种间食性差异时，非常重视统计学方法的应用，如 χ^2 检验、列联表检验、方差分析、Kruskal - Wallis 非参数秩次检验、Fisher 检验等。

（三）聚类分析

聚类分析是基于鱼类样品组间食物组成的相似性，将样品逐级连接成组，并通过树枝图来表示的图形分析技术，其中最为常用的连接方法是组平均连接（group - average linkage）。应用该方法能够将同一群落中的鱼类依据主要食物类别的不同，划分为各种食性类型，如浮游生物食性、游泳生物食性、底栖生物食性等。

（四）多元统计分析方法

PRIMER（plymouth routines in multivariate ecological research）是由英国普利茅斯海洋研究所研制开发的大型多元统计分析软件，它是一套能对多元（多种）丰度/生物量数据矩阵做出图形表达和统计检验的技术方法。该软件已被广泛应用于海洋生物群落的结构、功能和生物多样性的研究。由于鱼类的食物组成类似于群落中的物种组成，因此，该软件还被应用于鱼类食性的研究中，并取得了比较好的效果。

PRIMER 是以样品组间等级相似性为基础进行的多元统计分析软件，分析前首先要将原始数据（如饵料生物的重量百分比）进行平方根变换，以便对稀有种给予一定程度的加权。然后，利用 Bray - Curtis 相似性系数构造样品间食物组成的相似性矩阵，再以此为基础进行以下的统计分析：

① 非度量多维标度分析 MDS（non - metric multi - dimensional scaling）。就是将样品间复杂的相似性关系用二维 MDS 图中样品点间的距离来表示。样品间食物组成的差异越小，则代表样品的点在 MDS 图上的距离就越近；反之，距离就越远。MDS 结果的可信程度，可用 Stress 参数的值来衡量，若 Stress 值小于 0.1，则说明所得到的 MDS 图可以正确解释样品间的相似关系；若 Stress 值为 0.1～0.2，则认为该图形有一定的解释意义；若 Stress 值大于 0.2，则认为该图形不能正确解释鱼类种间的食物关系，应该用更高维的图形来表示。

② 相似性分析 ANOSIM（analysis of similarities）。ANOSIM 类似于方差分析（单变量 ANOVA 或多变量 MANOVA），是基于相似性系数的等级置换/随机化检验，分析的起点是样品间食物组成的相似性三角矩阵。它包括单因子相似性分析（one - way ANOSIM）和两因子相似性分析（two - way ANOSIM）等，因子的不同水平可以代表不同的鱼种、海区或季节等，2 种分析皆能给出统计量 R 值和显著性水平 P 值，进而判断鱼类种间食物组成是否存在显著差异。

③ 相似性百分比分析 SIMPER（similarity percentages）。在 ANOSIM 分析的基础上，进一步将每种饵料生物对样品组间非相似性贡献率的百分数分解，并按递减的顺序排列，以便鉴定对样品分组起主导作用的饵料种类。

六、摄食量

鱼类摄食量研究是指计算 1 个或多个鱼类种群在一定时间内（1 个季节或 1 年）在某个特定海域中的食物消耗量。计算鱼类摄食量的方法有许多，计算时通常要先算出鱼类种群在 1 d 内的食物消耗量，即日摄食量（daily food consumption），将其乘以 1 个月的天数就得出鱼类种群的月摄食量，或乘以 1 年的天数得出年摄食量。下面将几种常用的计算鱼类摄食量的方法做简要介绍。

（一）Elliott - Persson 模型和 Eggers 模型

这两种方法都是采用将鱼类一昼夜内摄食的食物重量与排空率 ER（evacuation rate）数据相结合的方法来计算鱼类的日摄食量。该方法在计算日摄食量时，首先要算出单位体重的鱼类在一昼夜内的食物消耗量，即日摄食率或称为日粮 DR（daily ration），将其乘以鱼类种群的总生物量，即得出该鱼类种群的日摄食量。

应用该方法计算鱼类的日摄食率，主要取决于对排空率模型的拟合。常见的鱼类排空率模型主要有以下几种：

① 线形模型。

$$S_t = S_0 - ER \cdot t$$

② 平方根模型。

$$\sqrt{S_t} = S_0 - ER \cdot t$$

③ 指数模型。

$$S_t = S_0 \cdot e^{-ER \cdot t}$$

式中，S_0 为排空初始时刻的食物重量；S_t 为经历时间 t 之后的食物重量。上述模型中最为常用的是指数模型，与之对应的计算鱼类摄食量的方法就称作 Elliot - Persson 模型和 Eggers 模型。

Elliot - Persson 模型在计算日摄食率时，要先根据鱼类摄食周期中表现出的不摄食阶段应用指数模型计算出排空率，再结合排空率求出鱼类在摄食阶段每 2 个相邻取样时刻内的摄食的食物重量，对其求和即得出日摄食率，其计算公式如下：

$$DR = \sum_{i=1}^{m} \frac{(S_{i+1} - S_i \cdot e^{-ER \cdot t}) \cdot ER \cdot t}{1 - e^{-ER \cdot t}}$$

式中，m 为摄食阶段时间间隔的个数；t 为取样间隔的时间；S_i 和 S_{i+1} 分别为第 i 个取样间隔初始时刻和结束时刻鱼类摄食的食物重量占其体重的百分比。Elliot - Persson 模型适用于任意摄食类型的鱼类，它最大的优点在于可以完全依据现场取样资料计算排空率和日摄食率。但是该模型也存在一定的局限性，它要求取样的时间间隔必须不大于 3 h，而且需要至少 7 组摄食周期的数据才能保证模型的准确性。这对于现场研究，尤其是进行海上大面积调查取样具有很大的局限性。此外，该模型假设鱼类种群有一定的摄食阶段和不摄食阶段，而其起止时间往往与鱼类摄食的实际情况不完全相符，因而会使日摄食量的计算产生误差。

Eggers 模型被认为是 Elliot - Persson 模型的一个特例，它可以有效地克服 Elliot - Persson 模型存在的缺点。Eggers 模型是根据鱼类一昼夜内的平均饱满指数 S 和实验测得的排空率来计算日摄食率，其计算公式为：

$$DR = 24 \times ER \times S$$

Eggers 模型适用于广泛食性类型的鱼类，而且对摄食周期没有严格的要求，允许有偶然的摄食高峰，但是该模型在应用时需要进行独立的排空率实验。鱼类的排空率通常是在实验室中测定的，由于受水温、食物种类和大小、投喂量等因素的影响，使得人工控制条件下测得的鱼类排空率与自然水体中的有一定的差别，因而会对鱼类摄食量的计算产生一定的影响。

总而言之，Elliott - Persson 模型和 Eggers 模型均已被证实是现场胃含物法计算鱼类日摄食量的两种很好的模型，并在世界范围内得到了广泛应用。

（二）Jones 的方法

Jones（1974）提出以鱼类个体为单位计算鱼类种群日摄食量的方法。作者先算出每尾鱼的摄食速率（即单位小时的摄食量），对其求平均值，即得出鱼类的平均摄食速率，将其乘以 24 即得出每尾鱼的平均日摄食量，再乘以该鱼类种群的总尾数就得出整个鱼类种群的日摄食量。Jones（1974）在计算每尾鱼的摄食速率时，考虑到了鱼类体长的因素，其计算公式为：

$$R = 10^{0.035} (T_c - T_o) \times S^{0.46} \times Q \times (L/40)^{1.4}$$

式中，T_c 为调查海区的水温；S 为鱼类在 24 h 内的平均食物重量；L 为该鱼类的体长；Q 是体长为 40 cm 的该鱼类在 T_o℃时排空 1 g 食物的速率。

该方法在世界范围内得到了广泛应用，Hislop 等（1991）采用该方法研究了北海各个年龄组牙鳕的年摄食量。Buit（1995）研究了法国赛尔特海各个年龄组的大西洋鳕在不同季节的摄食量。

（三）Daly 的方法

Daly 等（2001）认为，在研究鱼类对某种次要饵料生物的摄食量时，没有必要对其胃含物中所有的饵料生物都进行详细的分析，只需记数这种饵料生物在鱼类胃含物中出现的总个数就可以了，因此作者提出了一种计算鱼类摄食量的简化方法，其计算公式如下：

$$C = \sum_{i=1}^{N} X_i \left[\frac{P}{N} \right] MD$$

式中，C 为鱼类对某种饵料生物的摄食量；X_i 为一尾鱼在一餐中摄食该饵料生物的个数；N 为用于分析的鱼类尾数；P 为研究海域中该鱼种的总尾数；M 为该鱼种在 1 d 中进餐的次数；D 为天数。式中的 M 值是依据以往计算的该鱼种的日摄食量及其在 1 d 中摄食的平均食物重量推算出来的。需要指出的一点是，采用该方法计算出的摄食量，是饵料生物的个数而不是重量，这是与其他方法的不同之处。Daly 等（2001）应用这种方法研究了苏格兰和英吉利海峡的大西洋鳕对头足类的摄食量。

(四) Tanasichuk 图示法

Tanasichuk 等（1991）提出了一种用图示法计算鱼类日摄食量的方法。作者以太平洋无须鳕为例对其方法进行了说明。如图 7-7 所示，这是太平洋无须鳕的平均饱满指数在 24 h 内的变化曲线。作者假设平均饱满指数上升的阶段就是太平洋无须鳕摄食的阶段，用 F_1 和 F_2 表示；平均饱满指数下降的阶段就是太平洋无须鳕停止摄食的阶段，用 D_1 和 D_2 表示。太平洋无须鳕在停食阶段开始排出食物，因此 D_1 和 D_2 的斜率就是太平洋无须鳕在这段时间内的排空率，用该排空率乘以 D_1、D_2 阶段的时间，就得出太平洋无须鳕在 D_1、D_2 阶段排出的食物量。作者还假设太平洋无须鳕在摄食阶段进行到一半的时刻开始排出食物，因此，将 F_1 和 F_2 两段时间之和除以 2，再乘以排空率的平均值，就得出太平洋无须鳕在 F_1、F_2 阶段排出的食物量。将太平洋无须鳕在上述各个阶段排出的食物量相加即得出其日摄食量。Tanasichuk 等（1991）指出该图示法适合于研究有明显日摄食节律的鱼类。

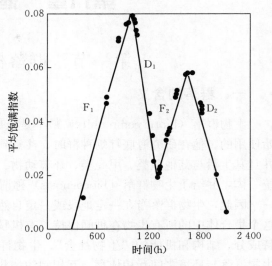

图 7-7　Tanasichuk 图示法
（引自 Tanasichuk 等，1991）

除上述几种方法外，还有生物能量法、化学污染物质量平衡法、耗氧量间接计算法、多元回归法、生产力转化系数法等多种计算鱼类摄食量的方法。然而，目前这些计算方法都还只是近似的方法，由于鱼类的摄食量受多种复杂因素的影响，要想准确地得知鱼类的摄食量还存在一定的困难，需要根据具体条件和情况选择合适的方法进行研究。

 思考题

1. 研究鱼类的食物组成和摄食生态在渔业上有何重要意义？
2. 什么是鱼类的营养级和食物网？
3. 鱼类的食性类型是如何划分的？
4. 简述鱼类摄食的选择性和食性更替现象。
5. 影响鱼类食物保障的因素有哪些？
6. 简述研究鱼类食物组成的方法。

第八章　渔业生物群落

第一节　群落概念与基本特征

一、群落的含义

生物群落（biotic community）最早是由德国生物学家苗比乌斯（Mobius）于 1880 年开始使用的。他在研究海底牡蛎种群时，注意到这种动物只在一定温度、盐度等条件下生活，并且其生活与其他鱼类、甲壳类、环节动物、棘皮动物等密切相关，共同构成了一个有机的统一体，并给予生物群落（biocoenosis）称谓，它强调同一地段内生物种群间的相互作用。

因此，生物群落指在一定地段或一定自然生境里的各种生物种群所组成的一个集合体。这个集合体中的所有生物在种间保持着有机联系，共同参与对环境的反应，组成一个具有独特成分、结构和机能的"生物社会"。生物群落由植物群落、动物群落和微生物群落组成。生物群落与环境之间互相依存、互相制约，共同发展，形成一个自然整体。由生物群落和环境构成的整体就是生态系统。因此，整个生态系统中的生命部分就是生物群落。

生物群落，实际上是一种泛指的名词，可以用来指明任何大小和自然特性的生物种群的集合体，因此群落有大小之分或主要、次要之分。地球上的各种动植物群落是一个统一的整体，它又包含着许多大小不同的群落。那些具有充分的大小范围，其结构有一定的完善性，能相对独立区分于邻近群落，只要有日光给予能量就能独立存在的生物群落被称为大群落（主要群落）；而那些多少要依赖于邻近群落的生物群落则称为小群落（次要群落）。当然，这种区分也是相对的。

二、群落概念的重要意义

群落概念是生态学理论和生态学应用中最重要的概念之一。群落强调了各种生物能有机地、有规律地在一定空间或生境中共处，而不是各自以独立体的形式、任意地散布在地球上。换而言之，它强调的是生物种群之间的相互作用，生物种群与无机环境之间的相互作用。生物群落被认为是生物学研究对象中的一个重要层次。它具有个体、种群层次所不能概括的特征和规律。因此，群落概念的产生，使生态学研究出现了一个新领域——群落生态学。

群落概念在应用生态学领域中的重要意义，在于人们能运用"群落的发展能导致生物种的发展"这种思想，当人们试图控制某种生物（包括促进其发展和制止其危害两个方面）时，可以采取改变其群落的方法，而不是非"攻击"某种生物本身不可。例如，为预防疟疾就得消灭蚊子，其中一种有效的方法就是有计划地改变整个生物群落，包括变动水面、填平浅水坑等方法。我国治蝗工作取得重大成就的一条重要经验就是改变"环境"、改变生物群落生境、消灭蝗虫滋生地。实际上，许多珍稀濒危动物的减少和灭绝，多与人类改变其栖息环境有关。因此，人们试图要发展鱼类增殖，以增加自然资源，首先就要采取相应的渔业管理措施，保护好鱼类的栖息生境，诸如索饵场、产卵场、越冬场和洄游通道等。

三、群落的基本特征

生物群落是生物种群组合的一种有机实体，群落通常具有以下基本特征。

（一）群落中所有生物在生态上相互联系

诚然，组成群落的每种生物都有其结构和功能上的独特性，但整个群落中的所有物种，却是彼此依赖、相互作用而共同生活在一起的一个有机整体。例如，在一个红树林群落中，上层树冠能遮阴，为滩面上的底栖生物提供适合于一定物种生存的环境，滩涂上的微小生物必须依赖绿色植物的光合作用所固定的有机质才能生存，而细菌的降解作用所产生的有机碎屑及其自身又为滩栖生物提供食物，这些生物的排泄物又为红树林的生长提供肥料，于是群落生物间的捕食、竞争、寄生与共生等各种相互关系，构成了红树林生物群落的基础。

（二）群落与其环境的不可分割性

在任何情况下，生物群落都与其环境紧密联系并互相作用。众所周知，气候和土壤特征在决定群落的类型和特征上起着决定性的作用，但群落也对其生境的许多特征起着决定性作用。例如，温带潮间带滩涂上通常有较丰富的沙蚕、大眼蟹、织纹螺和蛤类栖息。随着对虾养殖业的开展，上述生物或被虾类摄食，或因生境不适，其种类和数量都在减少。特别是对虾排泄物致使底部缺氧、硫化细菌还原作用加强，土壤变黑、硫化氢含量增多，从而导致大量喜氧生物无法生存，取而代之的是少数小头虫等耐污生物；水域环境也因虾池排水而富营养化。这些都是生物群落对环境的反作用。

（三）生物群落中各个成员在群落生态上的重要性是不相等的

对分类学者来说，特定水域中的各种生物都是一个分类单位，他们对各个物种都很重视，甚至更重视稀有种、新记录或新种的记载和描述。但是，生态学者则较少注意生物的名录，他们特别重视的是各个生物种在群落功能中的重要性。优势种和从属种的划分，就是根据这种需要而产生的。

（四）群落的空间和时间结构

作为一个有机的和有规律的实体，群落有其空间结构上的特点，还有其时间上的变化系列。群落空间结构的一个最明显的特点是其分层现象，各种群落的分层表现程度不一。群落的时间格局，如其昼夜相、季节相和年际变化等，虽然是由组成群落的各种生物的昼夜节律、季节变动和年际变化所组成的，但各种群落均有自身的特征，有其独特的规律性，并且同一群落中的各个生物种群所表现出的节律是互相关联、互相制约的，这绝不是什么偶然的组合。

（五）群落结构的松散性和边界的模糊性

群落是生物学研究对象中的一个层次；毋庸置疑，群落是一种有机实体和由组成成员有规律地组织在一起的一个系统。因此，近代的系统论、控制论思想也被逐渐引入到群落生态学研究中。但是，由于群落结构的松散性和边界模糊性，常常会使人们走向另一极端，即认为群落仅仅是一个人为的偶然组合。

那么，什么是群落结构的松散性和边界的模糊性呢？这可通过与更低层次的有机体或个体进行比较来说明。一个有机体，如一只动物，它与周围环境的边界是十分明确的。动物由于有皮肤包被，使其内部结构与外周环境有明确边界；但是群落结构（如分层结构、物种组成等）明显不同，人们称之为松散的结构。

至于群落边界，有的边界明显，如池塘中的水生群落与陆地群落之间的边界就属这种类型。但是，有的就很不明显，有时还有很宽的过渡带，如森林群落和草原群落之间就是这样，在其过渡带，两边的群落生物往往犬牙交错地混杂或重叠在一起，有时甚至会形成一个逐渐改变的连续体。海洋中不同性质水团的生物群落在其交汇的锋面区，也有类似情况，导致其边界的模糊性。鱼类群落通常没有明显界限，群落结构经常随主要环境因子的变化逐渐或同步变化。群落间过渡带的出现通常与剧烈的物理环境变化有关。在某一海区，大陆架和大陆坡的构造在确定动物区系和群落结构方面扮演着重要角色。

四、群落的命名

对于生物种的命名，国际上有统一的严格命名法。但是，对于群落的分类及其命名，虽然已做过大量的研究工作，但迄今尚无合适的统一方法。现在人们对群落的命名一般依据下述 3 方面的特征：

（一）群落中的主要优势种

群落可按照其最重要的有机体，也就是优势种来划分与命名。所谓优势种，是指群落中的少数种类或种的集群，由于它们的数量、大小或活动性起着控制群落特性的作用，它们就是生态学上的优势种。因此，生态学上的优势种，是控制、影响群落特征的有机体，通常也是个体数量或重量所占比例最大的种。以优势种来划分，对一些种类较少、优势种较突出的群落比较简单易行。彼得森（Petersen）早在 20 世纪初研究丹麦浅海底栖动物群落的种类组成、分布与沉积物的关系时，即采用这一特征，把不同优势种看成是某特定群落的代表种，他把丹麦浅水区鉴定为七个主要群落，包括波罗的海樱蛤群落、穴居拟壶海胆群落、心形海胆群落、廉蛤群落、钙质白樱蛤群落等。

（二）群落所占的自然生境

一个生物群落占有一定空间，不同群落都要求（或适应）不同的生活环境或生存条件。换句话说，在一定的环境条件下只能存在一定的生物群落。因此，可以按照不同自然生境来划分群落，如潮间带生物群落、浅海生物群落、深海生物群落等。当然还可根据研究需要将其再划分成一些较小的群落单位，如潮间带生物群落又可分为岩岸、沙滩或泥质滩生物群落等。

（三）优势种的主要生活型

生活型是不同生物种的生态分类单位，它是依据不同生物外貌（形态）的趋同适应特征划分生活型，如陆地上有热带雨林群落、草甸沼泽群落等，海洋里有红树林生物群落、大叶藻群落等。

当然，对于不同类型生物群落的分析方法也不一样。如对潮间带生物群落组成的分析，较多注意底质和环境因子、生物的分层布局、优势种和特有种。在研究水层中生活的生物群落时，则要考虑到各水团的特性、分布、隔离和混合情况、生物繁殖习性和季节周期、优势种和指标种等。

第二节　群落的物种组成与群落结构

一、群落的物种组成

物种组成是决定群落性质的最重要的因素，也是不同群落类型的基本特征。群落生态学研究一般从分析种类组成开始。群落结构的简单或复杂程度，取决于组成群落的生物种类的多寡、数量分布是否均匀和各个种的重要性等因素，其评价指标如下：

（一）优势种

有的群落常由一种或少数几种生物种类决定其主要特征；有的群落则由很多物种所决定。这些决定群落主要特征的物种，常被称为优势种（dominant species）。优势种的组成是群落的基本属性。通常在一个群落中，有些种类对群落的结构、功能以及稳定性具有重大的贡献，而有些种类却处于次要和附属地位。一般来说，群落样品中个体数或生物量最多、出现频率最高的种类，往往就是优势种。

衡量群落中各个成员重要性程度的指标通常有 3 种：

（1）密度。即单位面积上的个体数。一般适用于个体大小相差不多的动物。

（2）覆盖度。即被叶子所覆盖的地面面积，通常用于藻类、植物。

（3）生产量。即单位时间内生产出来的有机物质的量。这能表示物种对资源的利用情况，并可把大小相差悬殊的种放在同一尺度上进行比较。

在群落生态学研究中，常用重要性值作为综合指标。它包括下面 3 个方面：

$$相对密度=\frac{物种\ i\ 的个体数}{所有物种的总个数}\times100\%$$

$$相对频率=\frac{物种\ i\ 的出现频率}{所有物种的出现频率之和}\times100\%$$

$$相对覆盖度=\frac{物种\ i\ 的底面积之和}{所有物种的总底面积之和}\times100\%$$

然而，在选择优势种指标和计算其重要性值方面并无统一标准，渔业资源领域似乎更偏重于生物量的重要性，常以生物量指数来计算优势种的优势度。

确定渔业生物群落优势种最简单的方法，可选取样品中数量或生物量比例位列前几位的种类，或者以样品中占总个体数或总生物量一定比例的种类作为优势种（邱永松，1988；金显仕和邓景耀，2000）。

相对重要性指数 IRI（index of relative importance）（Pinkas 等，1971）综合考虑了研究种类的个体数、生物量组成和出现频率等信息，已被广泛地应用于鱼类摄食生态和群落优势种的研究。其公式为：$IRI=(N+W)\times F$。其中，N 为某个种类的个体数在总渔获个体数中所占的百分比；W 为某个种类的重量在总渔获重量中所占的百分比；F 为某个种类在样品中出现的频率。

为避免因鱼类大小、重量相差悬殊而造成的片面性，陈大刚（1991，1997）采用生物量指数 $b=\sqrt{n\times w}$，即用在一定时间、一定调查范围内的个体数 n 与重量 w 的几何平均数来度量优势度和划分优势种。

（二）群落物种多样性

物种多样性（species diversity）的含义，包括两方面：其一是群落所含有的种数的多寡，这可称为物种丰富度（species richness）。也就是说，群落所含的种数越多，群落的物种多样性也就越大。其二是群落中各个种的相对密度，可称为群落的异质性（heterogeneity）或均匀性（equitability），即在一个群落中，各个种的相对密度越均匀，群落的异质性程度就越大。例如，有 2 个群落，各有 2 个种组成，群落Ⅰ是由 99 个 A 种个体和 1 个 B 种个体组成；而群落Ⅱ是由 50 个 A 种个体和 50 个 B 种个体组成。那么，就可以说群落Ⅱ的异质性程度高，而群落Ⅰ则低。群落Ⅰ的特征几乎由A种所决定，而群落Ⅱ则多样化。多样性的测定方法很多，主要有：

（1）Fisher（费希尔）α多样性指数。我们从事群落结构的采样调查时，往往会发现下列情况，即数量很高的优势种，其种数很少；而数量不多的稀有种，其种数却很多。如以样品中具有1、2、3……个体的种数，对着个体数作图，就会得到一个似凹型曲线的图形。这种类型的图描述了群落的相对多度。

Fisher等将这类数据配以凹型曲线，并认为对数级数能最好地拟合这类数据：

$$\alpha x、\frac{\alpha x^2}{2}、\frac{\alpha x^3}{3}、\frac{\alpha x^4}{4}\cdots$$

其中，第一项 αx 为总捕获中仅具1个个体的种数；第二项 $\frac{\alpha x^2}{2}$ 为总捕获中具有2个个体的种数；余下类推。而级数各项之和就等于总捕获中的全部种数。

对于每一组数据，用这种对数级数进行拟合，需要有两个变量，即总种数和总个体数。费希尔等（1943）提出的关系式是：

$$S = \alpha\ln\left(1+\frac{N}{\alpha}\right)$$

式中，S 为物种数；N 为样品中的总个体数；α 为多样性指数。

常数 α 表示群落中物种多样性指数。α 值越大，多样性就越高；α 值越小，则多样性就越低。

用上述对数级数来拟合相对多度，意味着该群落具1个个体的种数最多。实际上并非所有群落都这样，当用费希尔 α 多样性指数不合适时，应改用普雷斯顿（1948）对数正态分布法来拟合。其数学模型为：

$$s(R) = s_0\,\mathrm{e}^{-(aR)^2}$$

式中，$s(R)$ 为离众数倍程向左或向右的第 R 个倍程的种数；s_0 为分布中众数倍程的种数；a 为描述分布展开的常数。

（2）Shannon-Wiener（香农-威纳）多样性指数。香农-威纳多样性指数包括物种的多寡和群落的异质性。香农-威纳多样性指数借用了信息论方法。信息论的主要测量对象是系统的序或无序的含量。在群落多样性的测量上，就是借用这种信息论中的不确定性测量方法，以预测下一个采集的个体属于什么种，如果群落的多样性程度越高，则其不确定性也就越大。香农-威纳多样性指数值越大，多样性程度越高。公式如下：

$$H' = -\sum_{i=1}^{S} P_i \log_2 P_i$$

式中，H' 为群落多样性指数；S 为物种数；P_i 为样品中第 i 种种类占总生物量或总个体数的比例。公式中对数的底可取2，e或10。

对于渔业资源种类，由于不同种类及同种个体之间差别很大，以生物量表示的群落物种多样性更接近种类间能量的分布。因此，用生物量比用个体数来计算群落物种多样性对调查水域渔业资源更具有意义（Wilhm，1968；Pielou，1975；费鸿年等，1981）。

（3）Pielou均匀度指数。在香农-威纳多样性指数中，包括两个部分，即多样性指数和各种间个体分配的均匀性。各种之间，个体分配越均匀，H' 值就越大。如果每一个体都属于不同的种，多样性指数则最大，如果每一个体都属于同一种，则其多样性指数最小。因此，均匀度指数的测定，可通过估计群落理论上的最大多样性指数（H'_{max}），然后以实际的多样性指数与 H'_{max} 的比值来衡量均匀度的大小，Pielou 均匀度指数公式为：

$$J' = \frac{H'}{H'_{max}}$$

式中，J' 为均匀度指数；H' 为实测香农-威纳多样性指数值；H'_{max} 为多样性指数最大值，$H'_{max} = \log_2 S$。

（4）Margalef 种类丰富度指数（Margalef，1958）R。

$$R = (S-1)/\ln N \quad 或 \quad R = (S-1)/\ln W$$

式中，S 为物种数；N 为总个体数；W 为总重量。

（5）Simpson（辛普森）多样性指数。测定多样性的方法还可由概率论导出。辛普森就是这样提出问题的，即假设从无限大小的群落中，随机抽取两个标本，它们属于同一种的概率是多少。应用该方法，就可以得到辛普森多样性指数，公式如下：

$$D = 1 - \sum_{i=1}^{S} P_i^2$$

式中，D 为辛普森多样性指数；P_i 为群落中第 i 种的个体的比例。

上述几种多样性指数，都具有较高灵敏度和一定的可靠性，是描述群落结构特征中经常应用的指标，可单独使用，但更多的是多指标共同使用。相比之下，费希尔 α 多样性指数虽然有一定局限性，但它可更直观地表现群落结构特征；而香农-威纳多样性指数与辛普森多样性指数却可提供异质性信息。

（三）分类学多样性

生命系统是一个复杂的等级系统，在群落水平上这种等级属性表现得尤为明显。因此，在研究比较群落的多样性时，对于所研究的分类类群，不仅要度量在群落中出现的物种数目和它们的相对数量，而且应该考虑这些物种之间的相互分类等级关系。

除 Simpson 多样性指数外，生态多样性指数（Margalef 种类丰富度指数、Shannon-Wiener 多样性指数、Pielou 均匀度指数等）随样本大小而变化，受取样的影响很大（Clarke 和 Warwick，2001b）。为了克服上述不足，Warwick 和 Clarke（1995）、Clarke 和 Warwick（1998；2001a）不但依据渔获种类数量（x_i），而且考虑了每对个体在分支树中的分支路径长度（ω_{ij}），提出了以下分类学多样性指数来测度多样性。

1. 分类多样性指数（taxonomic diversity）**Δ**

分类多样性指数 Δ 为群落中每对个体在系统发育分类树状图中平均的路径长度，或者称为随机选择的任两个个体的分支路径长度的期望值。其公式为：

$$\Delta = \left(\sum\sum_{i<j}\omega_{ij}x_ix_j\right)/[n(n-1)]$$

式中，i 为第 i 个物种；j 为第 j 个物种；ω_{ij} 为每对个体在分枝树中的分枝路径长度；x_i 为第 i 个物种的数量；x_j 为第 j 个物种的数量；n 为样品中总数量。

2. 分类差异指数（taxonomic distinctness）**Δ***

分类差异指数 Δ* 与分类多样性指数 Δ 相同，只是在计算两个个体之间平均的路径长度时，忽略相同物种个体之间路径的长度。其公式为：$\Delta^* = \left(\sum\sum_{i<j}\omega_{ij}x_ix_j\right)/\left(\sum\sum_{i<j}x_ix_j\right)$。

3. 平均分类差异指数（average taxonomic distinctness，AvTD）**Δ⁺**

当只有渔获种类组成，而没有种类数量时，Δ 和 Δ* 变成了同一种形式 Δ⁺。平均分类差异指数 Δ⁺ 为不考虑种类数量时，随机选择的两个种类之间平均的路径长度。其公式为：$\Delta^+ = (\sum\sum_{i<j} \omega_{ij})/[S(S-1)/2]$。

4. 分类差异变异指数（variation in taxonomic distinctness，VarTD）**Λ⁺**

分类差异变异指数 Λ⁺ 用于测度随机选择的每两个种类间的平均分类差异指数对平均值的变异情况，其公式为：$\Lambda^+ = [\sum\sum_{i<j}(\omega_{ij}-\Delta^+)^2]/[S(S-1)/2]$，其中 S 为种类数。当两个样本的平均分类差异指数相同时，其分支树状图可能是不同的，如一种情况为每两个种类间的分支路径长度是基本一致的、中等水平；另一种情况为每两个种类间的分支路径长度大小不一致，较离散。

二、群落结构

（一）垂直结构

大多数群落都有垂直的分化，这种在垂直梯度上群落生物的组成变化称为垂直分层现象。陆生群落的分层结构，首先取决于植物的生活型——其高低、大小、分支枝叶等，它是由光照度的递减所决定的。如森林由林冠、下木、灌木、草木和地被等层次构成。水生群落的分层主要取决于光穿透情况、水温和溶解氧的分层。而群落的每一层次中，往往栖息着一些在不同程度上可反映各层特征的生物。水生动物根据它的分层现象，一般可分为漂浮生物、浮游生物、游泳生物、附底生物和底内动物等。图 8-1 显示了一些鱼类在不同水层中垂直分布与食饵的关系。我国已利用生物的这种垂直分布特性开展了立体养殖，以提高养殖生产效益。

（二）水平格局

群落水平格局的形成与构成群落的成员的空间分布有关。水生生物群落的水平分布格局主要受地形、底质、海流和水团等非生物因子的影响，导致群落中的生物均匀分布型十分罕见；随机分布则在有限生境中如某块滩涂上贝类的分布等可以看到；而大量存在的则是镶嵌型的斑块分布。例如，水温、水深和盐度是决定鱼类分布及鱼类

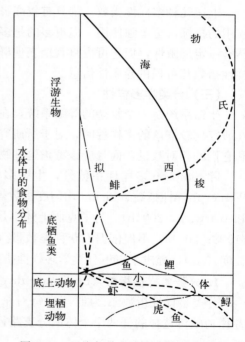

图 8-1　里海部分鱼类在水体中的分布
（引自陈大刚，1997）

群落水平格局的重要环境因子（陈大刚，1991）。黄海鱼类群落结构与底层水温相关，黄海中部冷水团在鱼类分布方面起着重要作用；而水深则是影响东海鱼类群落格局的主要因素（Jin，1995；Jin 等，2003）。水深是决定北海底层鱼类群落水平格局的主要因子，50 m、100 m 和 200 m 等深线基本上是 3 个不同群落的边界（Callaway 等，2002）。南海北部大陆

架鱼类群落的区域性变化主要是由温度、盐度和深度的梯度及底质类型的差异引起的，但水深可作为群落变化的主要指标，群落具有沿水深而成带分布的趋势（邱永松，1988）。东海深海底层鱼类可分为东海大陆架（外缘）、东海大陆坡群落和冲绳海槽（西侧）群落，群落格局与水深及周围海况条件的关系非常密切（沈金鳌等，1987）。在河口、沿岸水域，由于受到河口冲淡水、沿岸流及外海高盐水的综合影响，盐度往往是决定鱼类群落格局的主导因子（詹海刚，1998；邱永松，1996）。

　　群落结构的水平格局的变化，往往受环境变迁如底质、海流等环境因子变化的影响。例如，山东南部岸带有一条东北-西南向沙带，随着沙带的缓慢迁移，致使在一些海区由原来适泥质的底栖生物逐渐被潜沙性底栖生物替代，底层鱼类也由红娘鱼、鲉较多见，转为鳂等鱼类居多。又如，由于受到黄河入海淡水径流减少的影响，黄河口渔业生物群落组成发生很大变化，优势种由刀鲚、大银鱼等种类变为凤鲚和安氏新银鱼等。此外，海流变迁等也明显地影响着生物群落水平格局乃至整个群落结构的变化。例如，东南太平洋发生的厄尔尼诺现象（秘鲁异常海流），致使原群落优势种鳀资源锐减，导致以鳀为食的海鸟、海兽类大批死亡以及鳀渔业的崩溃；另一方面却促使油鲱、沙脑鱼等适温较高的生物种群增长，中上层鱼类群落的水平结构完全改变。

（三）时间格局

　　因为很多环境因子都具有明显的时间节律（如昼夜节律、季节节律），所以群落结构，特别是有些物种的组成，也随着时间推移而有明显的变化，这就是群落的时间格局。陆生群落昼夜相的例子很多，如在一块农田里，白天活动的昆虫有蝶类、蜂类和蝇类，而夜间便被夜蛾类、螟蛾类取代。水生群落的昼夜相虽不像陆地群落那样容易察觉和研究，但许多海洋群落中的浮游生物确有明显的昼夜垂直迁移现象。图8-2显示苏格兰外海一种磷虾（*Meganyctiphanes norvegica*）的昼夜迁移规律，导致群落水平结构在昼夜间发生明显改变。

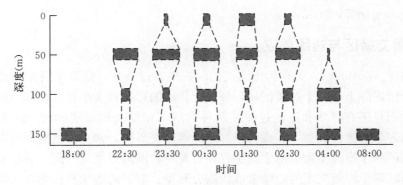

图8-2　苏格兰外海磷虾的昼夜垂直迁移
（引自陈大刚，1997）

　　在群落结构的季节相中，最典型的要数温带落叶阔叶林的季节相。冬季来临，那里的树木光秃，草被枯黄，很多迁徙性候鸟飞到南方去过冬，留居者只有留鸟和迁来的冬候鸟，大多数变温动物进入休眠状态。总之，与春夏季对比，秋冬季的群落相则完全不同。研究这种生物活动随季节而变化的科学称为生物物候学。

海洋生物也有类似情况，春季随着近岸水温上升，水团变性，许多在外海越冬的暖温性、暖水性鱼类纷纷游向黄渤海近岸产卵、索饵，种类可达百种之上。故沿海渔民有句谚语："清明、谷雨，百鱼上市"，是春汛大海市的好时光。而到了秋后，随近岸水温剧降，各种鱼类尤其是暖温种、暖水种便先后游离近海，洄游至外海、深水处越冬，于是近岸仅剩广温性、冷温性鱼种或地域性土著种类如虾虎鱼、孔鳐、花鲈、梭鱼等 20 余种在该水域留守度过严冬。因此，温带水域鱼类群落的季节相也相当明显。

由于受到过度捕捞等人类活动和环境变化的影响，海洋鱼类群落结构，包括生物量组成、生态多样性、种类组成及优势种、营养级和群落长度谱等也呈现一定的年际或年代际变化。例如，自 20 世纪 80 年代初以来，渤海鱼类资源量密度降低；鱼类群落种类丰富度、多样性和均匀度持续下降；经济价值较低、浮游生物食性的小型中上层鱼类占总生物量的比例增加，群落结构和优势种发生了较大变化；小个体种类所占比例增加，群落长度谱呈下降趋势（朱鑫华等，1996；孟田湘，1998；金显仕等，1998；Jin，1999；邓景耀等，2001；Jin，2003）。黄海自 20 世纪 80 年代初始，鱼类群落种类组成和优势种发生了较大变化，且生态多样性下降。在黄渤海，一些经济价值高、生命周期长、高营养层次的杂食性底层鱼类已经被一些经济价值较低、低营养层次的浮游生物食性的小型中上层鱼类所代替（Jin 和 Tang，1996；Jin，1996；徐宾铎等，2003）。莱州湾渔业资源群落结构和生物多样性发生了较大变化，鳀等小型中上层种类自 20 世纪 80 年代以来已替代带鱼、小黄鱼成为优势种，多样性自 1959—1982 年增加，然后呈下降趋势（金显仕等，2000；邓景耀等，2001）。Greenstreet 和 Hall（1996）、Greenstreet 等（1999）指出 1925—1996 年北海鱼类群落结构发生了变化：群落物种多样性适度下降，优势度增加，长度组成向小型种类转换。Rice 和 Gislason（1996）指出，1973—1993 年北海鱼类群落长度谱的截距增加，斜率减小。全球海洋渔获物的营养级由 20 世纪 50 年代初的 3.3 下降至 1994 年的 3.1（Pauly 等，1998a，b）；1982—2000 年北海底层鱼类群落的营养级缓慢、持续下降（Jennings 等，2002）；1982—2000 年凯尔特海（Celtic Sea）鱼类群落底拖网调查和 1946—1998 年的上岸渔获鱼类的平均营养级都显著下降（Pinnegar 等，2002）。

三、群落交错区与边缘效应

群落交错区（ecotone），又称为生态交错区或生态过渡带，是两个或多个群落交界的区域。群落交错区实际上是一个过渡区域，群落交错区的形状和大小各不相同。过渡带不仅有宽、窄之分，而且还有突然和逐渐过渡或两种群落互相交错形成镶嵌状，前者称断裂状边缘，后者为镶嵌状边缘。例如，在森林带和草原带的交界区，常有很宽的森林草原地带；软海底与硬海底的两个海洋生物群落之间也存在过渡带；潮间带底质不同，分布着不同的底栖生物群落，而在两个群落交汇的边缘常成镶嵌分布型。群落的边缘有些是持久性的，这是由环境条件持久性的特征所决定的。

由于群落交错区的环境条件比较复杂，在群落交错区中存在生物种类和种群密度增加的现象，称为边缘效应。人们往往把群落交错区中的生物分为三类，其中两类为邻近两个群落所共有，另一类是交错区所特有的。在自然界中，这种边缘效应相当普遍。水域中两个水团的交汇区，也是边缘效应强烈、生物生产力最高的区域，所以在增养殖和渔业资源管理中，应尽量利用边缘效应的原理来提高渔业产量。

第三节　群落的演替

一、演替的概念

生物群落是一个运动着的体系，它处于不断运动变化之中，并且这种变化遵循一定规律，甚至有一定的时序性，即从一个群落，经过一系列的演变阶段，进入到另一个群落类型。例如，在原来群落存在的地段，由于火灾、水灾、砍伐或其他原因而使群落受到破坏，以后在这个地方，群落就会有顺序地发展，许多暂时性的群落一个接着一个彼此交替，直到完成了在该气候条件下能相对稳定的、其组成与结构往往与原先那个相接近的群落。在一定地段上，群落由低级到高级、由简单到复杂、一个阶段接着一个阶段、由一个类型转变为另一个类型的有序演变过程，称为群落演替（community succession）。

在生态学中，群落演替是最重要的概念之一，它与人们把生物群落视为静态体系转变为动态体系有关。这一概念首先在植物生态学中产生，人们常把在群落受到破坏的地段上首先出现的植物称为先锋植物，以后在一系列发展阶段中出现的群落称为演替系列群落或演替阶段，最后达到相对稳定的群落，称为顶极群落。克里门茨把这种群落的发生、发展直到顶极的演化过程，比拟为群落的个体发育。当然这个观点与把群落视为"超有机体"分不开。

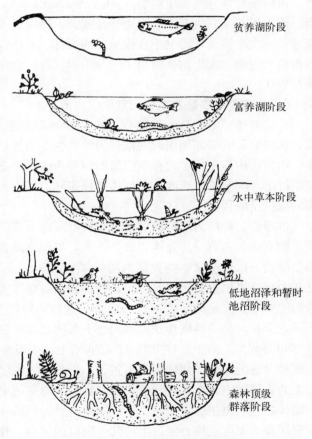

淡水池塘、湖沼或岸带盐沼、潟湖的生态演替基本过程如下：在水池中，由于水生植物占据和动物带来的有机物，会使池底逐渐变浅，或变成陆地，于是就出现了水生演替系列。首先由于沿岸的植物可以深入到水池边上，而池中的浮游生物和其他生物的生命活动所产生的有机物在池底沉积起来，另外岸边活动的动物也常把有机物带到水池中，岸上落叶及其他杂物也可能被风刮入水中，于是水池的边缘就逐渐向内推进（图8-3）。

图8-3　湖泊生物群落的主要演替过程
（引自陈大刚，1997）

从图8-3可见，这种水生演替系列的各主要时期：起初，池水较深，池底没有有根植物，池水中只生活着浮游生物和鱼类，水底则有腹足类、双壳类等底栖生物；以后，水池中出现了沉水植物和挺水植物，鱼类等典型的水生动物随之减少，两栖类、蜗牛等动物增多了；再往后，这里变成暂时性的水池，原来的水体由于腐殖质的堆积而变成湿润的陆地，上面生长着草甸群落，蚯蚓、蝗虫、鸟类也都成为这个群落的成员；最后，草甸群落还会演替成森林。

实际上，只要我们细心考察一个池沼内水边到陆地的变化，就可以看到一系列的演替带，它们可以代表群落的不同演替时期，如沉水植物带、浮叶植物带、薹草带、芦苇带和苔草带等演替带。因此，人们可以通过现实空间上的分带来分析群落在时间上的演替，这也是群落演替研究中的一个重要方法。当然，群落演替是一个很缓慢的过程，在短时间内不可能观察到一个地域上的群落演替的全过程。

同样，海洋水域的红树林群落或盐沼、泻湖群落也有相似的演替过程和规律，在此不再一一列述。

二、演替的分类

（一）按演替发生的起始条件

可将演替划分为原生演替（primary succession）和次生演替（secondary succession）两类。像发生在裸露岩石上、海边沙丘或火山爆发后毁灭一切生命的地方上的演替，就属原生演替；而次生演替常可见于砍伐殆尽的森林、弃耕农田或荒废的水域等的演替。原生演替进行得极为缓慢。次生演替则由于土壤中积累有机物质以及植物种子等条件，因而其出现和发展都较快。

（二）按控制演替的主导因素

可将群落演替划分为内因生态演替和外因生态演替两类。如由于海岸的升降、河流冲积、冰川的影响等原因引起的演替为外因生态演替；在气候条件和其他条件相对稳定的情况下，由群落内部生物学过程所引发的演替为内因生态演替。这是由于群落成员的生命活动改变了群落环境条件，而改变的生境条件实际上又不利于原有的成员，于是它们就被新发展起来的成员所取代。

以藤壶、贻贝为优势种的附着生物群落所形成的带状结构的岩礁带为例，实验前先将这些生物剥离，造成一片光裸岩面。不久，单细胞藻和细菌等微小生物便覆盖了整个裸岩面。第二阶段，以这些微生物为食的黑鳞蝛（Cellana niquamata）和短滨螺等腹足类软体动物便集中到这里摄食、栖居。然而，这种岩面对藤壶等幼体附着定居也是非常适合的，因此藤壶的腺介幼体大量地附着在岩礁面上。这样，曾经在岩面上占优势的黑鳞蝛和短滨螺只剩下星点分布，另一些则移到岩礁的更上部栖息。第三阶段，以平均海面下方为附着中心的真牡蛎和海葵类，由于良好附着基藤壶的存在，其幼体便大量附着于藤壶的躯壳上，所以随着牡蛎和海葵的成长，便把藤壶覆盖了，于是在这一层带上藤壶也逐渐消失，仅在平均海平面以上的岩礁面上才有藤壶残留，在真牡蛎和海葵的更下层附着生长了紫贻贝幼体和条纹隔贻贝幼体，它们也把藤壶盖在体下。因此，曾经兴盛一时的藤壶也从这一层消失了。再往下便是鼠尾藻等藻类植物。经过上述几个阶段的演替，便形成了以短滨螺-藤壶-真牡蛎、海葵-紫贻贝、条纹隔贻贝-鼠尾藻为顺序的岩礁潮间带生物群落。当然这种从人工裸岩面到固有群落的恢复，一般需要几年的时间。在演替过程中，先行的优势种群对后来的生物群起着提供最基本生活条件的作用。总之，前述把群落演替划分为内因性和外因性的说法也是相对的，从某种意义上讲是人为的，因为任何群落演替都是在外界条件的影响下进行的，而外因启动的演替中的各个阶段也包括群落内部成员活动的影响在内。

（三）按演替过程时间的长短

可将群落演替划分为地质演替（geological succession）和生态演替（ecological succession）两类。前述列举均属生态演替的范畴，而地质演替是古生态学研究的内容，它以地史资料为基础，利用放射性元素蜕变半衰期（主要用^{14}C）来推断化石年龄；以花粉化石的种类鉴定，判断当时的群落组成与气候特征。

（四）按群落代谢的特征

可将群落演替划分为自养性演替（autotrophic succession）和异养性演替（heterotrophic succession）两类。在自养性演替过程中，植物光合作用所固定的生物量积累越来越多，这是植物种类增加、植物个体增大和数量增多，因而其总光合量增加的结果。这里P/R比率可代表群落能量学的特征，其中P代表群落的总生产量，R代表群落的总呼吸量。因此，如果$P/R>1$，说明群落中的有机质增加，群落演替属于自养性的；如果$P/R<1$，说明群落中的有机质减少，群落演替属于异养性的；如果P/R接近1或等于1，说明群落有机质收支平衡，这是处于相对稳定的顶极群落特征。

在大多数的自然群落演替过程中，有机质是逐渐增加的。例如，由裸岩-地衣-苔藓-草本植物-灌木-森林的演替过程就是这样，这属于自养性演替。异养性演替的例子可见于受污染水体，由于那里细菌和真菌的分解作用特别强烈，从而使有机物的量由于腐败和分解而逐渐减少，所以P/R比率小于1。图8-4的对角线代表群落生产（P）与群落呼吸（R）相等，对角线左侧是$P>R$，属自养性演替；右侧$P<R$，属异养性演替。因此，P/R比率是表示群落演替方向的优良指标，也是表示污染程度的指标。

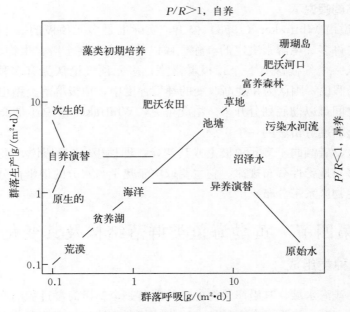

图8-4 按群落代谢进行分类，各种群落地位

（引自陈大刚，1997）

三、关于群落演替的顶极理论

随着群落的演替，最后会出现一个相对稳定的顶极群落期。关于顶极群落的性质，有 3 种不同的学说：单元顶极论、多元顶极论和顶极-格局假说。

（一）单元顶极论

美国生态学家 Clements（1916；1936）认为，在每一个气候区，只能有一个顶极群落，其他所有一切群落型都在向这唯一的一种顶极群落发展着。至于各地区的顶极群落是什么类型，这只能取决于那里的气候条件，所以又称气候顶极群落（climatic climax）。

然而，当人们在野外进行调查时，却发现任何一个地区的顶极群落都不止是一种，但它们仍显示处于相对平衡的状态下。这就是说，顶极群落除了取决于各地区的气候条件以外，还取决于那里的地形、土壤和生物等因素。

（二）多元顶极论

早期倡导者英国的 Tansley（1939）认为，任何一个地区的顶极群落都是多个的，它取决于土壤湿度、化学性质、动物活动等因素。根据单元顶极论的观点，这些多种多样的群落都处于演替过程中，它们或迟或早都要演变为该地区特殊的、也是唯一的顶极群落。于是，两学派的实质焦点就变成对于测定相对稳定性的时间标准问题，即以地质时间还是以生态时间为标准。其实，气候也是在变化的，在地质年代中的气候变化更是十分明显，有冰期、间冰期的变化。即使以生态时间衡量，气候条件也不是一成不变的。因此，演替是一个连续的变化过程，并且生物群落的变化是在气候变化的基础上进行的，一个气候区一个顶极群落就成为十分抽象的概念了。

（三）顶极-格局假说

顶极-格局假说由 Whittaker（1953）提出，实际上是多元顶极的一个变形。他同样认为，自然群落是由许多环境因素决定的，除气候以外，还包括土壤、生物、火、风等因素。单元顶极论只承认一个气候区有一个顶极群落型；多元顶极论认为有多种类型；而 Whittaker 的顶极-格局假说，则认为在逐渐改变的环境梯度中，顶极群落类型也是连续地逐渐变化的，它们彼此之间难以彻底划分开来。由此可见，Whittaker 学说还是群落为一个连续体思想的扩展，也是梯度分析法的一个扩展。

尽管目前多数学者倾向于多元顶极论或其变异，即顶极-格局假说，但从地球上生物群落大范围来讲，多呈地带性分布规律，它主要取决于热量与水分的地带性分布，或海洋生物的温度、盐度的生物区系带分布。

第四节　黄渤海鱼类群落结构及其变化

一、群落的种类组成

黄渤海是陆架浅海水域，其沿岸浅海的生物群落是全新世海浸进程的产物，即 1 万年前海水随水动型水面上升，淹没了沿海低地，于是陆相群落消失，海相群落兴起，其群落结构也由简单向复杂群落演进，如今已达顶极，仅鱼类就达 300 多种。为阐明该海区的鱼类群落组成，此处仅以山东南部近岸和胶州湾近岸水域浅水区鱼类群落为例略加说明。

山东南部近岸水域的鱼类群落由白斑星鲨等 105 种组成。以适温类型划分，可分为冷温种、暖温种和暖水种等 3 个不同适温性鱼种。其中，以青鳞小沙丁鱼等暖温性种类最多，可达 60 种；鳓等暖水性鱼种次之，为 24 种；冷温性种类最少，仅有大银鱼等 21 种。从种类数来说，有着较高的丰度，而且这种丰度尚有明显的季节更替现象（图 8-5）。这也是温带水域生物群落最重要和最基本的属性之一。

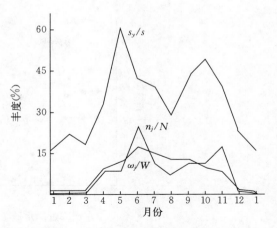

图 8-5 山东南部近岸鱼类群落结构的周年变化
（引自陈大刚，1997）

胶州湾浅水区周年逐月定置网调查共鉴定出鱼类 44 种，隶属于 9 目 24 科 39 属。渔获鱼类皆为硬骨鱼类，以鲈形目的种类最多，有 11 科 23 属 25 种，占渔获鱼类种数的 56.8%。在鲈形目各科中，以虾虎鱼科种类最多，共 9 属 10 种。其次为鲉形目鱼类，有 4 科 5 属 6 种。其余各目鱼类为 1～5 种。按栖息水层分，底层鱼类 36 种，中上层鱼类 8 种。按鱼卵类型分，产浮性卵的鱼类 21 种，产黏着沉性卵的鱼类 11 种，产附着性卵的鱼类 9 种，卵胎生鱼类 3 种。按鱼类的适温性分，有暖水种、暖温种和冷温种 3 种区系。其中，暖温种共 23 种，暖水种 14 种，冷温种 7 种。从鱼类的适盐性分析，胶州湾近岸浅水区鱼类有海洋性和河口性 2 种生态类型。其中，海洋性鱼类共 27 种，河口性鱼类共 17 种（曾慧慧等，2012）。

二、群落物种的丰度

山东南部近岸水域鱼类的重量和尾数丰度及其综合生物量指数，也同样有着较高的丰度（表 8-1、图 8-6），并明显呈现出春、秋两个季节高峰的温带群落特征。尽管两个季节高峰出现时间较种类丰度而言略为滞后，但这两个高峰出现的时间正与渔业上的春、秋两大鱼汛相吻合，且其主要经济鱼种的丰度则决定着该年渔业的丰歉。

表 8-1 各月生物量指数 b_{ij} 按适温类百分比组成 b_{ij}/b_j
（引自陈大刚，1997）

单位：%

适温类 K	月 份												全年生物量指数 $B=$ 16 265.95 按适温类百分比组成
	1	2	3	4	5	6	7	8	9	10	11	12	
冷温性 Ⅰ	41.19	41.71	41.28	6.28	10.03	2.4	2.88	0.27	0.11	1.51	2.84	20.08	3.53
暖温性 Ⅱ	58.81	58.29	54.88	93.56	71.24	31.48	56.3	58.79	62.35	80.23	42.92	79.92	59.02
暖水性 Ⅲ	0	0	3.84	0.16	18.73	66.12	40.82	40.94	37.54	18.16	54.24	0	37.45

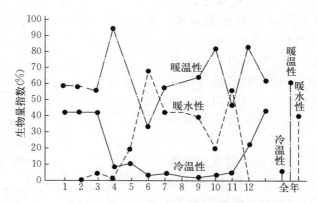

图 8-6　山东南部近岸水域鱼类群落生物量指数的周年变化

（引自陈大刚，1997）

胶州湾近岸浅水区鱼类相对资源量在不同月份变化较大，总平均网获质量变化为每 24 h 11.74～1 910.96 g。总平均网获质量在升温期的春夏之交呈上升趋势，8 月达到最高峰，在秋冬季总体呈下降趋势，在水温最低的 1 月达到最低值。图 8-7 为各生态类型鱼类平均网获质量的月变化，从适盐性来看，河口性鱼类主要集中在盐度较低的 5—8 月；海洋性鱼类各月均有出现，且各月海洋性鱼类资源量均占优势。从适温性来看，冷温种只出现在水温较低的 12 月至翌年 5 月，且除 5 月外均为该月份的主要鱼类；暖温种除 7 月外各月均有出现并在 5 月、10—11 月相对资源量达到绝对优势；6—9 月以暖水种为主，从全年来看，暖水种鱼类的资源量占第一位（图 8-7）。

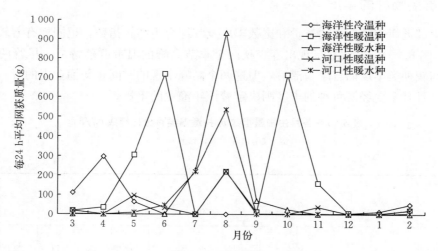

图 8-7　胶州湾近岸水域鱼类平均网获质量的月变化

（引自徐宾铎等，2013）

三、群落的优势种及其优势度

以生物量指数来量度优势度，山东近海水域鱼类群落中，优势度第一位的细条天竺鲷

$D_1=40.89$，其他鱼种优势度不高，$D \geqslant 3.0$ 的鱼种可达 19 种（图 8-8）。这些优势种构成了该水域渔业的主要兼捕对象，而水域中优势种的季节更替也导致了季节性渔业的更迭，从而进一步揭示了本水域作为温带鱼类群落的固有特征及其与渔业生产的关系。

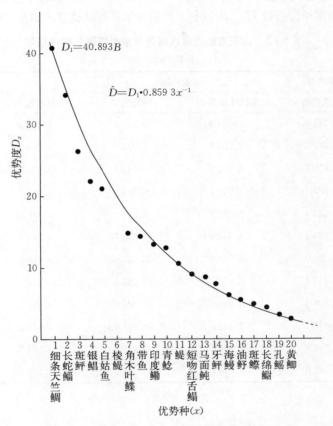

图 8-8　山东南部近岸鱼类优势种与优势度排序

（引自陈大刚，1997）

同时值得指出，上述优势种及其丰度也有力地说明，黄渤海近岸渔业的主体，已从过去的小黄鱼、带鱼等主要经济鱼类，让位给小型鳀鲬类、鲆鲽类和银鲳等经济鱼类的稚、幼鱼，表明了黄渤海渔业资源的衰退。

胶州湾浅水区鱼类优势种组成具有明显的月份和季节更替现象。不同月份间该海域鱼类群落的优势种数目变化较大，为 1～7 种，且无明显规律，全年不同月份合计出现优势种 18 种。2 月优势种最多，高达 7 种，而 9 月优势种只有 1 种。各优势种出现月份数也变化明显，从 1 月到 8 月都有。其中方氏云鳚在春、冬季各月份出现，并在这些月份都成为优势种；除 7 月、9 月外，尖海龙在其余月份均出现，而且在 1—6 月和 11 月、12 月均是优势种。从全年来看，在水温较高的 7 月、8 月、9 月优势度最大的均为暖水种，在 5 月、6 月、10 月和 11 月优势度最大的则为暖温种，在水温较低的 1—4 月则为冷温种。以暖水种为优势种的月份为 6—9 月（曾慧慧等，2012）。

四、群落物种多样性指数

群落多样性指数是描述群落结构的重要指标，引起了生态学工作者的高度兴趣，又因诸学者使用的指数不尽相同，故其分析结果也不甚一致。山东南部近岸鱼类群落辛普森多样性指数 D、香农-威纳多样性指数 H'、均匀度 J' 和费希尔多样性指数 α 如表 8-2 和图 8-9 所示。

表 8-2　山东南部近岸水域各月鱼类群落多样性指数

（引自陈大刚，1997）

月份	辛普森	香农-威纳		费希尔	
	多样性指数 D	多样性指数 H'	均匀度 J'	多样性指数 α	参数 x
12	0.711 9	2.468 2	0.545 6	4.179 2	0.995 9
1	0.817 5	2.956 7	0.723 4	4.061 1	0.984 8
2	0.850 3	3.391 6	0.749 8	6.182 3	0.975 8
3	0.8 000	2.945 7	0.693 5	4.672 1	0.982 9
4	0.526 3	1.887 3	0.371 0	4.449 2	0.999 5
5	0.753 4	3.694 0	0.615 7	9.383 9	0.998 9
6	0.226 0	1.009 3	0.184 9	5.158 0	0.999 8
7	0.617 4	2.370 4	0.442 4	5.294 7	0.999 6
8	0.838 7	3.080 6	0.627 8	3.997 3	0.999 4
9	0.879 1	3.448 0	0.627 8	5.963 2	0.999 4
10	0.791 7	2.996 7	0.533 7	6.564 5	0.999 4
11	0.561 0	1.570 0	0.291 2	5.119 9	0.999 7

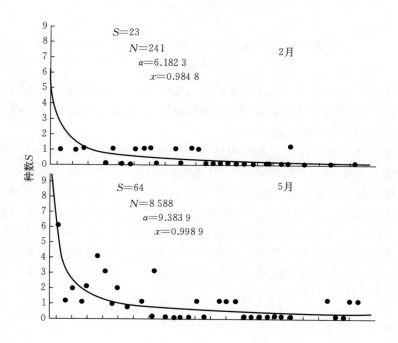

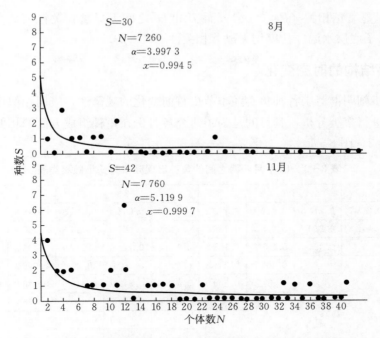

图 8-9　山东南部近岸水域各月鱼类群落结构的多样性指数

（引自陈大刚，1997）

　　山东南部近岸水域鱼类群落具有较高的多样性，而且多样性指数的高低也随着季节的更替而变化。如以费希尔 α 指数的计算结果为例，该指数最高多样性出现于海洋学春季（5月），可达 9.383 9；又以海洋学夏季（8月）最低，仅 3.997 3。但采用各种指数的测算结果却不甚一致，此仍有待进一步分析研究。

　　胶州湾近岸浅水区鱼类群落各多样性指数在不同月份呈现一定的波动，但无明显的规律性（图 8-10）。种类丰富度指数（R）在 2009 年 4—7 月和 2010 年 1 月较低，其余月份相对较高；其中 7 月最低（0.33），2 月最高（3.50）。Shannon-Wiener 多样性指数（H'）在 2009 年 4 月最低（0.42），2010 年 2 月最高（2.25）。Pielou 均匀度指数（J'）为 0.23～0.93，其月变化趋势与 H' 基本一致。各生态多样性指数与底层水温、盐度的 Pearson 相关性分析表明，种类丰富度指数（R）和均匀度指数（J'）、Shannon-Wiener 多样性指数

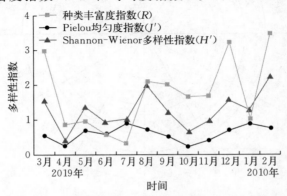

图 8-10　胶州湾近岸水域鱼类群落生态多样性指数的月变化

（引自徐宾铎等，2013）

（H'）之间均呈显著正相关（$P<0.05$），而 J' 和 H' 之间无显著相关性（$P>0.05$）。R、J' 和 H' 与环境因子底层水温、盐度均无显著相关性（$P>0.05$）。

五、群落结构的时空变化

为了进一步阐明群落中各种鱼类随季节更替而变化的规律性，应用相似性系数或重叠指数等方法逐月进行聚类分析，其目的是为了研究各月份在鱼种组成方面的相似程度。聚类结果如下（表 8-3、图 8-11）。

表 8-3　12 个月两两之间的鱼种出现频率重叠指数聚类表

	2	3	4	5	6	7	8	9	10	11	12
1	0.333 3	0.285 7	0.214 3	0.157 1	0.173 1	0.160 0	0.093 0	0.127 3	0.118 6	0.204 1	0.938 5
	2	0.448 3	0.266 7	0.208 3	0.135 6	0.142 9	0.081 6	0.114 8	0.142 9	0.203 7	0.277 8
		3	0.394 7	0.238 8	0.188 7	0.153 8	0.113 6	0.142 9	0.133 3	0.220 0	0.354 9
			4	0.462 7	0.344 8	0.339 3	0.280 0	0.254	0.296 9	0.333 3	0.295 5
				5	0.500 0	0.458 3	0.342 9	0.415 6	0.486 8	0.452 1	0.279 4
					6	0.634 6	0.510 2	0.459 0	0.476 2	0.343 8	0.240 7
						7	0.643 5	0.635 7	0.451 6	0.338 7	0.254 9
							8	0.470 6	0.436 4	0.241 4	0.152 2
								9	0.541 0	0.338 5	0.214 3
									10	0.400 0	0.200 0
										11	0.354 2
											12

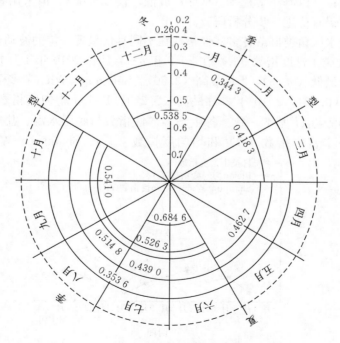

图 8-11　山东近岸鱼类群落季节变化聚类图

（引自陈大刚，1997）

　　山东南部近岸水域鱼类的群落结构可进一步划分为冬季型和夏季型两大生态类型，即12月至翌年3月，以角木叶鲽、长绵鳚为主要优势种的暖温性、冷温性冬季群落类型；4—11月，以细条天竺鲷和鳀鲱科鱼类为主要优势种的暖水性、暖温性夏季群落类型。这主要是由山东南部海域的水文环境特征决定的。因为12月至翌年3月该水域在中国沿岸流的控制之下，其水文特征是低温和相对高盐，以至所有暖水性和大部分暖温性鱼类都无法在此栖息越冬，只剩下冷温种和少数暖温、广温种构成冬季型群落特征。同样，在4—11月，由于近岸冷水升温变性，使该水域处于高温、低盐水的变性水团控制之下，原栖息地上的冷温性鱼种如长绵鳚、孔鳐等躲入近邻冷水团中度夏，余下暖温种如角木叶鲽等和此时从东南外海涌入的斑鰶、细条天竺鲷、长蛇鲻等暖水种、暖温种占据优势。其中，4月、11月因分别处于升、降温交替阶段，聚类上虽归于夏季群落类型，但更多具有过渡性质的特征。

　　胶州湾近岸浅水区鱼类群落12个月份样本分为3个月份组。组1（G1）为水温较低的冷季月份组，包括2009年3月、4月和12月至翌年2月；组2（G2）为水温较高的月份组，包括2009年5月、6月、10月和11月；组3（G3）是水温相对较高的月份组，包括2009年7月、8月和9月（图8-12）。底层水温是影响胶州湾近岸浅水区鱼类群落月变化格局的主要环境因子。

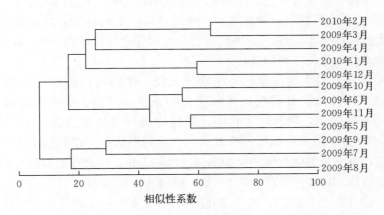

图 8-12　胶州湾近岸水域鱼类群落结构季节变化
（引自徐宾铎等，2013）

　　胶州湾近岸浅水区鱼类群落G1组是水温低的月份组，其典型种主要为方氏云鳚、尖海龙、玉筋鱼、许氏平鲉和梭鱼等冷温性常栖类群；G2的水温较G1高，其典型种为尖海龙和鳀等；G3包括水温相对较高的3个月，G3的典型种为暖温性和暖水性的洄游性鱼类，随着水温的逐渐升高，包括鲐、细条天竺鲷等暖季类群进入湾内产卵育幼。鱼类群落结构时序动态的月份组划分，对应着不同生态适应性的鱼种交替利用沿岸水域进行繁殖和索饵活动等生态学过程。历史研究也表明，胶州湾及邻近海域的水温、盐度具有明显的季节变化，鱼类群落结构与生态环境的变化密切相关，群落结构常呈现一定的时空异质性。

　　上述水域鱼类群落的不同季节型更替，同样也反映了渔获种类组成的季节节律和渔业生产组织安排的季节周期。同时，这种温带水域群落的季节型特征，也是该海域开展增养殖渔业的重要参考，以期取得群落的最佳生态效益。

第五节 生物多样性保护

一、生物多样性保护的意义

本节所谓生物多样性，不是群落物种多样性规范的含义，而是生物种类丰富度的概念。生物多样性是地球上生命经过几十亿年发展进化的结果，是人类赖以生存的物质基础，是社会可持续发展的基础，是生态安全和粮食安全的保障。然而近年来，随着全球人口膨胀、环境污染、生境破坏、生物资源过度利用以及人类经济活动的不断加剧，导致大量物种濒危、消亡，作为人类生存基础中最为重要的生物多样性受到了严重的威胁。

生物多样性保护作为全球性环境保护重要行动的一个部分，得到世界各国政府和组织的高度重视。1992年，在巴西里约热内卢召开的联合国环境与发展大会上签署的《生物多样性公约》（以下简称《公约》）和之后各国制定的《21世纪议程》，都把生物多样性保护列为重要内容。《公约》规定，每一缔约国要根据国情，制订并及时更新国家战略、计划或方案。中国于1992年6月11日签署该公约，作为《公约》较早的缔约国之一，中国一直积极参与有关公约的国际事务。中国还是世界上率先完成公约行动计划的少数国家之一。1994年6月，经国务院环境保护委员会同意，原国家环境保护局会同相关部门发布了《中国生物多样性保护行动计划》（以下简称《行动计划》），使大量保护生态环境的活动有章可循。该行动计划确定的七大目标已基本实现，26项优先行动大部分已完成，《行动计划》的实施有力地促进了我国生物多样性保护工作的开展。

近年来，随着转基因生物安全、外来物种入侵、生物遗传资源获取与惠益共享等问题的出现，生物多样性保护日益受到国际社会的重视。目前，我国生物多样性下降的总体趋势尚未得到有效遏制，资源过度利用、工程建设以及气候变化严重影响着物种生存和生物资源的可持续利用，生物物种资源流失严重的形势没有得到根本改变。为落实《公约》的相关规定，进一步加强我国的生物多样性保护工作，有效应对我国生物多样性保护面临的新问题、新挑战，环境保护部会同20多个部门和单位编制了《中国生物多样性保护战略与行动计划》（2011—2030年），提出了我国未来20年生物多样性保护总体目标、战略任务和优先行动。

我国政府也十分重视渔业环境和渔业资源保护，《中华人民共和国渔业法》中明确规定"保护、增殖、开发和合理利用"渔业资源。这里列写"保护"的目的，既在于可持续利用资源，也包括保护物种种质资源的多样性，使这些生物能与人类长久共存。

我国生物-地理-气候带类型多样，物种、生境和遗传基因资源丰富多彩，是世界生物多样性富集的中心之一。据初步估计，各类物种数分别占全球各类物种数的10%以上，故中国的生物多样性保护已受到全球的关注。

我国海域辽阔，江河湖泊众多，为水生生物提供了良好的繁衍空间和生存条件。由于受到独特气候、地理及历史等因素的影响，我国水生生物具有特有程度高、孑遗物种数量大、生态系统类型齐全等特点。我国现有水生生物2万多种，在世界生物多样性中占有重要地位。以水生生物为主体的水生生态系统，在维系自然界物质循环、环境净化、温室效应缓解等方面发挥着重要作用。丰富的水生生物是人类重要的食物蛋白来源和渔业发展的物质基础。渔业领域开展生物多样性保护的目的，在于发展渔业经济的同时，通过采取必要的行动措施，保护和保存现有自然和增养殖生物物种。其重点是保护重要渔业水域生境和珍稀、濒危物种，养护和合理利用水生生物资源，促进渔业发展与生态系统的协调，促进渔业可持续发展，维护国家生态安全，实现渔业产业的可持续发展。

二、我国渔业生物多样性保护的目标与任务

（一）总目标

以实现保护和可持续利用生物多样性为目标，统筹渔业生物多样性保护与社会发展，在努力发展经济、不断满足人民生活和国民经济增长需要的同时，加强生物多样性保护体制与机制建设，强化渔业生态系统、生物物种和遗传基因资源保护能力，提高公众保护与参与意识，推动生态文明建设，促进人与自然和谐，保证渔业持续、稳定和协调发展。

（二）总任务

1. 全面保护、恢复和建设各类渔业生态系统，包括内陆水域、海洋渔业水域及自然保护区域的生态系统。

2. 保护、保存现有增养殖物种和品种、品系及其野生亲缘种。

3. 全面保护渔业系统内现有自然生长的生物物种。

（三）战略措施

1. 推动生物多样性保护纳入相关规划

在深入调查的基础上，做好全面规划。将渔业生物多样性保护内容纳入国民经济和社会发展规划及渔业发展规划。建立相关规划、计划实施的评估监督机制，促进其有效实施，合理利用和保护渔业生态系统、物种和基因资源。

2. 加强生物多样性保护能力建设

把生物多样性保护作为渔业可持续发展的前提，在发展渔业科学与技术的同时，优先发展渔业生态环境保护科学与技术。开展生物多样性本底调查与编目，完成渔业生物种类受威胁现状评估，发布濒危物种名录。开展渔业生物多样性保护与利用技术方法的创新研究。进一步加强渔业生物多样性监测能力建设，提高生物多样性预警和管理水平。

3. 强化生物多样性就地保护，合理开展迁地保护

坚持以就地保护为主，迁地保护为辅，两者相互补充。有计划地逐步建立一批保护区，做好迁地保护措施，以保护重点物种和生态系统。同时，注意全面抓好广泛的自然保护工作，使重点保护与广泛保护相结合，不断提高自然保护区管理质量。加强渔业生物遗传资源库建设。

4. 促进渔业生物资源可持续利用

将发展生物技术与促进渔业生物资源可持续利用相结合，加强对生物资源的发掘、整理、检测、筛选和性状评价，筛选优良渔业生物遗传基因，推进相关生物技术在渔业领域的应用。

5. 提高应对生物多样性新威胁和新挑战的能力

加强外来入侵物种入侵机理、扩散途径、应对措施和开发利用途径研究，建立外来入侵物种监测预警及风险管理机制，积极防止外来物种入侵。加强应对气候变化下的生物多样性

保护技术研究，探索相关管理措施。

6. 提高公众参与意识，加强国际合作与交流

开展多种形式的渔业生物多样性保护宣传教育活动，引导公众积极参与生物多样性保护。建立和完善生物多样性保护公众监督、举报制度，完善公众参与机制。广泛调动国内外利益相关方参与生物多样性保护的积极性，充分发挥民间公益性组织和慈善机构的作用，共同推进生物多样性保护和可持续利用。进一步深化国际交流与合作，引进国外先进技术和经验。

（四）保护行动

本行动通过采取自然保护区建设、濒危物种专项救护、濒危物种驯养繁殖、经营利用管理以及外来物种监管等措施，建立水生生物多样性和濒危物种保护体系，全面提高保护工作能力和水平，有效保护水生生物多样性及濒危物种，防止外来物种入侵。

1. 自然保护区建设

加强水生野生动植物物种资源调查，在充分论证的基础上，结合当地实际，统筹规划，逐步建立各类水生生物自然保护区体系。建立水生野生动植物自然保护区，保护濒危水生野生动植物以及土著鱼类、特有鱼类资源的栖息地；建立水域生态类型自然保护区，对珊瑚礁、海草床等进行重点保护。加强保护区管理能力建设，配套完善保护区管理设施，加强保护区人员业务知识和技能培训，强化各项监管措施，促进保护区的规范化、科学化管理。

2. 濒危物种专项救护

建立救护快速反应体系，对误捕、受伤、搁浅、罚没的水生野生动物及时进行救治、暂养和放生。根据各种水生野生动物濒危程度和生物学特点，对白鳍豚、白鲟、水獭等亟待拯救的濒危物种，制订重点保护计划，采取特殊保护措施，实施专项救护行动。对栖息场所或生存环境受到严重破坏的珍稀濒危物种，采取迁地保护措施。

3. 濒危物种驯养繁殖

对中华鲟、大鲵、海龟和淡水龟鳖类等国家重点保护的水生野生动物，建立遗传资源基因库，加强种质资源保护与利用技术研究，强化对水生野生动植物遗传资源的利用和保护。建设濒危水生野生动植物驯养繁殖基地，进行珍稀濒危物种驯养繁育核心技术攻关。建立水生野生动物人工放流制度，制定相关规划、技术规范和标准，对放流效果进行跟踪和评价。

4. 经营利用管理

调整和完善国家重点保护水生野生动植物名录。建立健全水生野生动植物经营利用管理制度，对捕捉、驯养繁殖、运输、经营利用、进出口等环节进行规范管理，严厉打击非法经营利用水生野生动植物的行为。根据有关法律法规规定，完善水生野生动植物进出口审批管理制度，严格规范水生野生动植物进出口贸易活动。加强水生野生动植物物种识别和产品鉴定工作，为水生野生动植物保护管理提供技术支持。

5. 外来物种监管

加强水生动植物外来物种管理，完善生态安全风险评价制度和鉴定检疫控制体系，建立外来物种监控和预警机制，在重点地区和重点水域建设外来物种监控中心及监控点，防范外来物种对水域生态造成危害。

三、我国渔业系统生物多样性概况

（一）内陆水系及海洋水域渔业生物多样性

我国的内陆水域总面积约为 $2.67×10^7$ hm²，其中江河 $1.20×10^7$ hm²，湖泊 $8.00×10^6$ hm²，库塘渠系 $6.67×10^6$ hm²。流域面积在 100 万 km² 以上的河流有 5 万条，水面大于 1 km² 的湖沼有 2 800 个。按渔业地理区划，可分为东北区、华北区、长江中下游区、华南区、西南区、蒙新区和青藏区等 7 个渔业区。

我国海域南起曾母暗沙，北至辽东湾北沿，分 4 个海区，其大陆岸线达 1.84 万 km，沿海岛屿 5 000 多个，岛屿岸线 1.42 万 km。

我国内陆水域鱼类共计 770 种，隶属 19 目、53 科、240 属。其中，鲤科占优势，共 12 亚科、305 种，占全部种数的 40%；其次是鳅科，共 129 种，占全部种数的 17%；再次为鲇形目的鮠科，共 34 种；鲈形目的虾虎鱼科仅 31 种。在这些种类中，纯淡水鱼类 691 种；过河口洄游性鱼类 18 种，有日本七鳃鳗、赤魟、中华鲟、鲥、花鳔、七丝鲚、凤鲚、大麻哈鱼、鳗鲡和松江鲈等；河口半咸水鱼类有裸腹鲟、河鲈等 11 种。在上述鱼种中产量高、经济价值大的种类有鲤、白鲢等约计 60 种。

我国海域辽阔，南北跨越约 37 个纬度，陆地上辽河水系、黄淮水系、长江和珠江等河流不断向海洋输送营养物质，导致我国海域分布着丰富的海藻类、底栖生物和鱼虾类。据调查统计，我国的海藻近 1 000 种，其中具有较高经济价值的种类，黄渤海区有海带、裙带菜、鹿角菜、羊栖菜、条斑紫菜和江蓠等；东海区有花石莼、圆紫菜和坛紫菜等；南海区有半叶马尾藻、匍枝马尾藻和麒麟菜等。据《中国海洋渔业资源调查和区划》统计，全海区有头足类 92 种；虾蟹类 281 种；鱼类 1 694 种，隶属 38 目、243 科、776 属。在鱼类中，以硬骨鱼纲比例最大，共 25 目、209 科、1 519 种，占全部种类数的 89.7%；软骨鱼纲仅 13 目、34 科、175 种，占全部总种数的 10.3%。

中国海区生物种类以水温为主导影响因素，呈现由北向南递增的明显特点。①黄渤海在生物地理分区上属北太平洋区、东亚亚区，以暖温性种类为主，兼有暖水性和极少数冷水性种类。藻类较少，共 242 种，其中大型藻类 84 种。头足类种数也较少，仅 20 种，其中 18 种与东海共有，仅 2 种（针乌贼和毛氏四盘耳乌贼）为黄渤海土著种。鱼类种数也不算多，共 289 种。该海区水质肥沃，生物种群数量大，渔获量占海洋渔业的比重较高。其中，暖水性种类的鲻、银鲳、鲐、绿鳍马面鲀、带鱼等总产量占全国海洋鱼类产量的 1/3 以上；暖温性种类主要有大黄鱼、小黄鱼、黄姑鱼、白姑鱼、长蛇鲻、多齿蛇鲻、真鲷、鮸、半滑舌鳎和梅童鱼等，种数占优势，但产量不高；冷温性种类较少，主要有太平洋鲱、大头鳕、高眼鲽和长鲽等。②东海大部属印度-西太平洋区系的中-日亚区；南部大陆坡海区，属该区系的印-马亚区。水生生物以暖水性种类为主，暖温性种类其次。由于水温较适宜，该海域底栖生物、浮游生物和藻类都比黄渤海的种类更多。如藻类共 61 科、433 种，其中红藻 30 科、233 种，绿藻 13 科、124 种。虾蟹类 91 种。鱼类在大陆架海区有 727 种，大陆坡水域有 350 种。以暖水性种类数量和渔获量占主导地位，其中带鱼占全国带鱼产量的 90%，其他如马鲛、中国小公鱼、斑鳍白姑鱼等也占较重要地位。暖温性鱼类种类和数量居第二位，主要种有大黄鱼、小黄鱼、黄姑鱼、白姑鱼、长蛇鲻、黄鲷和梅童鱼等。东海东北部在冬季也出现少量冷温性鱼种，如高眼鲽、长鲽和长绵鳚等。③南海属热带性海域，属印度-西太平洋热带区。由于终年水温适于生长，水生物种极为丰富。共计有藻类 519 种；虾类 135 种；北部陆架海区鱼类 1 027 种，南海诸岛海域鱼类 523 种，大陆坡海域鱼类 350 种。鱼类以暖水性种类占绝对优势，暖温性种类少、无冷温性种类。主要经济鱼种有蛇鲻、条尾绯鲤、红鳍笛鲷、短尾大眼鲷、黄鳍马面鲀、金线鱼和蓝圆鲹等。

（二）水产养殖种

我国主要的淡水养殖鱼类有鲢、鳙、草鱼、青鱼、鲮、鲤、鲫、团头鲂、鳊、尼罗罗非鱼和虹鳟等，其中以"四大家鱼"分布最普遍，其他养殖种类还有河蟹、青虾、龟和鳖等。海水养殖从 20 世纪 50 年代、60 年代养殖海带，70 年代养殖对虾，80 年代养殖海湾扇贝，90 年代以来养殖鱼类到近年养殖海参、鲍鱼等海珍品，共经历了五次产业浪潮。主要养殖种类有海带、紫菜、裙带菜、麒麟菜、江蓠、石花菜、贻贝、牡蛎、缢蛏、文蛤、花蛤、泥蚶、毛蚶、中国对虾、日本对虾、斑节对虾、梭鱼、鲻、罗非鱼、石斑鱼、真鲷、黑鲷、黄鳍鲷、褐牙鲆、尖吻鲈、许氏平鲉、大菱鲆、大黄鱼、锯缘青蟹、三疣梭子蟹、海参、扇贝、贻贝和鲍鱼等。虽然我国淡水养鱼业历史悠久，但过去都是靠从自然水域捞取鱼苗，然后人工放养，直到 1958 年才解决了"四大家鱼"的人工繁殖问题。20 世纪 70 年代以后，才开始解决对虾工厂化育苗技术。因此，水产养殖完全在人工控制下完成生命周期的历史并不长。中国水产养殖种类众多，自然水域中水产物种资源丰富，都是宝贵的水产物种遗传资源。

四、渔业系统生物多样性的特殊性

（一）物种与生境类型特有性

1. 内陆水域珍稀、濒危物种富集特有生境

（1）湖北省石首市天鹅洲的长江江段和洪湖市新螺江段是一类保护动物白鳍豚的集中分布区。

（2）洞庭湖通过许多河港与湖汊与上述江段相连接，湖中除分布白鳍豚外，还有中华鲟、白鲟、江豚等国家重点保护水生动物。

（3）湖北宜昌江段是中华鲟、达氏鲟和白鲟以及胭脂鱼的主要富集区，特别是葛洲坝建立截流，阻断了长江"三鲟"的洄游通道，使之在产卵季节滞留原地，必须给予特别保护。

（4）浙江省瓯江是鼋的尚存主要富集区。

此外，云南省阳宗海是国家二类保护动物金线鱼的仅存富集区；大理洱海支流是大理裂腹鱼的仅存富集区；川西大渡河是冷水鱼类哲罗鲑的富集区；陕西秦岭北麓黑河或石头河是秦岭细鳞鱼的富集区；湖南张家界（原大庸市）溪流、溶洞等自然栖息地是二类保护动物大鲵的富集区。以上地区都有必要加以保护。

2. 海洋水域珍稀、濒危物种特有生境

（1）广西合浦儒艮（*Dugong dugon*）（一类保护动物）。

（2）福建厦门文昌鱼（*Branchiostoma belcheri*）（二类保护动物）。

（3）广东惠东绿海龟（*Chelonia mydas*）（二类保护动物）。

（4）辽东湾斑海豹（*Phoca largha*）（二类保护动物）。

（5）海南临高与儋州大珠母贝（*Pinctada maxima*）（二类保护动物）等。

（二）物种与生境分布的特点

1. 生物-地理-气候带和人为影响决定着人工管理物种和生境的分布。前已述及，我国幅员辽阔，跨越几个不同类型气候带，故物种和生境大致呈地带性分布模式。但由于人工移植与养殖的结果，形成众多物种跨地带广泛分布的特点。例如，鳘鱼原是长江流域江河平原区系复合体的成员，后因运输家鱼鱼苗而将其带入吉林松花湖而成为该湖的优势种；太湖新银鱼原是太湖特产，近年由于移植其受精卵于云南滇池，而使其定居成为滇池主要经济鱼类。

2. 我国内陆水域的物种与生境直到 20 世纪 60 年代前还保存较完好，尽管污染、过度捕捞和湖滨围垦等人类活动对水生物种和生境的影响很大，许多经济鱼类种群数量大幅度缩减，但由于原有物种多样性丰富，故现存物种的丰富度仍然较高，只要加强保护也可望恢复。其中，西部高原还是当前我国自然物种和生境保存最好的区域。这些高原是第四纪喜马拉雅造山运动的产物，诸多鱼种则是第四纪冰川的孑遗。

3. 海洋渔业区域纬度跨越大，物种与生境分布类型多。其种质资源之丰富和生境的多样化在世界上皆占有重要地位。近年来，尽管近海水域污染和过度捕捞严重损害着渔业资源，但目前生物多样性仍然较高。

五、渔业系统生物多样性受威胁程度及保护的紧迫性

（一）生态系统受威胁

渔业生态系统受威胁虽有历史原因，但目前更现实的威胁在于人口和经济迅速发展压力下的保护措施不力。

1. 土地加速开发和利用不合理

仅据鄂、湘、赣、皖 4 省初步统计，围垦面积达 $1.13 \times 10^6 \ hm^2$。有"千湖之省"之称的湖北，只剩下湖泊 326 个，湖面由 $8.33 \times 10^5 \ hm^2$ 减至 $2.37 \times 10^5 \ hm^2$；青海湖也面临水位下降、湖区减缩的境况，危及海鸟与裸黄爪鱼的生存。

2. 污染使生态系统改变

我国污染问题主要是由于 20 世纪 50 年代后期以来工业和城市迅速发展，人口增加等才逐渐加重的。如由于小清河污染源入海，致使该河口盛产的大银鱼绝迹，即使部分迁至淄脉沟的大银鱼，也因相同的原因难逃厄运，相继濒于绝产。由于人类活动影响，近岸水域富营养化，赤潮频发，危及近岸渔业资源与渔业生产。

（二）物种受威胁及其原因

1. 过度捕捞

人类每年从海洋捕捞和收获上亿 t 的鱼、虾、贝、藻等海产品，这是对渔业生态系统造成的最严重的冲击。高强度捕捞的结果造成大多数高等级的鱼类数量急剧下降，出现过度捕捞的局面。2006 年 FAO 的报告称，70% 以上的海洋鱼类资源处于过度捕捞的状态。破坏性渔具、渔法的酷渔滥捕，对鱼类损害极大，如在产卵场使用电捕、炸鱼等违禁手段或在禁渔期以密网拖捕稚幼鱼，不仅严重损害渔业资源，而且威胁着物种的多样性。

2. 生境破坏

土地开发不合理，水利设施不当，如许多水闸、塘坝的建立，阻断了鱼类洄游通道；北方一些江河因"计划性减水"导致春季断流，威胁着过河口性鱼类的生存。大型水利工程对自然鱼类资源有着负面影响，将阻断溯河或降海洄游鱼类的洄游通道，并连同其他因素，可能导致资源数量降低、种类消失甚至灭绝。渔业捕捞对海床环境的破坏、砍伐红树林、改造盐沼滩、珊瑚礁采挖以及海洋工程建设等生境破坏也影响着物种的生存。

3. 水域污染

20 世纪 50 年代以后，随着现代工农业的发展、沿海人口剧增和海上活动频繁（包括石油开采和过度的水产养殖），海洋对污染物的负荷大大超过海洋的自净能力。特别是在近岸内湾，污染物的大量积聚使环境大为恶化，很多生物群落遭到灭顶之灾。在近岸内湾，有机质污染导致海区严重的富营养化是很普遍的现象，结果是赤潮现象频繁发生，海洋生物大量死亡，很多海区底部缺氧，造成生物无法生存。水域污染造成局部水域生态环境质量下降，危及生态系统稳定性，是内陆与近海水域渔业资源衰退的普遍原因，随着污染进程最终会危及渔业生物生存。

4. 生物入侵

生物入侵是指由人类活动有意或无意引入该区域历史上尚未出现过的物种，从而可能造成入侵地生物群落结构与生态功能的巨大变化。生物入侵（包括盲目的和有意引入）对当地原有生物群落和生态系统的稳定性可能造成极大威胁，导致群落结构变化、生境退化、生物多样性下降、病害频发甚至导致原有生态系统崩溃的严重后果。例如，福建省部分沿岸于1983 年从美国引进互花米草（*Spartina alterniflora*），原先设想作为海滩护堤植被和牧草植物移植。由于互花米草在这一新环境中繁殖力极强，短短 10 多年间，迅速蔓延，导致滩涂淤积、航道受阻，原来的滩涂养殖生产受到严重破坏。滩涂原有生物群落中的大多数种类被消灭，潮间带生态系统遭到严重破坏。

5. 全球变化

全球气候变化导致海水的温度、盐度和酸碱度发生变化，这些变化将对渔业和水产养殖业产生严重的影响，进而对一些地区的粮食安全构成威胁。人类食用的水生动物绝大多数属于变温动物，周围环境的温度变化能够明显地影响到动物的新陈代谢、生长速度、繁殖情况以及对于疾病和毒素的抵抗能力。气候变化所引发的海水温度变化已经对鱼类的分布造成了影响，引起温水物种的分布向两极方向扩张，而冷水物种的分布向两极方向收缩。在海水比较容易蒸发的地区，表层海水中的盐度不断增加，而在纬度较高的地区，由于受到降水增加、河流入海的径流量增大、冰川融化及其他变化的作用，海水中的盐度下降。水中盐度的变化常常会使鱼类的生理发生改变，进而影响鱼类的种群和数量。

当前渔业水域系统由于受到过度捕捞、污染、生物入侵和人类开发活动造成的生境变迁以及全球变化等影响，已使某些原来较丰富的物种变成珍稀、濒危种。为了渔业生物资源可持续利用和人类自身的生存，渔业系统生物多样性保护已经到了迫在眉睫的时候了。"组织起来——救救世界"，这就是"全球生物资源保护战略"的主题。

思考题

1. 试述群落的含义与群落生态学的研究内容。
2. 海洋生物群落结构具有哪些基本特征？
3. 试述群落物种多样性指数及其应用。
4. 试述群落演替的含义与演替过程。
5. 试述保护生物多样性的重要性、目标与主要措施。
6. 评述我国渔业生物多样性的现状及其特点。

第九章 海洋渔业资源与渔场概况

第一节 世界海洋渔业区及渔业资源概况

一、世界渔业区划分

为了研究和了解渔业资源分布与生产概况，FAO 制定了世界渔业分区。本节内容以其为基础，分别简要介绍各主要渔业区的分布与特点（图 9-1）。

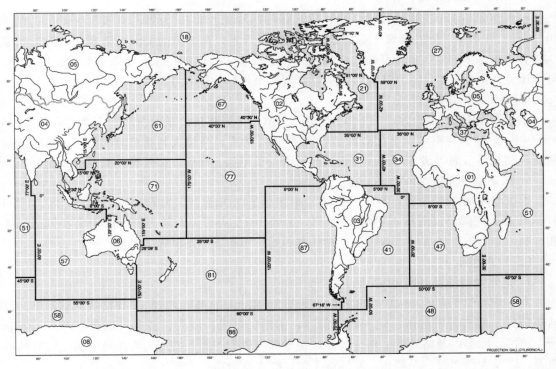

图 9-1 世界渔业分区
（引自《FAO 渔业和水产养殖统计年鉴》，2018）

（一）太平洋

1. 西北太平洋区（FAO 61 区）

本区位于东亚以东，北纬 20°以北，西经 175°以西，与亚洲和西伯利亚海岸线相交的区域，还包括北纬 15°以北、西经 115°以西的亚洲沿北纬 20°以南的部分水域。本区包括许多群岛、半岛，把它分成几个半封闭的海域，如白令海、鄂霍次克海、日本海、黄海、东海以及南海西北部的西北太平洋开阔海域。西北太平洋与欧亚大陆东边相接壤的沿岸主要国家有中国、俄罗斯、朝鲜、韩国和越南等，日本则是最大的岛国。本区域是世界最主要的渔产区。主要渔获种类有狭鳕和其他鳕科鱼类、远东拟沙丁鱼、太平洋鲱、鲑鳟、鲆鲽类、鲐鲹类、带鱼、石首科鱼类、鱿鱼和虾、蟹类等。

2. 东北太平洋区（FAO 67 区）

本区位于西北美洲的西部，西界至西经 175°以东，南界至北纬 40°以北，东部为美国阿拉斯加州和加拿大。本区包括白令海东部和阿拉斯加湾。主要生产狭鳕、鲑科鱼类、太平洋无须鳕、刺黄盖鲽和其他鲽科鱼类。

3. 中西太平洋区（FAO 71 区）

本区北界与 FAO 61 区相接，东界位于西经 175°以西，南界位于南纬 25°以北，西界位于东经 120°以东。本区包括印度尼西亚东部、澳大利亚的东北部、巴布亚新几内亚、斐济、瓦努阿图、所罗门群岛等地。本海域盛产金枪鱼、蓝圆鲹等鲹科鱼类、沙丁鱼、珊瑚礁鱼类以及多种虾类和头足类。

4. 中东太平洋区（FAO 77 区）

本区西界与 FAO 71 区相接，北界与 FAO 67 区以北纬 40°为界，南部在西经 105°以西仍与南纬 25°取平，而在西经 105°以东则以南纬 6°为界，东部与南美洲大陆相接。沿岸国家主要有美国、墨西哥、危地马拉、萨尔瓦多、厄瓜多尔、尼加拉瓜、哥斯达黎加、巴拿马、哥伦比亚。主要生产鲐、沙丁鱼、北太平洋鳀、金枪鱼、鲣和虾类。

5. 西南太平洋区（FAO 81 区）

本区北以南纬 25°为界，与 FAO 71 区、FAO 77 区相接，东以西经 105°为界，与 FAO 87 区相邻，南界在南纬 60°以北，西界以东经 150°为界，与澳大利亚东南部相接。本区包括新西兰和复活节岛等诸多岛屿。主要生产新西兰长尾鳕、杖鱼、鳀鲱类、头足类和龙虾等。

6. 东南太平洋区（FAO 87 区）

本区北以南纬 5°为界，与 FAO 77 区相接，东以西经 105°为界，与 FAO 77 区、FAO 81 区相邻，南部仍以南纬 60°为界，东部以西经 70°及南美洲大陆为界。沿岸国家包括秘鲁和智利。主要出产秘鲁鳀、沙丁鱼、鲐鲹类和鳕科鱼类，也是世界主要渔产区。

（二）大西洋

1. 东北大西洋区（FAO 27 区）

本区东界位于东经 68°30′，南界位于北纬 36°以北，西界至西经 42°和格陵兰东海岸。包括葡萄牙、西班牙、法国、比利时、荷兰、德国、丹麦、波兰、芬兰、瑞典、挪威、俄罗斯、英国、冰岛以及格陵兰、新地岛等，是世界主要渔产区。盛产大西洋鳕、黑线鳕等鳕科鱼类，以及大西洋鲱、毛鳞鱼、欧洲沙丁鱼、红大麻哈鱼、大西洋鲭、鲽科鱼类等。

2. 西北大西洋区（FAO 21 区）

本区东与 FAO 27 区相邻，南以北纬 35°为界，西为北美洲大陆。本区国家仅加拿大和美国。主要生产大西洋鳕、油鲱、银无须鳕、绿青鳕、鲐、黑线鳕、大西洋鲭以及鲽科鱼类等。

3. 中东大西洋区（FAO 34 区）

本区北接 FAO 27 区，南界基本抵赤道线，但在西经 30°以西提升到北纬 5°，在东经 15°以东又降到南纬 6°，西以西经 40°为界，在赤道起首处移至西经 30°为界。本区包括地中海和黑海。主要国家有安哥拉、刚果、加蓬、赤道几内亚、喀麦隆、尼日利亚、贝宁、多哥、加纳、科特迪瓦、利比里亚、塞拉利昂、几内亚、几内亚比绍、塞内加尔、毛里塔尼亚、西撒哈拉、摩洛哥以及地中海沿岸国等。主要出产欧洲沙丁鱼、鲐鲹类、鲷科、石首鱼科和章鱼等头足类。

4. 中西大西洋区（FAO 31 区）

本区东与 FAO 34 区相接，北与 FAO 21 区、FAO 27 区相接，南界为北纬 5°。主要国家为美国、墨西哥、危地马拉、洪都拉斯、尼加拉瓜、哥斯达黎加、巴拿马、哥伦比亚、委内瑞拉、圭亚那、苏里南，本区还包括加勒比地区的古巴、牙买加、海地、多米尼加等岛国。该海域主要生产海湾油鲱、沙丁鱼、石鲈、鲻和虾类等。

5. 东南大西洋区（FAO 47 区）

本区位于南纬 6°以南，以 FAO 34 区为界，西以西经 20°为界，南部止于南纬 45°，东以东经 30°及西南非陆缘为界。本区包括安哥拉、纳米比亚和南非。该海域盛产无须鳕、沙丁鱼、鳀和竹荚鱼等鲹科鱼类。

6. 西南大西洋区（FAO 41 区）

本区东以西经 20°为界，南至南纬 60°以北，北以 FAO 31 区、FAO 34 区为界，西接南美大陆，以西经 70°为界。本区包括巴西、乌拉圭、阿根廷等国家。盛产阿根廷鳕、非洲鳕、石首鱼科、沙丁鱼和头足类等。

（三）印度洋

1. 西印度洋区（FAO 51 区）

本区位于东经 80°以西，南至南纬 45°以北，西接东非大陆，以东经 30°为界。周边国家主要包括印度、斯里兰卡、巴基斯坦、伊朗、阿曼、也门、索马里、肯尼亚、坦桑尼亚、莫桑比克、南非、马尔代夫、马达加斯加等。本区出产沙丁鱼、石首鱼科、鲣、黄鳍金枪鱼、龙头鱼、马鲛、带鱼和虾类等。

2. 东印度洋区（FAO 57 区）

本区西与 FAO 51 区相邻，南至南纬 55°，东在澳洲西北部以东经 120°为界、在澳洲东南以东经 150°为界。本区主要包括印度东部、印度尼西亚西部、孟加拉国、越南、泰国、缅甸、马来西亚等。本区盛产西鲱、沙丁鱼、杖鱼、遮目鱼和虾类等。

（四）南极周边海域

本区包括 FAO 48 区、FAO 58 区、FAO 88 区。位于太平洋和大西洋西部南纬 60°以南，在大西洋东部与印度洋西部以南纬 45°为界，而在印度洋东部则以南纬 55°为界。分别与 FAO 81 区、FAO 87 区、FAO 41 区、FAO 47 区以及 FAO 51 区、FAO 57 区相接，为环南极海区。本区盛产磷虾，鱼类种类不多，只有南极鱼科和冰鱼等数种鱼类有渔业价值。

二、世界各主要渔业区的渔业资源概况

（一）太平洋

1. 西北太平洋区（FAO 61 区）

由于该区自然条件优越，导致栖息的渔业生物多样性高，渔业资源丰富。1987 年，渔业产量达 2 535.9 万 t，占太平洋总渔业产量的 52.2%；2016 年，渔业产量为 2 241.1 万 t，占太平洋总渔业产量的 48.0%，相对比 20 世纪八九十年代，产量以及比重有所下降。其中，狭鳕、远东拟沙丁鱼等数种鱼类产量很高，其资源丰盛年代均属年产数百万 t 级的鱼

种。2016 年，该区的渔获量占全球海洋渔业产量的 28.3%。世界几个主要渔业大国，如日本、中国、俄罗斯等都是本海区的驻在国。

（1）底层鱼类。大麻哈鱼资源曾一度因酷渔而枯竭，近年通过大规模放流增殖，种群资源得到明显恢复，2016 年大麻哈鱼产量为 30.4 万 t。几乎所有传统底层鱼类资源都已被充分利用，可供底层鱼类作业的渔场也几乎都被开发。这又分两类，其一如狭鳕、大头鳕、多线鱼、玉筋鱼等资源虽受强度捕捞，目前产量仍保持在较高或一定水平上；另一类像鲈鲉、刺黄盖鲽和东海的真鲷、石首鱼科鱼类等，则因过度捕捞而资源严重枯竭。近年来已采取许多管理措施，小黄鱼有资源恢复的迹象，2016 年产量为 38.9 万 t。

（2）中上层鱼类。小型鳀鲱类产量高，但种群资源波动大，优势种更替频繁，如日本生产的太平洋鲱、秋刀鱼、远东拟沙丁鱼、鲐、鳀、竹荚鱼等优势种均在不断更替，其中远东拟沙丁鱼在 20 世纪 60 年代中期曾降到仅有几千 t 产量，但在 80 年代中后期却上升到 500多万 t，之后产量下降，2000 年低至 20 万 t，2010 年以后产量再次上升，2016 年产量为 53.1 万 t。金枪鱼和旗鱼类也已充分捕捞，但南部海区的圆舵鲣、扁舵鲣等小型金枪鱼仍维持在 30 万 t 左右（《FAO 渔业和水产养殖统计年鉴》，2018）。

（3）头足类。除日本列岛和中国近海外，头足类可能是本区唯一具有较大潜力的资源，尤其大洋性乌贼可望增产，但联合国通过的禁止北太平洋流网作业，对该区头足类生产具有一定影响，产量下降明显，2016 年太平洋褶柔鱼产量仅为 19.5 万 t。

（4）虾蟹类。西北太平洋区的虾蟹种类虽多并有一定资源量，但均已充分开发，特别是北区大型蟹类和南部近海的虾蟹类已捕捞过度，没有进一步开发潜力，但发展增养殖有一定前景，梭子蟹等增殖放流效果显著。

2. 东北太平洋区（FAO 67 区）

本区位于西北太平洋区的东部，渔业产量不高，仅 350 万 t（1987），之后渔业产量呈波动下降趋势，2016 年渔业产量为 309.3 万 t。其资源的种类分布与 FAO 61 区北部十分相似。

（1）底层鱼类。主要种类有狭鳕、大头鳕、鲈鲉、刺黄盖鲽等鲽科鱼类和大麻哈鱼等。底层鱼类是本区最主要的渔业资源，鱼种虽不很多，但产量较高，如狭鳕就是本海区最高产的鱼种，产量达百万 t 级。狭鳞庸鲽个体大、经济价值高，大麻哈鱼、鲈鲉和刺黄盖鲽等曾经也都是本区的大宗渔获种类，但由于过度捕捞，资源已经枯竭。为此，美国、加拿大等国组织成立了国际狭鳞庸鲽委员会和国际太平洋大麻哈鱼渔业委员会，分别对上述渔业进行管理。

（2）中上层鱼类。本区由于地理学因素，中上层种类甚少，主要是太平洋鲱、鲥和少量金枪鱼类。以前者产量最多，鲱及其鱼子是加拿大重要渔获种类和创汇渔品。但近年可能处于生态更替期，鲱产量不高，渔业收入减少。2010 年以后太平洋鲱产量较为稳定，据 FAO 最新统计 2016 年产量为 164.0 万 t。

（3）头足类。主要有美洲枪乌贼、日本爪乌贼和黵乌贼等。仅前者在美国 200n mile 专属经济区的可捕量即可达 10 万～30 万 t，而 1987 年全区头足类的总产量仅 5.57 万 t，故有较大的开发潜力。

（4）虾蟹类。本区虾蟹的种类不多，产量也不高，最主要的渔获对象是长额对虾，产量也只有 3.18 万 t。蟹类主要有雪蟹、加州黄道蟹和拟石蟹等。前者产量最高，为 5.15 万 t

（1987），截至 2016 年产量一直不高。上述虾蟹均已充分利用，无开发潜力。

3. 中西太平洋区（FAO 71 区）

本区是一片宽阔的西太平洋热带水域，除了西濒中南半岛和澳大利亚外，均系星罗棋布的群岛。本海区是世界生物多样性最高的水域，渔业生物种类多，但每种的生物量却不高。1987 年，渔业产量仅 700 万 t。不过该区渔业发展迅速，产量提高很快，在 2016 年渔业产量为 1 274.3 万 t，仅次于西北太平洋区。

（1）底层鱼类。主要是银鲈科、笛鲷科、蝴蝶鱼科、石斑鱼类、隆头鱼科、石鲈科、羊鱼科、狗母鱼科等科属鱼类数量较多，特别以礁盘区鱼类资源较丰富。但由于印度尼西亚、越南等国大力发展海洋渔业，近海底层鱼类资源已经利用过度。

（2）中上层鱼类。沙丁鱼、羽鳃鲐、鲹科鱼类、金枪鱼、鲣、遮目鱼等是本区渔业资源的一大优势。近年来，渔业捕捞力度加大，除大型金枪鱼由于经济价值高已充分开发外，鲣、鲐、鲹、沙丁鱼等中小型鱼类也得到充分开发。

（3）头足类。本区头足类资源主要是枪乌贼属和乌贼属的种类，20 世纪八九十年代，年产量已达 15 万 t 左右，柔鱼和章鱼还有一定数量，估计全区的潜在捕捞量为 50 万～60 万 t，故还有较大开发潜力。2010 年以来，这些资源均已充分开发。

（4）虾蟹类。本区的虾类种类很多，主要渔业对象有墨吉对虾、宽沟对虾、王对虾、斑节对虾、虎斑对虾以及新对虾类等，产量也很高。1987 年，仅墨吉对虾的产量就达 5.01 万 t，故近岸浅海虾类因过度利用以至枯竭。但深水虾类如异腕虾类等则资源相当丰富。本区的蟹类也不少，但渔业生产主要是远洋梭子蟹、锯缘青蟹等。1987 年前者产量为 2.87 万 t。在 2016 年，远洋梭子蟹渔业产量为 26.6 万 t，斑节对虾也有较高的产量，为 23.7 万 t。

4. 中东太平洋区（FAO 77 区）

本区是一个从美国西海岸、中美洲到南美洲西北部，包括夏威夷群岛在内的广阔太平洋东部温暖水域。但本海区陆架狭窄，缺乏强大陆水径流与珊瑚礁群落。因此，渔业生物的多样性、产量均不如西太平洋水域。1987 年的总产量仅为 271.7 万 t，产量逐年下降，至 2016 年总产量为 165.6 万 t。

（1）底层鱼类。主要是石首鱼科、石鲈科、笛鲷科等鱼种，种类比较贫乏，除石鲈科等鱼类外，缺乏具有较大经济价值的鱼种。

（2）中上层鱼类。相对而言，中上层鱼类比底层鱼类资源丰富，主要种类有美洲沙脑鱼、鳀、太平洋鲱、后丝鲱、塞利马鲛等。1987 年仅后丝鲱即可提供 20 万 t 产量；2016 年，后丝鲱产量增加到 29.5 万 t，太平洋鲱的产量为 49.9 万 t。此外，智利弧鲣、鲣、黄鳍金枪鱼也有一定数量，发展中上层渔业潜力较大。大鳞油鲱在墨西哥湾就有很高的产量，2016 年为 61.9 万 t。

（3）虾蟹类。本区虾类种类较多，产量也颇高。主要种类有短额对虾、万氏对虾、加州对虾等，1987 年产量高达 14.68 万 t。近岸水域虾类资源已经衰退，但外海和深水虾类仍有潜力。

5. 西南太平洋区（FAO 81 区）

本区很大部分是公海，只有澳大利亚东南部和新西兰及南太平洋的一些岛屿。资源量虽较丰富，但总产量不高，只有部分鱼种能够得到开发利用。1987 年的渔业产量仅为 83.2 万 t，之后资源量持续下降，2016 年总渔业产量为 47.4 万 t。

（1）底层鱼类。主要由前臀无须鳕、法氏突吻鳕、长尾鳕和南极鱼等组成，种类不多，但长尾鳕等尚有潜力。

（2）中上层鱼类。主要是金枪鱼、鳀、长鲳、蛇鲭等。其中，蛇鲭和小型中上层鱼类资源量颇丰，有较大开发潜力。2016 年，短体羽鳃鲐产量为 32.1 万 t，长尾金枪鱼产量为 23.7 万 t。

（3）头足类。本海区的头足类资源十分丰富，渔获物绝大部分是双柔鱼。1987 年，年产量在 10 万 t 左右，澳洲箭形柔鱼和南方箭形柔鱼等渔业也发展了一定规模。

6. 东南太平洋区（FAO 87 区）

本海域的水域虽不甚辽阔，但其与相邻海区有着迥然不同的特征。20 世纪 60 年代，秘鲁鳀丰盛时，其单鱼种产量曾高达 1 200 多万 t，占该海区渔业和世界渔业的比重很高，但随后的厄尔尼诺现象导致秘鲁鳀渔业崩溃，之后又相继开发了岬无须鳕、智利竹荚鱼等多元化渔业。1987 年，总产量恢复到 1 024.2 万 t；2016 年，总渔业产量是 632.9 万 t。该区仍为世界主要渔产区之一。

（1）底层鱼类。主要有智利无须鳕、赫氏无须鳕、突吻长尾鳕、巴塔哥尼亚齿鱼、南极鱼、羽鼬鳚、奥克兰鲈鲉等，开发均较为充分。

（2）中上层鱼类。主要有秘鲁鳀、油鲱、黍鲱、沙脑鱼、长鲳、南方前臀无须鳕、秘鲁岬无须鳕、杖鱼、智利弧鲣、太平洋竹荚鱼、鲅等。该区资源中，除了鳀、秘鲁岬无须鳕等部分鱼种已充分利用外，2016 年，智利竹荚鱼产量为 39.2 万 t，阿根廷无须鳕产量为 35.2 万 t，智利鲱产量为 28.0 万 t。

（3）头足类。本区巨型柔鱼也是南太平洋东部的主要种类，加拉帕戈斯群岛以西的热带柔鱼及亚热带巴特柔鱼等，尽管目前产量不高，但都具百万 t 的资源量，开发潜力很大。

（4）虾蟹类。主要捕捞对虾属和吕氏异腕虾，全区也仅产 1.04 万 t。本区的蟹渔业规模也不大，主要是南极石蟹和拟毛蟹，总产量也仅达万吨水平，还有较大潜力。

（二）大西洋

1. 东北大西洋区（FAO 21 区）

本区尤其北海和不列颠西部陆架是世界高产渔区之一。1987 年，总产量达 1 028.8 万 t；2016 年，产量下降到 181.1 万 t。渔获种类较多，但仍以鲱、鳕、鲽科鱼类为渔业的支柱。本区资源已充分开发利用，并面临枯竭的危险。该海域主要部分是国际东北大西洋渔业委员会所管辖的海域。

（1）底层鱼类。主要由大西洋鳕、黑线鳕、牙鳕、挪威鳕、单鳍鳕和欧洲黄盖鲽、小头油鲽、大菱鲆等组成，资源已利用过度，无进一步开发的潜力。

（2）中上层鱼类。主要有大西洋鲱、黎鲱、毛鳞鱼、水珍鱼、前臀无须鳕、绿青鳕、斜竹荚鱼、尖吻鲈和蓝金枪鱼等。其中，鲱和毛鳞鱼均属年产百万 t 的单鱼种，但资源波动也很大。

（3）头足类。本区产量不高，仅 2.5 万～2.8 万 t，主要是大西洋柔鱼。此外，纽芬兰滑柔鱼和黵乌贼的资源很丰富，有一定开发前景。

（4）虾蟹类。主要种类是深水的北方长额虾、褐虾等，前者产量最高，可超过 10 万 t，但该资源已充分开发。欧洲陆架的主要蟹类是圆形黄道蟹、蜘蛛蟹和梭子蟹类，1987 年总产为 3.78 万 t，前者可占总产量的一半左右，且还有进一步开发潜力。

2. 西北大西洋区（FAO 27 区）

本区渔业生物的特点与东北大西洋十分相似，也以鳕科、鲱科和鲽科鱼类占优势，渔业资源颇丰，纽芬兰一带曾是世界著名渔场。但是由于 20 世纪 60 年代欧洲远洋船队的高强度捕捞，鳕、黑线鳕和鲱等主要资源已经枯竭，1987 年产量仅为 302.8 万 t，2016 年产量为 831.4 万 t。该海域是国际海洋考察理事会（ICES）的渔业统计区。

（1）底层鱼类。主要有大西洋鳕、黑线鳕、长鳍鳕、突吻长尾鳕、大杜父鱼、花狼鱼、玉筋鱼、黄盖鲽、冬鲽、美首鲽、庸鲽、拟庸鲽等。由于受过度捕捞的影响，多数资源已趋衰退。2016 年，大西洋鳕的产量为 1 302.9 万 t，玉筋鱼的产量为 15.0 万 t。

（2）中上层鱼类。主要有大西洋鲱、油鲱、毛鳞鱼、青鳕、眼镜鱼、鲈鲉等。种类不多，但鲱、毛鳞鱼等产量颇高，鲱籽经济价值很高。2016 年，大西洋鲱的产量为 164.0 万 t，青鳕产量为 29.8 万 t。

（3）头足类。主要种类是大西洋长鳍枪乌贼，占近年总产量（2.3 万 t）的一半，而纽芬兰滑柔鱼在 20 世纪 70 年代曾达到 17.9 万 t（1979），后因湾流影响，产量剧降，近年略有回升。

（4）虾蟹类。本区虾类主要也是北方长额虾。由于开发了北纬 71°附近的高纬渔场，产量增幅较大，1987 年产量达到 9.04 万 t。本区的蟹类资源比较丰富，主要种类有蓝蟹、雪蟹和黄道蟹等，1987 年产量已达 7.91 万 t，资源已充分利用。

3. 中东大西洋区（FAO 34 区）

本区由于地处热带，又受涌升流影响，所以渔业生物种类不仅丰富，而且生物量很高。鲱科、石首鱼科、头足类资源甚丰，成为世界著名的渔场。由于沿岸各国渔业手段落后，故主要产量曾被苏联、西班牙、日本、韩国等获取。西非也是我国最大的远洋渔业基地。该区资源已被充分利用，1987 年产量为 335.4 万 t，2016 年产量为 479.5 万 t。无较大开发潜力。

（1）底层鱼类。主要鱼类资源有鲯科、鲷科、石首鱼科、石鲈科、海鲶、笛鲷科、马鲅、康吉鳗、魣鲈科、隆头鱼科、鲆科、鳞鲀科等，约达 100 多种常见经济鱼类。其中，以鲷科、石首鱼科和鲯科鱼类的资源较丰。

（2）中上层鱼类。主要种类有小沙丁鱼、篦鲹、飞鱼、鲐、斜竹䇲鱼、乌鲂、旗鱼、䲘等。以小沙丁鱼和鲹科鱼类最丰，并有进一步开发潜力。

（3）头足类。本区也是头足类的主要渔场。以章鱼为主，年产量在 10 万～14 万 t，占大西洋头足类产量的 70%；其次是乌贼，产量为 5 万 t 左右；柔鱼产量约为 3 万 t，已达充分利用程度。

（4）虾蟹类。种类较多，主要有南方对虾、长额拟对虾和长臂虾科虾类等。但产量不高，1987 年总产量为 4.52 万 t。蟹类比较贫乏，产量也低，仅 1 000 多 t。其中，深水蟹类有较大开发潜力。

4. 中西大西洋（FAO 31 区）

尽管本区的渔业生物种类繁多，但渔业不甚发达，产量不高，1987 年为 215.7 万 t，2016 年为 156.3 万 t。游乐渔业和虾渔业占一定比重。小型鲱科鱼类和多数底层鱼种均有较大潜力和开发前景。

（1）底层鱼类。以多种石斑鱼，犬牙石首鱼、波纹无鳔石首鱼等石首鱼科鱼类，笛鲷科和大量石鲈科鱼类为主，特别是后者为本区鱼类区系的一大特色，并有开发潜力。

（2）中上层鱼类。主要有鳀形沙丁鱼、墨西哥油鲱、后丝鲱、鲹属鱼类、大西洋鲅、椭点马鲛和其他鲅科鱼类等。鲱科鱼类有较大开发潜力。

（3）头足类。渔获种类主要是章鱼。产量不高，仅万 t 左右，但其潜力为 10 万～100 万 t，故潜力很大，尤其翼柄柔鱼生物量很高。

（4）虾蟹类。本区虾类资源十分丰富，主要种类为美洲对虾、多毛对虾、桃红对虾等。产量高，可达 20 万 t 左右，其中美洲对虾约占 40%，其资源已捕捞过度。蟹类以蓝蟹为主，1987 年产量达 4.94 万 t，其他还有石蟳蟹等。但产量均不高，有一定潜力。

5. 东南大西洋区（FAO 47 区）

本区的渔业生物种类虽不甚多，但却有很高的生物量，其中鳀鲱、鲹科、鳕科与鮟鳙等温水性、冷温性鱼类的生产力很高，特别是岬无须鳕资源曾吸引了苏联等外国渔船队。现在上述资源皆已被充分利用或捕捞过度，但仍维持一定产量，1987 年为 225 万 t，2016 年为 168.8 万 t。

（1）底层鱼类。主要种类有岬无须鳕（南非无须鳕）、腔吻鳕、岬羽鮟鳙、南非强齿鲷等鲷科鱼类，白姑鱼等石首鱼科鱼类以及南非绿等。其中，以岬羽鮟鳙产量为最高。2016 年，南非无须鳕的产量为 36.6 万 t。

（2）中上层鱼类。主要有好望角鳀、脂眼鲱、小沙丁鱼、谐鱼、斜竹荚鱼、红背鲹等鲹科鱼类。产量很高，是纳米比亚百万 t 罐头加工和鱼粉工业的基础。2016 年，脂眼鲱的产量是 16.0 万 t。

（3）头足类。本区的陆架部分有较丰富的雷氏枪乌贼、乌贼和蛸；外海有大西洋柔鱼，1987 年产量仅为 2 万 t。

6. 西南大西洋区（FAO 41 区）

本区是一个开发较晚而又富有潜力的海区，特别在巴塔哥尼亚陆架和马尔维纳斯群岛水域，岬无须鳕和头足类资源丰富，1987 年的渔业产量为 210.2 万 t，2016 年的渔业产量为 156.4 万 t。

（1）底层鱼类。主要种类有小褐鳕、岬无须鳕、阿根廷无须鳕、赫氏无须鳕、长尾鳕和巴塔哥尼亚齿鱼以及南极鱼、羽鮟鳙、奥克兰平鲉等，处于充分或者过度开发状态。

（2）中上层鱼类。主要种类有鳀、鲱、银汉鱼、长鲳、南方前臀无须鳕、杖鱼等，资源丰富，还有较大开发潜力。

（3）头足类。主要有阿根廷滑柔鱼和巴塔哥尼亚枪乌贼。1987 年，这两种的产量已达 30 万 t 左右。此外，有开发前景的种类还有七星柔鱼、安哥拉柔鱼和巴特柔鱼。

（4）虾蟹类。本区的虾类资源也较丰富，1987 年对虾属和阿根廷红虾的产量为 7.31 万 t。2016 年，阿根廷红虾产量为 17.9 万 t，已处于捕捞过度的状态。本区的深水蟹类和南极毛蟹有一定产量，1987 年为 2.38 万 t，还有一定潜力。

（三）印度洋

1. 西印度洋区（FAO 51 区）

当前仍是渔业欠发达的地区，中上层金枪鱼类多为法、日等国利用；底层鱼类虽为沿岸国利用，但由于陆架较窄及资源分布特点，多数国家仍欠发达，1987 年总产量仅 268.1 万 t。随着捕捞技术的发展，2016 年总产量为 493.1 万 t。本地区也是我国远洋渔业、特别是中小型拖网渔业和金枪鱼渔业的重点发展海区。

（1）底层鱼类。主要有好望角无须鳕、南非鮟鳙、鲷科、石首鱼科、海鳗、鼠鳕、南非鲦、腔吻鳕等，还有开发潜力。

（2）中上层鱼类。主要有金枪鱼类、好望角鳀、沙脑鱼、印度沙丁鱼、脂眼鲱、好望角竹筴鱼、弱齿潜鱼、多点灯笼鱼等。最近的评估显示，分布在红海、阿拉伯海、阿曼湾、波斯湾以及巴基斯坦和印度沿海的康氏马鲛遭到过度捕捞，2016 年产量为 27.6 万 t。

（3）头足类。本区头足类资源丰富，种类也多，仅水下山脉就发现 50 多种，其浅海枪乌贼资源量很高。同样，热带柔鱼的年可捕量高达 150 万 t，均有待进一步开发。

（4）虾蟹类。虾类的种类多、产量高，主要有虎状对虾、斑节对虾、短沟对虾、墨吉对虾、印度对虾、拟对虾、近缘新对虾、独角新对虾等。1987 年产量为 22.2 万 t，现已过度开发。

2. 东印度洋区（FAO 57 区）

本区鱼种组成与西印度洋区有很多相似之处。但在渔获组成上暖温种、暖水种的成分占优势。这除与海况特征有关外，还与渔业利用国家所处的地理位置有关。同样，由于本陆架狭窄和近年渔业开发，许多近海鱼类、特别是南亚诸国的底层鱼类资源，已利用过度。但外海、远洋开发程度较低，仍有一定潜力。1987 年的总产量为 198.8 万 t，2016 年的总产量为 638.8 万 t。该海域有很高比例（42%）属于"未确定的海洋鱼类"类别，这对资源监测来讲是极为不利的。在新区域扩大捕捞或捕捞新开发的物种有望增加产量。

（1）底层鱼类。北部主要有蛇鲻、龙头鱼、犀鳕、海鳗、康吉鳗、马鲅、尖吻鲈、笛鲷、石首鱼科、鲷科、羊鱼科、隆头鱼科、带鱼、鲆、舌鳎等，种类十分丰富。南部有小褐鳕、尖颌多齿鲷、隆颈愈额鲷、白姑鱼、海鲂、刺金眼鲷、棘胸鱼、拟长鳍鳜、羽鼬鳚、新平鲉、菱鲽属鱼类等。渔获组成十分复杂，但单鱼种的产量都不高。

（2）中上层鱼类。北部热带水域的主要种类与我国南海十分相似，金色小沙丁鱼、羽鳃鲐、日本鲭、鲯鳅、无齿鲳、银鲳、笛鲷、颌针鱼、飞鱼、舒和旗鱼类等。南部则属南澳亚热带区系，主要种类有黍鲱、小鳍脂眼鲱、澳大利亚鳀、水珍鱼、澳洲花鲭、斜竹筴鱼、银圆鲹、福氏黄眼鲕、沙氏短蛇鲭、乔治亚鲑鲮等，都有较高开发潜力。

（3）头足类。印度洋东部与西部分布的头足类，种类相近，但产量较低，资源状况不明，有待调查与开发利用。

（4）虾蟹类。本区的虾类资源不如西印度洋区，主要种类有墨吉对虾、虎状对虾、新对虾等，1987 年总产量约为 13.36 万 t，还包括几千 t 樱虾。本区蟹类资源也与西印度洋区相似，产业规模小，仅万 t 左右，但泥蟹捕捞很有前景。

（四）南极海域

环南极洲诸海包括 FAO 48 区、FAO 58 区、FAO 88 区。属寒带水域，与北冰洋相似，本海域鱼类种类十分贫乏，难以形成规模渔业，但磷虾资源非常丰富。

1. 底层鱼类

只有南极鱼属、巴塔哥尼亚齿鱼、南极银鳕、头带腭齿鱼、冰鱼等鱼种，除南极鱼层外，多无渔业价值。

2. 中上层鱼类

只有灯笼鱼科的裸灯笼鱼、电灯笼鱼以及南极多线鱼、马氏齿鱼等数种，仅为兼捕对象。

3. 虾类

在南极水域的甲壳类中，唯有南极磷虾极端丰富，其资源以亿 t 计量。目前生产开发仅为起步阶段。1987 年总产量仅 37.60 万 t，2016 年总产量为 27.4 万 t。

第二节　中国海洋渔业区划及渔业资源

一、海洋渔业区划

我国的海洋渔业区，可划分为如下 4 个二级区。

（一）渤海渔业区

1. 主要渔业资源及其特点

渤海属我国内海，封闭性强，内有充沛低盐水体和较丰富的饵料基础，可容纳诸多鱼虾来此产卵、索饵，加上黄海暖流余脉可达渤海中部，故冬季仍有少数冷温性鱼种在此越冬。由于渤海特殊的海况条件，其主要渔业资源大体可分两大类：

（1）季节性资源。各种经济鱼虾来此产卵、索饵，这些季节性分布的渔业资源构成渤海鱼汛的基础，如春季的小黄鱼、带鱼、鳓鱼汛，只因近年资源衰退，鱼汛已不复存在。中国对虾、蓝点马鲛、银鲳等虽仍有鱼汛高峰，但随着黄海各渔场群体锐减，渤海群体也急剧下降。相反，黄鲫、青鳞小沙丁鱼、斑鰶等小型鳀鲱鱼类，过去是经济鱼类的饵料，现在却大量繁殖，成为渤海渔业的主要捕捞对象。上述季节性资源在渤海中栖息滞留的时间，通常只有七八个月。

（2）当地资源。渤海的地方性资源，首推毛虾，可分为辽东湾群和渤海西部群，年产量约达 10 万 t。其次为毛蚶，是传统土著种类，也属年产超 10 万 t 级的种类。三疣梭子蟹的主要产地在莱州湾和渤海湾，年产万 t 左右。花鲈、孔鳐、梭鱼、黄盖鲽、半滑舌鳎等年产量分别只有几百 t。渤海大型浮游生物资源——海蜇，在辽东湾、莱州湾曾暴发性丰渔，产量也高达数万 t，但其资源波动性大，近又迅速回落。

2. 渤海渔业资源的开发管理

渤海作为内海，应努力使资源恢复并稳定在丰盛状态，做到有计划地进行捕捞，在这里适度开展增殖和进行严格的管理是十分必要的。即该海区在摸清增殖资源基础与机制的情况下，适当投放鱼、虾、贝苗并努力改善水域环境。渤海的 3 个湾，除了增殖保护中国对虾、毛蚶等外，辽东湾可对海蜇、梭鱼、小黄鱼进行保护增殖；渤海湾可对半滑舌鳎、梭鱼、梭子蟹进行保护增殖；莱州湾重点可对海蜇、蓝点马鲛、半滑舌鳎和真鲷等种类进行保护增殖。

（二）黄海渔业区

黄海为一半封闭海区，北部是黄海冷水团盘踞水域，南部有黄海暖流流经，导致有近百种鱼类入此产卵、越冬，再加上季节性分布种类可达 300 余种，构成良好捕捞对象和百万 t 渔产业的基础。根据黄海环境与资源特征及当前渔业状况，以纬度为主，又可划分为 3 个三级渔业区。

1. 黄海北部渔业区

指北纬 37°30′以北至辽东半岛水域。沿岸有辽宁、山东两省，习惯上称烟威渔场和海洋岛渔场。历史上是鲐、竹荚鱼、鳕、高眼鲽、太平洋鲱的产卵场或越冬场，也是蓝点马鲛、小黄鱼、带鱼、中国对虾的洄游通道，又称过路渔场。目前，上述资源虽多已衰退，但仍有一些次生资源在此生息，构成目前的捕捞对象。捕捞工具，沿岸多拉网、张网、手钩等，近海多拖网、围网、流刺网、延绳钓等。

2. 黄海中部渔业区

指在 $34°\sim37°30'N$ 的一片水域，习惯上称乳山渔场、海州湾渔场、石岛渔场和连青石渔场，前两者属沿岸渔场，后两者属近海渔场性质。历史上乳山渔场和海州湾渔场以盛产带鱼而闻名，是带鱼、金乌贼、中国对虾、小黄鱼、鳓、蓝点马鲛、海蜇的产卵场、索饵场，石岛渔场和连青石渔场则为小黄鱼、中国对虾、带鱼、黄海鲱、高眼鲽、鲂鮄等种类的产卵场、索饵场和越冬场。沿岸多张网、围网类渔具，近海多流刺网、拖网、围网类渔具。黄海主要渔业资源均已衰退，次生资源中的低质、速生种类为渔获的主要组成，维持在 60 多万 t 的产量。

3. 黄海南部渔业区

位于 $32°\sim34°N$，包括习惯上称为吕泗渔场和大沙渔场的海区。吕泗渔场为沿岸渔场，历史上盛产小黄鱼、大黄鱼、鳓、银鲳和海蜇。近年来除鲐外，均为次生小型鱼虾类资源。大沙渔场是上述海产鱼类著名的越冬场。冬汛期间，小黄鱼、大黄鱼、带鱼和各种底层鱼类均可大量渔获，但近年也均衰落，靠小型次生种类维持其渔业，如秋汛就是捕捞黄鲫索饵群体的大好时期。此外，黄海南部鳀资源十分丰富，其资源量可达 200 万 t 左右，是本区渔业发展的重要支柱。

（三）东海渔业区

指长江口以南至台湾海峡南端的海域。历史上就是我国最重要的渔场。历史上以大黄鱼、小黄鱼、带鱼、乌贼为主的"四大渔业"早已衰落，仅带鱼仍为全国最高产的鱼种。根据东海渔业区特点，以水深为主，又可划分为 4 个三级渔业区。

1. 东海沿岸渔业区

即我国机轮拖网禁渔区线以西海域，本区以北纬 30° 为界，北部水深较浅，为 30 m 左右，地势较平缓；南部浙、闽沿岸水深 50 m 左右，为一狭长地带。本区主要由长江、钱塘江、瓯江、闽江等江河携带大量营养盐流入，大陆沿岸水终年控制本海区，水域生产力高。该海区是诸多鱼类产卵、育幼的水域，传统盛产大黄鱼、小黄鱼和乌贼。目前，以黄鲫、龙头鱼、梅童鱼、青鳞小沙丁鱼、灯笼鱼、鳀、海蜇、梭子蟹和虾类的资源较丰富。礁石区还有一定数量的石斑鱼、褐菖鲉和鲷科鱼类。渔具以张网、对网、灯光围网、流刺网和钓具作业为主，其总产量达百万 t。

2. 东海近海渔业区

本区处机轮拖网禁渔区线至 80 m 等深线一带，是沿岸低盐水和外海高盐水共同作用的海域。此外，北部还受黄海水团的影响，水文状况复杂。近海区仍是多种鱼虾类索饵、越冬以及带鱼等种类的产卵场。渔业资源种类繁多，以带鱼、大黄鱼、鳓、银鲳、海鳗、白姑、蓝点马鲛和鲐等经济鱼类为主，且具有资源量大、经济价值高的特点。主要以拖网、围网、流刺网和钓钩进行作业，总产量约达 50 万 t 级，加强国际管理和合理利用本区资源是首要任务。

3. 东海外海渔业区

范围为 $80\sim100$ m 等深线以东海区，还包括陆架东部外缘区。这里终年为黑潮暖流所控制，具有高温、高盐特征。对马、五岛、济州岛一带的涌升流使其形成高生产力海域。本区资源以绿鳍马面鲀、短尾大眼鲷、远东拟沙丁鱼、水珍鱼、方头鱼、乌鲳、鲐鲹及枪乌贼为主。其中，绿鳍马面鲀、远东拟沙丁鱼和鲐鲹的群体较大，产量高。乌鲳和枪乌贼也有一定数量。近年来我国虽进行了规模生产，但产量仅十几万 t，仍有开发潜力。

4. 台湾渔业区

我国台湾地区东海岸是西太平洋海盆，陆架狭窄。西部为台湾海峡，水深较浅，与大陆相连，这里外受黑潮影响、内有台湾暖流流经，大洋洄游性鱼类多，如金枪鱼、鲣、鲐、鲹、鲕、旗鱼、飞鱼等。同样也因沿岸陆水影响，大黄鱼、马鲛、连子鲷、蛇鲻等产量颇高。目前，除少数中上层鱼类外，均已充分开发或利用过度，故应以在保护基础上的合理利用为上策。

（四）南海渔业区

南海渔业区北自台湾海峡南端，其西、南、东三面以越南、马来西亚、印度尼西亚、菲律宾诸国为界。海域广袤，约 350 万 km²，环境也很复杂。可划分为 9 个三级渔业区。

1. 南海沿岸渔业区

指海南岛以东 40 m 等深线以浅海域。以泥和泥沙底质为主。面积虽只有 6.2 万 km²，但水域生产力高，经济鱼虾类繁多。本区历来是广东和港澳渔民主要作业的渔场。主要种类有石斑鱼、鲷科、笛鲷科、舌鳎科的鱼类等。但上述鱼种中的名贵鱼类均因开发过度而衰退，故在科学管理下开展资源增殖是必要的。

2. 南海近海渔业区

为机轮拖网禁渔区线至水深 100 m 以内水域。区内海底平坦，底质以泥沙或沙泥为主，适合拖网作业。本区的水文特征主要受外海水系控制，属高温、高盐性质，渔业资源种类繁多，主要有绒纹单角鲀、大眼鲷、蛇鲻、蓝圆鲹、印度双鳍鲳、鲱鲤、金线鱼、三长棘鲷、红鳍笛鲷、石斑鱼、鲥等。本区是广东、福建、台湾和港澳拖网作业的主要渔场，捕捞强度太大。各主要经济鱼种资源皆已衰退，仅中上层鱼种还有一定潜力。因此，在保护资源的前提下，协调拖、围、刺、钓等各种作业比例，合理利用底层鱼类资源，积极开发中上层渔业资源是本区渔业的发展方向。

3. 南海外海渔业区

本区为水深 100～200 m 的水域，底质为沙、沙泥或泥质。在水深 180 m 范围内地势平坦，适合拖网作业，而 180 m 以外则底质粗糙。南海暖流的主轴终年贯穿本区，使表层水呈现高温、高盐特征，但底层被南海次表层水盘踞，并成为南海中层变性水的锋面域，使饵料生物分布呈明显的季节性高密集区。此处正与外海区中上层鱼类的产卵场、索饵场吻合。本区的中上层鱼类资源有较大潜力，同时底层鱼类，特别是一些深水鱼类如协谷软鱼、鳞首方头鲳及脂眼双鳍鲳等种类资源也有开发利用前景。

4. 北部湾沿岸渔业区

即 109°33′～108°00′ 40 m E 等深线以浅的机轮拖网禁渔区线水域。以泥沙和沙泥底质为主，海底平坦，仅在涠洲岛附近有礁石散布。本区的经济鱼类有蓝圆鲹、二长棘鲷、鲻、断斑石鲈、真鲷、马鲛、海鳗、脂眼鲱等 30 多种，还有墨吉对虾、长毛对虾、斑节对虾、宽沟对虾等 20 多种虾类及头足类、海蜇等资源。但本区的渔业资源皆已利用过度，应加以重点保护。

5. 北部湾近海渔业区

为水深 40~100 m 的水域。鱼类资源多达 500 多种。主要经济种类有蓝圆鲹、金线鱼、多齿蛇鲻、大眼鲷、马六甲鲱鲤、红鳍笛鲷、五棘银鲈、带鱼、马鲛、二长棘鲷、海鳗、马面鲀等，还有枪乌贼和墨鱼等资源。本区的底层鱼类资源也已充分利用，但中上层资源还有一定潜力，故要限制拖网捕捞力量的发展，适当扩大刺网和灯光围网渔业。

6. 东沙群岛渔业区

东沙群岛位于南海北部、粤东外海，是南海诸岛中位置最北、面积最小的一群岛礁。本区底质为沙，不利于拖网作业。但有较丰富的蓝圆鲹、狭头鲐、红背圆鲹等中上层鱼类资源。

7. 西沙-中沙群岛渔业区

西沙群岛位于海南岛东南，由 40 个岛礁组成。中沙群岛位于西沙东南约 110 km 海面，均为潜伏水下的暗沙和暗礁。其外围则临千米深海。这些岛礁周围上升流较发达，礁盘及浅滩上分布有梅鲷、鹦嘴鱼、刺尾鱼、红鳍笛鲷、石斑鱼、刺鲅等。礁盘以外的洋面上，广泛分布着金枪鱼，黄鳍金枪鱼较多，外海有鱿鱼、飞鱼和遮目鱼等资源。故应大力开发本区，特别是中沙群岛东部的金枪鱼及其他中上层鱼类资源。

8. 南沙群岛渔业区

南沙群岛是南海诸岛中礁滩数量最多、分布面积最广、位置最靠南的一组群岛，一般指北纬 12° 以南的我国海疆。它由 230 多座岛屿、沙洲、暗礁组成。其中，只有太平岛等 25 座岛屿露出水面，西南部陆架广阔，自古就是我国渔民从事渔业生产的基地。这里终年高温、高湿，热带性水产资源丰富。据初步统计，经济价值较高的鱼类有黄鳍金枪鱼、鲣、旗鱼、康氏马鲛、金带梅鲷、扁舵鲣、白卜鲔、鹰嘴鱼、青干金枪鱼、黑纹条鰤、红鳍笛鲷、四带鲷、花点石斑鱼、班条鲆等。此外，还有梅花参等食用海参约 18 种以及鱿鱼、墨鱼、龙虾和蟹类资源。近年对巽他礁盘区的资源已开始生产开发，并取得较好效果，但中上层鱼类资源还有待进一步调查和开发。

9. 南海陆坡深水渔业区

本区是指外海区的外侧、水深 200 m 以深的广阔水域，其底质除东沙周围为沙质外，其余主要为沙泥底质，外缘深处为泥质。本区已知渔业资源有深水鱼类 200 多种和一些头足类及 80 多种深水虾类。虾类中数量较大的有拟须虾、长肢近对虾及绿须虾等，几乎周年均可捕获。今后应加强对深水鱼类和头足类等资源的调查与深水捕捞技术的配套研究，以便进一步开发利用本区渔业资源。

二、中国海洋渔业资源概况

我国的海洋渔业资源状况，在很大程度上取决于海区的地理位置。由于各海区多属半封闭性陆缘海，因此我国的主要资源种类中缺乏世界性的广布种与高产鱼种，其种群资源具有相当高的独立性，即封闭性。由于我国沿海地跨热带、亚热带和温带 3 个气候带，故导致我国渔业资源的区系组成既复杂又多样。我国海洋陆架广阔，是世界上陆架最广阔的海区之一。沿岸江河径流入海，带来大量的营养盐类，从而为海洋生物提供了优越的产卵、生长、育肥的栖息条件。但又因我国海域处于大洋西边的中纬度水域，该地带缺乏大型涌升流，仅靠陆源径流的滋养，使我国海域的渔业生物量在全球范围仅属中下等水平，其年均生物生产量仅为 3.02 t/km²，而在东南太平洋沿海却可高达 18.2 t/km²，日本近海也达 11.8 t/km²。在我国诸海中，东海的生产力最高，为 3.92 t/km²；渤海次之，为 3.84 t/km²；南海、黄海很低，仅分别为 2.40 t/km² 和 2.25 t/km²。其次，我国海域虽跨 3 个不同气候带，使渔业资源兼有冷温性、暖温性和暖水性 3 种不同生态类群，但生物量中仍以暖温性种类为主，约占总渔获量的 2/3，与暖水性及冷水性种类相比，广义上来说，属于狭生性种类。因此，我国海域环境承载力也就受到很大限制，由此便决定了渤海、东海中北部生物生产量处于较低的水平。

同时，由于中国濒临的陆缘海性质，就单一物种来说，与世界交换程度相当高，但以物种的种群数量而言，又微乎其微。如以高纬度海区的鳕科鱼类为例，其年产量为 1 200 万～1 500 万 t，而我国黄海鳕近年的产量仅数百 t，其他诸如鲱科、鲑科鱼类的数量也很少；再如低纬度海区虽有较大数量的鲹科、鲭科和金枪鱼以及鲣鲔类，但在世界鱼产量中仍仅占很小份额。从渔获产量结构来看，底层鱼类产量最高，中上层鱼类、虾蟹类和头足类产量依次减少。

从上述我国海区的资源状况可以看出，沿岸、近海底层主要传统经济鱼类都处于因捕捞过度而造成资源严重衰退，甚至枯竭的境地，而且在如今底层鱼类产量中约有 60% 是由低质鱼和幼鱼所组成。如果说我国的渔业资源还有一定潜力的话，那也仅限于某些中上层鱼类、头足类和虾蟹类。此外，东海陆坡、南海的海南岛以东外海、中西沙和南沙水域的各类资源则都有较大潜力，尤其中上层鱼类和头足类资源应作重点加以开发。

综上所述，我国海域位于北纬 41°以南的中低纬度地带，渔业资源多样性高，鱼、虾、头足类多达 2 000 种，但资源密度不高，尤其单鱼种的数量级较低。根据《2016 中国渔业统计年鉴》分析，渔获产量超过 100 万 t 的只有带鱼一种，达到 108.7 万 t；产量超过 50 万 t 的有鳀、蓝圆鲹、梭子蟹、毛虾等 4 种；产量超过 30 万 t 的有鲐、金线鱼、蓝点马鲛、海鳗、太平洋褶柔鱼、小黄鱼、鲳、鹰爪虾等 8 种；产量超过 10 万 t 的有梅童鱼、口虾蛄、海蜇、马面鲀、对虾、鲷、梭鱼、沙丁鱼、乌贼、章鱼、石斑鱼、玉筋鱼、鲻、白姑鱼和大黄鱼等数种。其中，中上层鱼类、底层鱼类等各类群所占比例见表 9-1。

表 9-1 中国海洋渔业资源状况

（引自《中国海洋渔业区划》，1986）

类群	历史最高产量			年平均产量		最佳可捕量		利用现状
	数值（万 t）	年份	占该年比例（%）	数值（万 t）	占年平均总渔获量比例（%）	数值（万 t）	占最佳可捕量比例（%）	
中上层鱼类	48.98	1983	14.44	41.36±5.16	13.27	80～100	27	有潜力
底层鱼类	142.32	1976	44.15	110.85±9.05	35.55	115～135	38	过度
头足类	13.85	1973	5.15	6.88±2.24	2.21	12～15	4	尚有潜力
虾蟹类	38.58	1983	11.66	34.69±2.83	11.13	40～55	14	尚有潜力
其他	133.71	1983	40.40	117.71±12.50	37.84	50～70	17	
年总渔获量	339.22	1977		311.79±14.06	100	280～330	100	

此数值如以平衡渔获量曲线拟合，其最大持续产量（MSY）也为 330 万 t，这时的相对资源密度（$1/2U_{max}$）应为 1.03 t/HP（图 9-2）。其资源状况将比现在有质的改善。当然各

海区应依具体情况、利用强度与数量有所差别，以利于资源保护和持续利用。

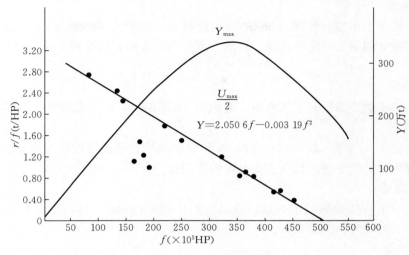

图 9 - 2　我国海洋渔业平衡渔获量曲线

第三节　中国海洋渔场概况及种类组成

一、黄渤海渔场分布概况及其种类组成

（一）黄渤海渔场分布概况

1. 辽东湾渔场

辽东湾渔场位于渤海 $38°30'N$ 以北，面积约 $11\,520\,n\,mile^2$。该渔场曾是小黄鱼、带鱼、中国对虾等种类的重要产卵场，近年来由于过度捕捞，一些渔业资源已经衰退，不再形成渔场。只在近岸进行海蜇、毛虾和梭子蟹等生产。

2. 滦河口渔场

滦河口渔场位于渤海滦河口外，面积约 $3\,600\,n\,mile^2$。该渔场也曾是带鱼的重要作业渔场。但是在 20 世纪 80 年代以后，随着黄海带鱼资源的枯竭，渔场已经消失。

3. 渤海湾渔场

渤海湾渔场位于渤海 $119°00'E$ 以西，面积约 $3\,600\,n\,mile^2$。该渔场曾是小黄鱼、中国对虾、蓝点马鲛等种类的重要渔场。目前主要是定置网和一些近岸网具作业。

4. 莱州湾渔场

莱州湾渔场位于渤海 $38°30'N$ 以南的黄河口附近海域，面积约 $6\,480\,n\,mile^2$。由于黄河径流的存在，莱州湾渔场曾是我国北方最重要的鱼类产卵场。近年来，由于渔业资源衰退，渔场已经消失，仅有一些近岸网具从事小型鱼类、口虾蛄、梭子蟹、毛虾等种类作业。

5. 海洋岛渔场

海洋岛渔场位于黄海北部的 $38°00'N$ 以北海域，面积约 $7\,200\,n\,mile^2$。该渔场曾是黄海北部的重要产卵场。但目前主要鱼类只有鳀、玉筋鱼、细纹狮子鱼和长绵鳚等。

6. 海东渔场

海东渔场位于海洋岛渔场的东部海域，面积约 $4\,320\,n\,mile^2$。主要分布着鳀、玉筋鱼、角木叶鲽等鱼类。

7. 烟威渔场

烟威渔场位于山东半岛北部的 $38°30'N$ 以南海域，面积约 7 200 n mile^2，是进入渤海产卵和离开渤海越冬的鱼类的过路渔场。目前，主要鱼类有鳀、细纹狮子鱼、小黄鱼、绒杜父鱼等。

8. 威东渔场

威东渔场位于烟威渔场的东部海域，面积约 2 880 n mile^2，主要鱼类是细纹狮子鱼。

9. 石岛渔场

石岛渔场位于 $36°00'\sim37°30'N$、$124°00'E$ 以西海域，该渔场近岸为产卵场，远岸为过路渔场和部分鱼类的越冬场。目前主要分布种类为鳀。

10. 石东渔场

石东渔场位于石岛渔场以东海域，渔场面积 7 920 n mile^2，目前主要鱼类为细纹狮子鱼、绒杜父鱼、高眼鲽、玉筋鱼等。

11. 青海渔场

青海渔场位于山东半岛南部的 $35°30'N$ 以北、$122°00'E$ 以西海域，面积 4 320 n mile^2，为山东半岛南岸产卵场，目前主要鱼类有鳀、银鲳、斑鰶、高眼鲽等。

12. 海州湾渔场

海州湾渔场位于山东、江苏两省海岸交界处之海州湾内，为 $34°00'\sim35°30'N$、$121°30'E$ 以西海域，面积为 7 900 n mile^2。海州湾渔场属沿岸渔场，其大部分水域在禁渔区内，是东海带鱼的产卵场之一。近年来，由于渔业资源保护不力和捕捞强度过大，已形不成鱼汛。

13. 连青石渔场

连青石渔场位于黄海南部海域，其范围为 $34°00'\sim36°00'N$、$121°30'\sim124°00'E$，面积为 14 800 n mile^2。该渔场北接石岛渔场，南靠大沙渔场，西临海州湾渔场，东隔连东渔场与朝鲜半岛相望。本渔场海底平坦，水质肥沃，饵料丰富，水系交汇，是带鱼、蓝点马鲛、鲐、黄姑鱼、小黄鱼等多种经济鱼类产卵、索饵、越冬洄游的过路渔场，具有很大的开发利用价值。

14. 连东渔场

连东渔场分布在 $34°00'\sim36°00'N$、$124°00'E$ 以东海域，濒临韩国西海岸。以前为韩国渔船从事围网、张网、流网和延绳钓等作业的渔场。

15. 吕泗渔场

吕泗渔场位于江苏省沿岸以东海域，为 $32°00'\sim34°00'N$、$122°30'E$ 以西海域，面积约 9 000 n mile^2，渔场大部分水域在禁渔区内，全部水深不足 40 m，是大黄鱼、小黄鱼、银鲳等主要产卵场之一。但由于捕捞强度不断扩大，银鲳等产量出现严重滑坡，鱼龄越来越低，鱼体越来越小。

（二）种类组成

黄渤海重要鱼类共有 130 余种，数量最多的为鳀，其次为竹荚鱼、鲐、小黄鱼、带鱼、玉筋鱼。其他种类的产量所占比重很小，仅为 7.2%。鳀、玉筋鱼为一般经济鱼类，竹荚鱼、鲐、小黄鱼、带鱼为优质经济鱼类。而东海区位于亚热带和温带，有多种水系交汇，渔业资源丰富，是经济种类最多的海区，主要有大黄鱼、小黄鱼、带鱼、墨鱼、银鲳、鳓、鲀、蓝圆鲹、马面鲀、海鳗、虾蟹类、枪乌贼等 20 多种经济种类。

1. 渤黄海种类的季节变化

春季渔获种类最多，为 124 种。其中，鱼类 90 种，包括中上层鱼类 17 种、底层鱼类 73 种；头足类 8 种；虾类 19 种；蟹类 7 种。

夏季由于一些种类分布于近岸水域，渔获种类最少，黄海为 97 种。其中，鱼类 71 种，包括中上层鱼类 14 种、底层鱼类 57 种；头足类 5 种；虾类 11 种；蟹类 10 种。渤海渔获种类 42 种。其中，鱼类 28 种，包括中上层鱼类 10 种、底层鱼类 18 种；头足类 3 种；虾类 7 种；蟹类 4 种。

秋季渔获种类 101 种。其中，鱼类 73 种，包括中上层鱼类 20 种、底层鱼类 53 种；头足类 7 种；虾类 11 种；蟹类 10 种。

冬季渔获种类 115 种。其中，鱼类 83 种，包括中上层鱼类 18 种、底层鱼类 65 种；头足类 7 种；虾类 18 种；蟹类 7 种。渤海渔获种类 37 种。其中，鱼类 22 种，包括中上层鱼类 6 种、底层鱼类 16 种；头足类 4 种；虾类 8 种；蟹类 3 种。

2. 渔获种类的区域变化

将海域划分为渤海、黄海北部（37°30′N 以北）、黄海中部（37°30′～35°30′N）、黄海南部（35°30′～33°00′N）海区。各海区各季节都以底层鱼类占据主导地位。黄海北部各季与黄海中部渔获种类组成类似，鱼类为 35～47 种、头足类 2～6 种。虾蟹类中部较北部多，其中虾类 3～12 种、蟹类 3～7 种。黄海南部渔获种类比中部和北部多，春季鱼类 75 种、头足类 6 种、虾类 19 种、蟹类 8 种；夏季鱼类 58 种、头足类 5 种、虾类 11 种、蟹类 9 种；秋季鱼类 55 种、头足类 6 种、虾类 9 种、蟹类 8 种；冬季鱼类 71 种、头足类 6 种、虾类 13 种、蟹类 7 种。

渤海在 4 个海区中渔获种类最少，夏季鱼类 28 种，其中，中上层和底层鱼类分别为 10 种和 18 种，头足类 3 种，虾类 7 种，蟹类 4 种；冬季鱼类 22 种，其中，中上层和底层鱼类分别为 6 种和 16 种，头足类 4 种，虾类 8 种，蟹类 3 种。

3. 区系特征

在黄渤海渔业资源的区系组成中，暖温性种类占 48.1%，暖水性种类占 47.3%，冷温性种类占 12.2%。

黄渤海渔业资源基本可划分为两个生态类群，即地方性渔业资源和洄游性渔业资源。

地方性渔业资源主要栖息在河口、岛礁和浅水区，随着水温的变化作季节性深浅水生殖、索饵和越冬移动，移动距离较短，洄游路线不明显。属于这一类型的种类多为暖温性地方种群，如海蜇、毛虾、三疣梭子蟹、鲆鲽类、梭鱼、花鲈、鳐类、虾虎鱼类、大泷六线鱼、许氏平鲉、梅童类、叫姑鱼、鲱、鲹等。

洄游性渔业资源，主要为暖温性和暖水性种类，分布范围较大，洄游距离长，有明显的洄游路线。在春季，由黄海中南部和东海北部的深水区洄游至渤海和黄海近岸 30 m 以内水域进行生殖活动，少数种类也在 30～50 m 水域产卵，5—6 月为生殖高峰期，夏季分散索饵，主要分布在 20～60 m 水域。到秋季，鱼群陆续游向水温较高的深水区，并在那里越冬，主要分布水深在 60～80 m。这一类种类数不如前一类多，但资源量较大，为黄渤海的主要渔业种类，如蓝点马鲛、鲀、银鲳、鳀、黄鲫、鲱、带鱼、小黄鱼、黄姑鱼等。

二、东海渔场分布概况及其种类组成

(一)东海渔场分布概况

1. 大沙渔场和沙外渔场

大沙渔场位于吕泗渔场的东侧,为 $32°00'\sim34°00'$N、$122°30'\sim125°00'$E 海域,面积约为 15 100 n mile^2。沙外渔场位于大沙渔场的东侧、朝鲜海峡的西南,为 $32°00'\sim34°00'$N、$125°00'\sim128°00'$E 海域,面积约为 13 400 n mile^2。这两个渔场位于黄海和东海的交界处,有黄海暖流、黄海冷水团、苏北沿岸水、长江冲淡水交汇,饵料生物比较丰富,是多种经济鱼虾类产卵、索饵和越冬的场所,适合拖网、流刺网、围网和帆式张网作业,主要捕捞对象有小黄鱼、带鱼、黄姑鱼、鲳、鳓、蓝点马鲛、鲐、鲹、太平洋褶柔鱼、剑尖枪乌贼和虾类等。济州岛东西侧和南部海区在 20 世纪 70 年代末期至 90 年代初期还是绿鳍马面鲀的重要渔场之一。

2. 长江口渔场、舟山渔场、江外渔场及舟外渔场

长江口渔场位于长江口外,北接吕泗渔场,为 $31°00'\sim32°00'$N、$125°00'$E 以西海域,面积约为 10 000 n mile^2。舟山渔场位于钱塘江口外、长江口渔场之南,为 $29°30'\sim31°00'$N、$125°00'$E 以西海域,面积约为 14 350 n mile^2。江外渔场位于长江口渔场东侧,为 $31°00'\sim32°00'$N、$125°00'\sim128°00'$E 海域,面积约为 9 200 n mile^2。舟外渔场位于舟山渔场的东侧,为 $29°30'\sim31°00'$N、$125°00'\sim128°00'$E 海域,面积约为 14 000 n mile^2。

这四个渔场西边有长江、钱塘江两大江河的冲淡水注入,东边有黑潮暖流通过,北侧有苏北沿岸水和黄海冷水团南伸,南面有台湾暖流北进,沿海有舟山群岛众多的岛屿分布,营养盐类丰富,有利于饵料生物的繁衍。长江口渔场和舟山渔场成为众多经济鱼虾类的产卵、索饵场所,江外渔场和舟外渔场不但是东海区重要经济鱼虾类的重要越冬场,还是部分经济鱼虾类和太平洋褶柔鱼的产卵场之一。20 世纪 70 年代末至 90 年代初是绿鳍马面鲀从对马海区越冬场向东海南部做产卵洄游的过路渔场。

这一带海区是东海大陆架最宽广、底质较为平坦的海区,是底拖网作业的良好区域,成为全国最著名的渔场。其他重要的作业类型还有灯光围网、流刺网和帆张网等。此外,鳗苗和蟹苗是长江口的两大鱼汛。在这四个渔场中,重要捕捞对象有带鱼、小黄鱼、大黄鱼、绿鳍马面鲀、白姑鱼、鲳、鳓、蓝点马鲛、鲐、鲹、海蜇、乌贼、太平洋褶柔鱼、梭子蟹、细点圆趾蟹和虾类等。这一海区一直是我国沿海渔业资源最为丰富、产量最高的渔场。

3. 鱼山渔场、温台渔场、鱼外渔场及温外渔场

鱼山渔场位于浙江中部沿海、舟山渔场之南,为 $28°00'\sim29°30'$N、$125°00'$E 以西海域,面积约为 15 600 n mile^2。温台渔场位于浙江省南部沿海,为 $27°00'\sim28°00'$N、$125°00'$E 以西海区,面积约为 13 800 n mile^2。鱼外渔场位于鱼山渔场东侧,为 $28°00'\sim29°30'$N、$125°00'\sim127°00'$E,面积约为 9 400 n mile^2。温外渔场位于温台渔场东侧,为 $27°00'\sim28°00'$N、$125°00'\sim127°00'$E 海域,面积约为 6 300 n mile^2。

本海区地处东海中部,有椒江、瓯江等中小型江河入海,渔场受浙江沿岸水和台湾暖流控制,鱼外渔场、温外渔场还受黑潮边缘的影响,海洋环境条件优越。沿海和近海是带鱼、大黄鱼、乌贼、鲳、鳓、鲐、鲹的产卵场和众多经济幼鱼的索饵场,外海是许多经济鱼种越冬场的一部分,又是绿鳍马面鲀向产卵场洄游的过路渔场和剑尖枪乌贼的产卵场。本海区不

但是对拖网和流刺网的良好渔场，同时还是群众灯光围网、单拖和底层流刺网的良好渔场。近年来，灯光敷网和河豚钓作业也在这一海区逐渐兴起。带鱼、大黄鱼、绿鳍马面鲀、白姑鱼、鲳、鳓、金线鱼、方头鱼、鲐、鲹、乌贼、剑尖枪乌贼是该海区重要的经济种类。

4. 闽东渔场、闽中渔场、台北渔场及闽外渔场

闽东渔场位于福建省北部近海，为 $26°00'\sim27°00'N$、$125°00'E$ 以西海域，面积约为 16 600 n mile^2。闽中渔场位于福建中部沿海，为 $24°30'\sim26°00'N$、$121°30'E$ 和台湾北部以西海域，面积约为 9 370 n mile^2。闽外渔场在闽东渔场外侧，为 $26°00'\sim27°00'N$、$125°00'\sim126°30'E$ 海域，面积约为 4 800 n mile^2。台北渔场位于台湾东北部，为 $24°30'\sim26°00'N$、$121°30'\sim124°00'E$ 海域，面积约为 10 600 n mile^2。

闽东渔场、闽中渔场陆岸以岩岸为主，岸线蜿蜒曲折，著名的三都澳、闽江口、兴化湾、湄州湾和泉州湾就分布在这两个渔场的西侧。本海区受闽浙沿岸水、台湾暖流、黑潮和黑潮支梢的影响。渔场的水温、盐度明显偏高，鱼类区系组成呈现以暖水性种类为主的倾向，且大多为区域性种群，一般不作长距离的洄游。主要作业类型有对拖网、单拖网、灯光围网、底层流刺网、灯光敷网和钓等。主要捕捞对象有带鱼、大黄鱼、大眼鲷、绿鳍马面鲀、白姑鱼、鲳、鳓、蓝点马鲛、竹荚鱼、海鳗、鲨、蓝圆鲹、鲐、乌贼、剑尖枪乌贼、黄鳍马面鲀等。闽东渔场和温台渔场外侧海区是绿鳍马面鲀和黄鳍马面鲀的主要产卵场。

5. 闽南渔场、台湾浅滩渔场及台东渔场

闽南渔场位于 $23°00'\sim24°30'N$ 的台湾海峡区域，面积约为 13 800 n mile^2。台湾浅滩渔场又称外斜渔场，位于 $22°00'\sim23°00'N$、$117°30'E$ 至台湾南部西海岸，面积约为 9 500 n mile^2。台东渔场位于 $22°00'\sim24°30'N$ 台湾东海岸至 $123°00'E$ 海区，面积为 11 960 n mile^2。

闽南渔场和台湾浅滩渔场受到黑潮支梢、南海暖流和闽浙沿岸水的影响，温度、盐度分布呈现东高西低、南高北低的格局，使渔场终年出现多种流隔，有利于捕捞。台湾海峡中、南部的鱼类没有明显的洄游迹象，没有明显的产卵、索饵与越冬场的区分，多数为地方种群，不进行长距离洄游。由于本海区海底地形比较复杂，主要渔业作业类型为单拖、围网、流刺网、钓和灯光敷网。主要捕捞对象为带鱼、金色小沙丁鱼、大眼鲷、白姑鱼、乌鲳、鳓、蓝点马鲛、竹荚鱼、鲐、蓝圆鲹、四长棘鲷、中国枪乌贼和虾蟹类等。其中，闽南、粤东近海鲐鲹群系，个体较小，但数量大，最高年产量可达20余万t，是群众渔业围网和拖网的重要捕捞对象，中国枪乌贼和乌鲳也是该海区著名的渔业。台东渔场陆架很窄，以钓捕作业为主。

（二）东海区种类组成

根据 1997—2000 年"126 专项"底拖网调查，共捕获鱼类、甲壳类和头足类 602 种。其中，以鱼类的种类最多，达 397 种，占渔获种类数的 65.95%，为历史记录数 760 种的 52.24%。甲壳类 160 种，占渔获种类的 26.58%，其中，虾类 75 种，占甲壳类种类数的 46.88%，蟹类为 59 种，占甲壳类种类数的 36.88%。头足类 45 种，仅占渔获种类的 7.47%。

1. 渔获种类的季节变化

东海各季节的渔获种类组成秋季最多，为 383 种；其次为春季和夏季，分别为 365 和 350 种；冬季的渔获种类数最少，仅 302 种。各季节中均以鱼类的渔获种类数最高，头足类的渔获种类最少。各类群渔获种类的季节变化不同，鱼类以秋季为最多，甲壳类春季最多，头足类夏季最多，但各类群渔获种类数最少都出现在冬季。

2. 区域变化

从不同区域的种类组成来看，东海北部外海的种类数最多，达 379 种；其次为东海南部外海，有 331 种；台湾海峡出现的种类数最少，为 177 种。各区域鱼类、甲壳类和头足类的种类数同样以东海北部外海为最高，其次为东海南部外海，台湾海峡的种类数最少。

3. 各季节各区域的渔获种类

东海北部外海渔获种类数最多，台湾海峡的渔获种类数最少。但各季节不同区域、不同类群的渔获种类数的变化不同，春、秋两季鱼类、甲壳类、头足类的种类数均以东海北部外海为最高。夏季鱼类和头足类的渔获种类数以东海南部外海为最高，甲壳类则以东海北部外海的渔获种类数为最高。冬季鱼类和甲壳类的渔获种类数以东海北部外海的种类数为最高，头足类以东海南部外海的渔获种类数为最高。

4. 区系特征

东海区鱼类的区系组成为暖水性种类占优势（占 61.0%），暖温性种类次之（占 37.0%），冷温性种类很少，仅 8 种，只占东海鱼类渔获种类数的 1.8%，冷水性种类只有秋刀鱼 1 种，而且仅出现在冬季东海北部外海。鱼类的这一区系组成特征基本和历史资料记载一致。东海区鱼类区系属于亚热带性质的印度-西太平洋区的中-日亚区。东海区各区域鱼类的适温性组成也都以暖水性和暖温性种类为主，东海外海的暖水性和暖温性鱼类种类数高于东海近海，以东海北部外海的暖水性和暖温性鱼类种类数为最多。

东海区甲壳类因水温差异可分成 3 种类型：一是暖水性的广布种，在东海南北海区均有分布，如哈氏仿对虾、中华管鞭虾、凹管鞭虾、假长缝拟对虾、高脊管鞭虾、东海红虾、日本异指虾、九齿扇虾、毛缘扇虾、红斑海螯虾等；二是暖温性种类，如长缝拟对虾、中国毛虾、中国对虾等；三是冷水性种类，如脊腹褐虾等。

东海区头足类由暖水性和暖温性种类组成，暖水性种类居多数（占 75.61%），其余均为暖温性种类（占 24.39%）。从各海域来看，台湾海峡的暖水性种类比例最高（占 80%），其次为东海南部近海（占 78.95%）、东海北部近海（占 75.86%）、东海外海（占 66.67%）。东海区的头足类主要由热带、亚热带的暖水性和暖温性种类所组成。因此，其性质属印度-西太平洋热带区的印-马亚区。

三、南海渔场分布概况及其种类组成

（一）南海渔场分布概况

南海优越的自然地理环境和种类繁多的生物资源，为渔业生产提供了良好的物质基础。

1. 台湾浅滩渔场

台湾浅滩渔场位于 22°00′～24°30′N、117°30′～121°30′E 海域。大部分海域水深不超过 60 m。除拖网作业外，还有以蓝圆鲹为主要捕捞对象的灯光围网作业和以中国枪乌贼为主要捕捞对象的鱿钓作业。

2. 台湾南部渔场

台湾南部渔场位于 19°30′～22°00′N、118°00′～122°00′E 海域。水深变化大，最深达 3 000 m 以上。中上层和礁盘鱼类资源丰富，适合多种钓捕作业。

3. 粤东渔场

粤东渔场位于 $22°00'\sim24°30'N$、$114°00'\sim118°00'E$ 海域，水深多在 60 m 以内，是拖网、虾拖网、围网、刺网、钓作业渔场。主要捕捞种类有蓝圆鲹、竹䇲鱼、大眼鲷、中国枪乌贼等。

4. 东沙渔场

东沙渔场位于 $19°30'\sim22°00'N$、$114°00'\sim118°00'E$ 海域。海底向东南倾斜。西北部大陆架海域主要经济鱼类有竹䇲鱼、深水金线鱼等。东部 200 m 深海域有密度较高的瓦氏软鱼和脂眼双鳍鲳。水深 $400\sim600$ m 海域，有较密集的长肢近对虾和拟须对虾等深海虾类。东沙群岛附近海域适于围网、刺网、钓作业。

5. 珠江口渔场

珠江口渔场位于 $20°45'\sim23°15'N$、$112°00'\sim116°00'E$ 海域，面积约 74 300 n mile^2。水深多在 100 m 以内，东南部最深可达 200 m。东南深水区有较多的蓝圆鲹、竹䇲鱼和深水金线鱼。本渔场是拖网、虾拖网、围网、刺网、钓作业渔场。

6. 粤西及海南岛东北部渔场

粤西及海南岛东北部渔场位于 $19°30'\sim22°00'N$、$110°00'\sim114°00'E$ 海域。绝大部分为 200 m 水深以浅的大陆架海域，是拖网、虾拖网、围网、刺网、钓作业渔场。深海区有较密集的蓝圆鲹、深水金线鱼和黄鳍马面鲀。硇洲岛附近海域是大黄鱼渔场。

7. 海南岛东南部渔场

海南岛东南部渔场位于 $17°30'\sim20°00'N$、$109°30'\sim113°30'E$ 海域。西部和北部大陆架海域是拖网、虾拖网、刺网、钓作业渔场。拖网主要渔获种类有蓝圆鲹、颌圆鲹、竹䇲鱼、黄鲷、深水金线鱼等。东南部 $400\sim600$ m 深海域有较密集的拟须虾、长肢近对虾等深海虾。

8. 北部湾北部渔场

北部湾北部渔场位于 $19°30'N$ 以北、$106°00'\sim110°00'E$ 海域。水深一般为 $20\sim60$ m，是拖网、围网、刺网、钓作业渔场。主要捕获种类有鲐、长尾大眼鲷、中国枪乌贼等。

9. 北部湾南部及海南岛西南部渔场

北部湾南部及海南岛西南部渔场位于 $17°15'\sim19°45'N$、$105°30'\sim109°30'E$ 海域，水深不超过 120 m，是拖网、围网、刺网、钓作业渔场。主要捕捞种类有金线鱼、大眼鲷、蓝点马鲛、乌鲳、带鱼等。

10. 中沙东部渔场

中沙东部渔场位于 $14°30'\sim19°30'N$、$113°30'\sim121°30'E$ 海域。本渔场散布许多礁滩，最深水深超过 5 000 m，是金枪鱼延绳钓渔场。西北部大陆坡水域是深海虾场。岛礁水域是刺网、钓作业渔场。

11. 西、中沙渔场

西、中沙渔场位于 $15°00'\sim17°30'N$、$111°00'\sim115°00'E$ 的中沙群岛西北部和西沙群岛南部海域，是金枪鱼延绳钓渔场，岛礁水域是刺网、钓作业渔场。主要捕捞对象是鲔科、鹦嘴鱼科、裸胸鳍科和飞鱼科鱼类，该渔场内的主要岛屿是海龟产卵场。

12. 西沙西部渔场

西沙西部渔场位于 $15°00'\sim17°30'N$、$107°00'\sim111°00'E$ 海域。西部大陆架海域是拖网

作业渔场，东北部是金枪鱼延绳钓渔场。

13. 南沙东北部渔场

南沙东北部渔场位于 $9°30'\sim14°30'$N、$113°30'\sim121°30'$E 海域。深水区是金枪鱼延绳钓渔场。岛礁水域是底层延绳钓、手钓作业渔场。

14. 南沙西北部渔场

南沙西北部渔场位于 $10°00'\sim15°00'$N、$114°30'$E 以西海域。东部和 $14°00'$N 以北海域是金枪鱼延绳钓作业渔场。东南部各岛礁海域是底层延绳钓、手钓作业渔场。

15. 南沙中北部渔场

南沙中北部渔场位于 $9°30'\sim12°00'$N、$114°00'\sim118°00'$E 海域，岛礁众多，是鲨鱼延绳钓、手钓、刺网和采捕作业渔场。主要捕捞种类是石斑鱼、裸胸鳝、鹦嘴鱼等。中上层还有较密集的飞鱼科鱼类。

16. 南沙东部渔场

南沙东部渔场位于 $7°00'\sim9°30'$N、$114°00'\sim118°00'$E 海域。北部蓬勃暗沙-海口暗沙-半月暗沙-指向礁水深 150 m 以浅水域是鲨鱼延绳钓作业渔场。岛礁水域是手钓和潜捕作业渔场。

17. 南沙中部渔场

南沙中部渔场位于 $7°30'\sim10°00'$N、$110°00'\sim114°00'$E 海域。海域内散布着许多岛礁，主要有永暑礁、东礁、六门礁、西卫滩、广雅滩、南薇滩。北部是金枪鱼延绳钓渔场。岛礁水域是手钓和底层延绳钓渔场。

18. 南沙中南部渔场

南沙中南部渔场位于 $5°00'\sim7°30'$N、$112°00'\sim116°00'$E 海域。海域内有皇路礁、南通礁、北康暗沙和南康暗沙。东北部深水区是金枪鱼延绳钓渔场。东北部和南部 $100\sim200$ m 深水水域是鲨鱼延绳钓渔场。

19. 南沙南部渔场

南沙南部渔场位于 $2°30'\sim5°00'$N、$110°30'\sim114°30'$E 海域，是南海南部大陆架水域。主要礁滩有曾母暗沙、八仙暗沙和立地暗沙，是拖网作业和鲨鱼延绳钓作业渔场。

20. 南沙西部渔场

南沙西部渔场位于 $7°30'\sim10°00'$N、$106°00'\sim110°00'$E 海域。东侧边缘为大陆坡，其余为大陆架海域。东南部大陆坡海域是金枪鱼延绳钓渔场；大陆架海域是底拖网渔场。

21. 南沙中西部渔场

南沙中西部渔场位于 $5°00'\sim7°30'$N、$108°00'\sim112°00'$E 海域。西部和南部巽他陆架外缘是底拖网作业渔场，东北部深水区是金枪鱼延绳钓渔场。

22. 南沙西南部渔场

南沙西南部渔场位于 $2°30'\sim5°00'$N、$106°30'\sim110°30'$E 海域，属陆架水域，是底拖网作业渔场。主要种类有短尾大眼鲷、多齿蛇鲻、深水金线鱼等。

（二）种类组成

1. 南海北部

根据 1997—1999 年"北斗"号在南海北部水深 200 m 以浅海域调查，共采获游泳生物 851 种（包括未能鉴定到种的分类阶元），其中鱼类 655 种、甲壳类 154 种、头足类 42 种。

鱼类中底层和近底层种类占绝大多数，达 600 种，中上层鱼类 55 种。甲壳类中虾类的种数最多，为 76 种；其次为蟹类，57 种。甲壳类的种类均为底层或底栖种类，虾类和虾蛄类的多数种类具有经济价值，而蟹类中只有梭子蟹科的一些种类有经济价值。头足类种类包括主要分布在中上层的枪形目 15 种，主要分布在底层的乌贼目 15 种和营底栖生活的八腕目 12 种，头足类多数种类具有较高的经济价值。

在南海北部水深 200 m 以浅海域的底拖网调查中，深水区域采获的种类数明显多于沿岸浅海区。采获种类数较多的区域依次为大陆架近海、外海及北部湾中南部；在大陆架近海和外海采获的种类多数为底层非经济鱼类；北部湾海域底层经济种类占总渔获种类数的比例是南海北部各调查区中最高的；台湾浅滩海域是头足类种类较丰富的海域，其头足类种类数占总渔获种类数的比例是各区中最高的，达 15%。总渔获种数和各类群渔获种数的季节变化趋势基本相同，夏季出现的种类数明显较其他季节多。冬季渔获种类明显较少。

2. 南海中部

根据 1997—2000 年"北斗"号在南海北部水深 200 m 以外的大陆斜坡海域和南海中部深海区调查，共采获游泳生物 349 种（包括未能鉴定到种的分类阶元）。中层拖网渔获种类中鱼类占绝大多数，达 291 种；头足类有 35 种；甲壳类 23 种。虽然是中层拖网采样，但鱼类仍以底层和近底层种类占绝大多数，有 275 种，占鱼类渔获种类数（291 种）的 94.5%；中上层鱼类只有 16 种，包括蓝圆鲹、无斑圆鲹、颌圆鲹、鲐和竹䇲鱼等，优势种是蓝圆鲹和无斑圆鲹。底层和近底层鱼类中经济价值较高的有 26 种，其他 249 种为个体较小、没有经济价值或经济价值较低的种类；中上层鱼类中经济价值较高的有 13 种，占中上层鱼类的大部分；头足类种类包括主要分布在中上层的枪形目 26 种，主要分布在底层的乌贼目 4 种和营底栖生活的八腕目 5 种，头足类多数种类具有较高的经济价值；甲壳类的种类中虾类的种数最多，为 17 种；其次为虾蛄类，5 种；蟹类最少，仅 1 种。

在南海中部中层拖网调查中，大陆斜坡深水渔业区采获的种类数最多，为 282 种；其次是西-中沙群岛渔业区、东沙群岛渔业区及南沙群岛渔业区，种数分别为 157 种、63 种、59 种。大陆斜坡海域渔获种类数明显较其他区域为多，其部分原因是该区采样次数较多。在各个区域的渔获种类组成中，都是没有经济价值的底层和近底层鱼类占绝大多数，头足类和甲壳类分别以枪形目和虾类为主。

3. 南海岛礁

根据 1997—2000 年"北斗"号的专业调查，共捕获鱼类 242 种（鹦嘴鱼属和九棘鲈属未定种各 1 种），其中鲈形目 170 种，占 70.2%，居绝对优势；鳗鲡目和鲀形目均为 14 种，都各占 5.8%；金眼鲷目 12 种，占 5.0%；颌针鱼目仅为 11 种，占 4.5%；其余 10 个目仅有 21 种，占 8.7%。

根据鱼类的栖息特点，可分为岩礁性鱼类和非岩礁性鱼类。在 242 种鱼类中，185 种属于岩礁性鱼类，占总种数的 76.4%；另外 57 种为非岩礁性鱼类，占总种数的 23.6%。这些种类有的属于大洋性种类，有的属于底层种类，在南海的中部、北部或南沙群岛西南大陆架海域也有捕获。

在捕获的鱼类中，经济价值较高的有鮨科、笛鲷科、裸颊鲷科、隆头鱼科、鹦嘴鱼科、海鳝科及金枪鱼科鱼类。特别是鲑点石斑鱼、红钻鱼、丽鳍裸颊鲷、红鳍裸颊鲷、多线唇鱼、红唇鱼、二色大鹦嘴鱼、绿唇鹦嘴鱼、蓝颊鹦嘴鱼、裸狐鲣、白卜鲔及鲹科的纺锤鰤等种类均属于名贵鱼类，经济价值很高。

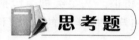 思 考 题

1. 试述世界海洋渔业区和渔业资源概况。
2. 试述中国海洋渔业区和渔业资源概况。
3. 试述中国近海渔场的概况。
4. 试述中国近海各海区的鱼类组成及其特征。

主 要 参 考 文 献

陈大刚，1991. 黄渤海渔业生态学 [M]. 北京：海洋出版社.

陈大刚，1997. 渔业资源生物学 [M]. 北京：中国农业出版社.

邓景耀，金显仕，2001. 渤海越冬场渔业生物资源量和群落结构的动态特征 [J]. 自然资源学报，16（1）：42-46.

费鸿年，何宝全，陈国铭，1981. 南海北部大陆架底栖鱼类群聚的多样性及优势种区域和季节变化 [J]. 水产学报，5（1）：1-20.

金显仕，邓景耀，2000. 莱州湾渔业资源群落结构和生物多样性的变化 [J]. 生物多样性，8（1）：65-72.

金显仕，唐启升，1998. 渤海渔业资源结构、数量分布及其变化 [J]. 中国水产科学，5（3）18-24.

孟田湘，1998. 渤海鱼类群落结构及其动态变化 [J]. 中国水产科学，5（2）：16-20.

邱永松，1988. 南海北部大陆架鱼类群落的区域性变化 [J]. 水产学报，12（4）：303-313.

邱永松，1996. 广东沿岸海域鱼类群落排序 [J]. 生态学报，16（6）：576-583.

沈金鳌，程炎宏，1987. 东海深海底层鱼类群落及其结构的研究 [J]. 水产学报，11（4）：294-306.

徐宾铎，金显仕，梁振林，2003. 秋季黄海底层鱼类群落结构的变化 [J]. 中国水产科学，10（2）：148-154.

詹海刚，1998. 珠江口及邻近水域鱼类群落结构研究 [J]. 海洋学报，20（3）：91-97.

朱鑫华，杨纪明，唐启升，1996. 渤海鱼类群落结构特征的研究 [J]. 海洋与湖沼，27（1）：6-13.

Bianchi G，Gislason H，Graham K，et al.，2000. Impact of fishing on size composition and diversity of demersal fish communities [J]. ICES Journal of Marine Science，57：558-571.

Clarke K R，Warwick R M，2001a. A further biodiversity index applicable to species list：variation in taxonomic distinctness [J]. Marine Ecology Progress Series，216：265-278.

Clarke K R，Warwick R M，2001b. Changes in marine communities：an approach to statistical analysis and interpretation. 2nd edition [M]. Plymouth：PRIMER-E Ltd.

Greenstreet S P R，Hall S J，1996. Fishing and the ground-fish assemblage structure in the North-western North Sea：an analysis of long-term and spatial trends [J]. Journal of Animal Ecology，65：577-598.

Greenstreet S P R，Spence F E，McMillan J A，1999. Fishing effects in northeast Atlantic shelf seas：patterns in fishing effort，diversity and community structure. V. Changes in structure of the North Sea groundfish species assemblage between 1925 and 1996 [J]. Fisheries Research，40：153-183.

Jennings S，Greenstreet S P R，Hill L，et al.，2002. Long-term trends in the trophic structure of the North Sea fish community：evidence from stable-isotope analysis，size-spectra and community metrics [J]. Marine Biology，141：1085-1097.

Jin X，1995. Seasonal changes of the demersal fish community of the Yellow Sea [J]. Asian Fisheries Sciences，8：177-190.

Jin X，1996. Variations of fish community structure and ecology of major species in the Yellow/Bohai Sea [D]. Bergen：University of Bergen.

Jin X，1999. Changes of fish biomass and assemblage structure in the Bohai Sea [J]. The Yellow Sea，5：14-18.

Jin X，Tang Q，1996. Changes in fish species diversity and dominant species composition in the Yellow Sea [J]. Fisheries Research，1996，26：337-352.

Jin X，Xu B，Tang Q，2003. Fish assemblage structure in the East China Sea and southern Yellow Sea during autumn and spring ［J］. Journal of Fish Biology，62：1194 – 1205.

Margalef R，1958. Information theory in ecology ［J］. General Systematics，3：36 – 71.

Pauly D，Christensen V，Dalsgaard J，et al. ，1998a. Fishing down marine food webs ［J］. Science，279：860 – 863.

Pauly D，Froese R，Christensen V，1998b. Response to Caddy et al. How pervasive is fishing down marine food webs? ［J］ Science，282：1384 – 1386.

Pielou E C，1975. Ecological diversity ［M］. New York：Wiley.

Pinnegar J K，Jennings S，O'Brien C M，et al. ，2002. Long – term changes in trophic level of the Celtic Sea fish community and fish market price distribution ［J］. Journal of Applied Ecology，39：377 – 390.

Pinkas L，Oliphant M S，Iverson I L K，1971. Food habits of albacore，bluefin tuna，and bonito in California waters ［J］. Fishery Bulletin，152：1 – 105.

Rice J，Gislason H，1996. Patterns of change in the size spectra of numbers and diversity of the North Sea fish assemblage，as reflected in surveys and models ［J］. ICES Journal of Marine Science，53：1214 – 1225.

Stergiou K I，2002. Overfishing，tropicalization of fish stocks，uncertainty and ecosystem management：re-sharpening Ockham's razor ［J］. Fisheries Research，55：1 – 9.

Warwick R M，Clarke K R，1995. New "biodiversity" measures of reveal a decrease in taxonomic distinctness with increasing stress ［J］. Marine Ecology Progress Series，129：301 – 305.

Wilhm J L，1968. Use of biomass units in Shannon formula ［J］. Ecology，49：153 – 156.

图书在版编目（CIP）数据

渔业资源生物学 / 任一平主编 . —北京：中国农
业出版社，2020.5
ISBN 978 - 7 - 109 - 25558 - 6

Ⅰ. ①渔…　Ⅱ. ①任…　Ⅲ. ①水产资源－水生生物学
－高等学校－教材　Ⅳ. ①S931.1

中国版本图书馆 CIP 数据核字（2019）第 103131 号

中国农业出版社出版
地址：北京市朝阳区麦子店街 18 号楼
邮编：100125
责任编辑：杨晓改
版式设计：杨　婧　责任校对：周丽芳
印刷：中农印务有限公司
版次：2020 年 5 月第 1 版
印次：2020 年 5 月北京第 1 次印刷
发行：新华书店北京发行所
开本：787mm×1092mm　1/16
印张：14.75　　插页：4
字数：450 千字
定价：88.00 元

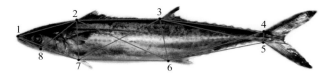

彩图1　蓝点马鲛框架测量示意图

1.吻端　2.第一背鳍起点　3.第二背鳍起点　4.尾鳍背部起点
5.尾鳍腹部起点　6.臀鳍起点　7.腹鳍起点　8.上颌末端

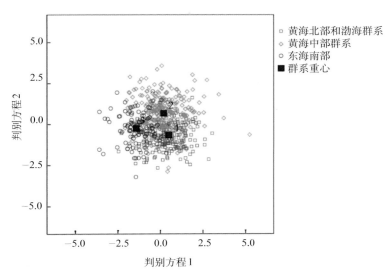

彩图2　蓝点马鲛3个群系判别分析散点图

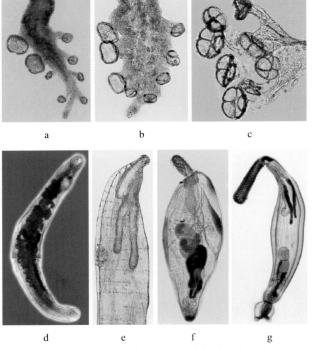

彩图3　刀鲚鳃和消化道内寄生蠕虫形态特征

a.林氏异钩铗虫　b.长江中华钩铗虫　c.细长鳍鳋虫
d.鲚套茎吸虫　e.陈氏刺棘虫　f.鲇异吻钩棘头虫
g.长江傲刺棘头虫

（引自李文祥等，2014）

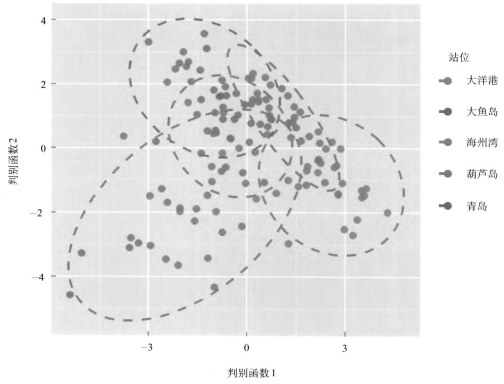

彩图4　判别函数二维空间分布图
（引自王玉等，2016）

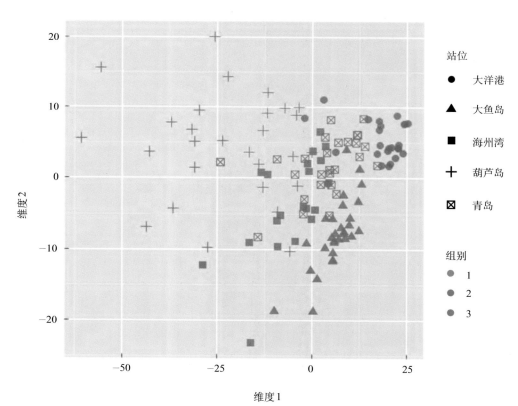

彩图5　聚类分析二维空间分布图
（引自王玉等，2016）

彩图6　美洲西鲱（*Alosa sapidissima*）鳞片示意图
（引自 Elzey 等，2015）
注：图示为6龄，红点为副轮，FWZ（Freshwater zone）为幼轮。

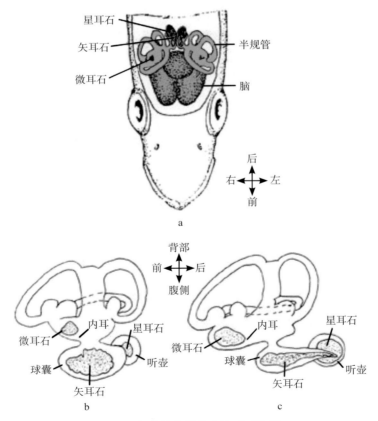

彩图7　鱼类前庭器构造及耳石位置
a.典型真骨鱼类头盖骨掀开后前庭背面观
b.真骨鱼类　c.骨鳔鱼类
（引自 Panfili 等，2002；Campana，2004）

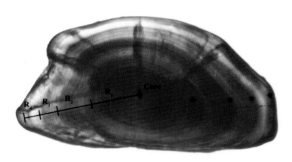

彩图 8　方氏云鳚（*Pholis fangi*）耳石外侧面示意图
注：图示为4龄，黑点处为年轮

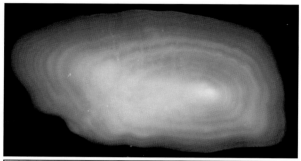

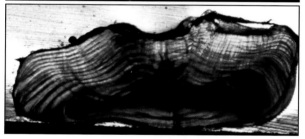

彩图 9　美洲拟鲽（*Pseudopleuronectes americanus*）耳石
整体（上）与切片（下）示意图
（引自Elzey等，2015）
注：图示为13龄。

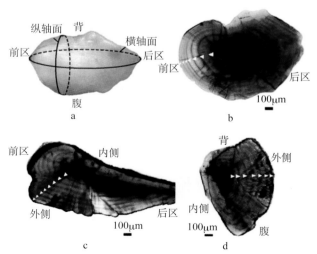

彩图 10　乌伦古湖欧鳊微耳石剖面示意图和耳石磨片上
的年轮标志
a.耳石剖面示意图　b.耳石平面磨片
c.耳石横轴面磨片　d.耳石纵轴面磨片
（引自胡少迪等，2015）

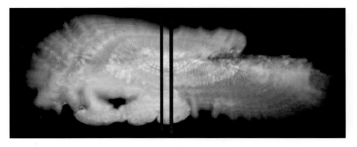

a

b

彩图 11　耳石切割轴标示与切割示意图
a. 对蓝鳍金枪鱼耳石的薄横截面进行适当的切割（黑线是切割位）
b. IsoMet 低速切割机
（引自 Elzey 等，2015）
注：1. 1月1日至6月30日捕获的鱼：外层边缘作为上一年年轮计入。
　　2. 7月1日至12月31日捕获的鱼：有超过可见环的生长部分，但是
　　　不计入。

a　　　　　　　b　　　　　　　　　　c

彩图 12　蓝鳍金枪鱼（*Thunnus thynnus*）鳍棘切片示意图
a. 1龄（叉长58cm）　b. 5龄（叉长138cm，中心1年轮被重吸
收）　c. 7龄（叉长165cm，中心2年轮被重吸收）
（引自 Santamaria 等，2009）

彩图 13　柔鱼平衡石截面日轮示意图
（引自刘必林，2011）

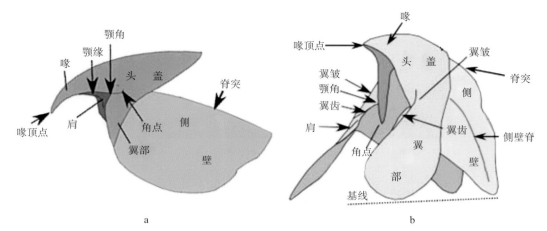

彩图14 头足类角质颚形态、分区示意图
a. 上颚　b. 下颚
（引自刘必林，2011）

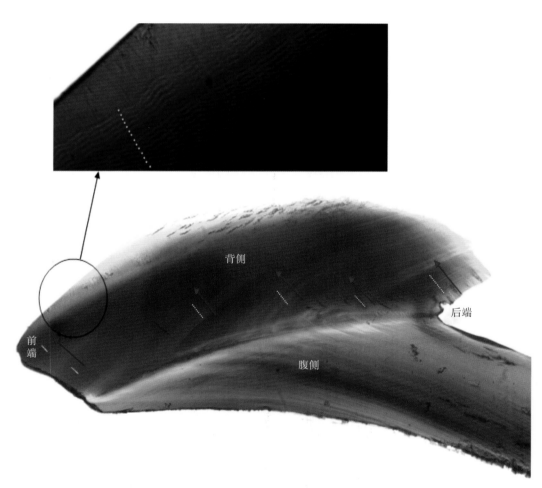

彩图15 头足类角质颚日轮示意图
（引自刘必林，2011）

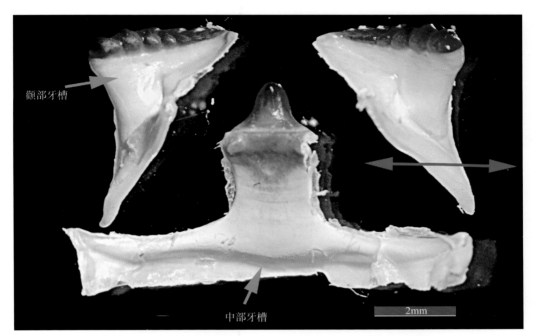

额部牙槽

中部牙槽

2mm

彩图16　挪威海螯虾（*Nephrops norvegicus*）臼齿骨片示意图
（引自 Kilada 等，2015）
注：红色轴线为切割轴线。

复眼

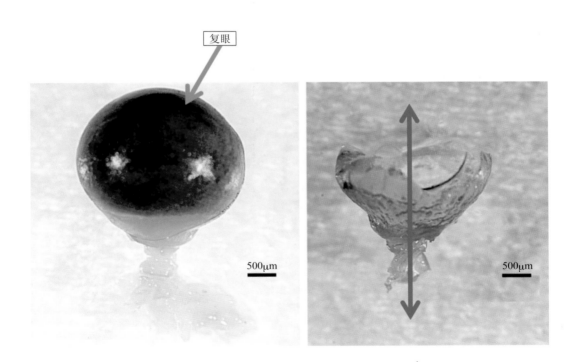

500μm

500μm

a

b

彩图17　北方长额虾（*Pandalus borealis*）眼柄示意图
a.清洗前　b.清洗后
（引自 Kilada 等，2015）
注：绿色箭头处为复眼，红色轴线为切割轴线。

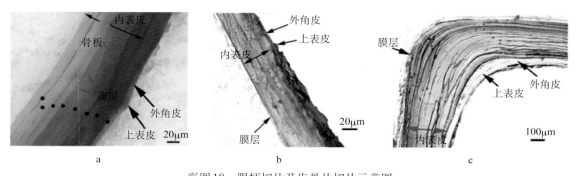

彩图18　眼柄切片及齿骨片切片示意图
a.阿拉斯加雪蟹　b.北方长额虾（P.*borealis*）眼柄切片　c.美洲螯龙虾（*Homarus americanus*）齿骨片切片
（引自 Kilada 等，2012）
注：黑点及红点为年轮标示。

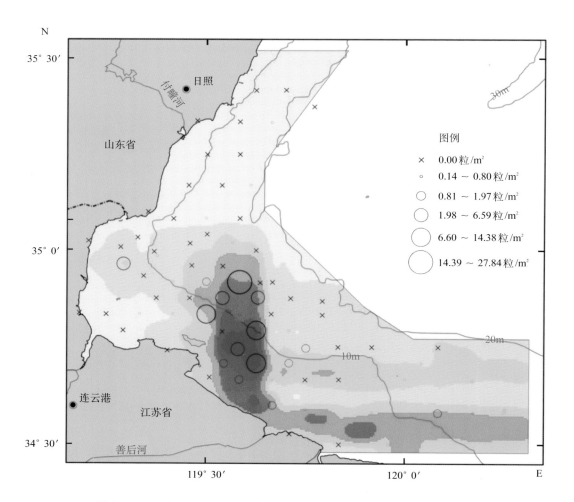

彩图19　2013年5月12日海州湾产卵场小黄鱼日产卵量调查和模型预测分布
注：研究海域中，圆圈表示卵子数量实测分布；颜色表示卵子数量预测分布，颜色越深，代表小黄鱼日产卵量越高。